应用数理统计

主编 邹 杨

内 容 简 介

本书为高等学校的《应用数理统计》教材，主要内容包括绪论、抽样分布、参数估计、假设检验、方差分析、回归分析，共六章。除绪论外，其他章含有常用统计软件数据分析操作简介，章末附有知识小结、疑难公式的推导与证明、有关数理统计发展史的课外读物、章节练习及习题讲解。

本书可作为高等学校理工类、经管类专业的教材，也可作为工程技术人员、科研工作者的参考书。

图书在版编目(CIP)数据

应用数理统计 / 邹杨主编. -- 北京：北京大学出版社，2025.1. -- ISBN 978-7-301-35856-6

Ⅰ.O212

中国国家版本馆 CIP 数据核字第 2024E45Q14 号

书　　　名	应用数理统计 YINGYONG SHULI TONGJI
著作责任者	邹　杨　主编
策 划 编 辑	吴　迪
责 任 编 辑	林秀丽
数 字 编 辑	蒙俞材
标 准 书 号	ISBN 978-7-301-35856-6
出 版 发 行	北京大学出版社
地　　　址	北京市海淀区成府路 205 号　100871
网　　　址	http://www.pup.cn　新浪微博：@北京大学出版社
电 子 邮 箱	编辑部 pup6@pup.cn　总编室 zpup@pup.cn
电　　　话	邮购部 010-62752015　发行部 010-62750672　编辑部 010-62750667
印 刷 者	河北文福旺印刷有限公司
经 销 者	新华书店
	787 毫米×1092 毫米　16 开本　13.25 印张　322 千字 2025 年 1 月第 1 版　2025 年 1 月第 1 次印刷
定　　　价	42.00 元

未经许可，不得以任何方式复制或抄袭本书之部分或全部内容。
版权所有，侵权必究
举报电话：010-62752024　电子邮箱：fd@pup.cn
图书如有印装质量问题，请与出版部联系，电话：010-62756370

前言

本书为高等学校相关专业学生学习数理统计的教材，主要内容包括绪论、抽样分布、参数估计、假设检验、方差分析、回归分析，共六章。本书包含教育、生物、经济等专业所需的数理统计知识，以及常用统计分析软件操作简介。

本书编写力求凸显两大特色。

（1）形态契合信息化需求。本书基于互联网技术，有机衔接纸质教材和线上教学资源库，是纸质与数字资源一体化的新形态教材。读者可以扫描二维码获取本书的相关资料和最新的教学资源，以便及时了解数理统计的前沿发展与应用，从而提升学习的获得感。

（2）内容适应时代需求。大数据案例分析凸显数理统计的应用性，适应社会对数据分析应用能力的需要；理论推导和常用统计分析软件操作介绍以二维码的形式嵌在书中，帮助读者加深对知识点的理解，加强数理统计应用实践；统计学家和经典统计原理的历史材料凸显数理统计的人文价值，增强本书的可读性。

本书编写工作得到重庆第二师范学院的大力支持，在此深表感谢。限于编者的水平，书中难免存在考虑不周之处，敬请读者批评指正。

编　者

2024 年 8 月

资源索引

目 录

第 0 章　绪论 ··· 1
  0.1　数理统计简介 ·· 1
  0.2　统计原则 ·· 2
  0.3　获取数据的方法 ·· 3

第 1 章　抽样分布 ·· 5
  1.1　随机样本 ·· 5
  1.2　直方图和箱线图 ·· 7
  1.3　抽样分布 ·· 12
  1.4　Python 在抽样分布中的应用 ··· 23

第 2 章　参数估计 ·· 45
  2.1　矩估计 ·· 45
  2.2　最大似然估计 ·· 48
  2.3　估计量的评选标准 ··· 54
  2.4　单个正态总体均值的置信区间 ·· 57
  2.5　两个正态总体均值的置信区间 ·· 61
  2.6　单个正态总体方差的置信区间 ·· 63
  2.7　两个正态总体方差的置信区间 ·· 64
  2.8　单侧置信区间 ·· 65
  2.9　(0-1)分布参数的区间估计 ··· 68
  2.10　Python 在参数估计中的应用 ··· 69

第 3 章　假设检验 ·· 84
  3.1　假设检验基本概念 ··· 84
  3.2　单个正态总体均值的假设检验 ·· 88
  3.3　两个正态总体均值的假设检验 ·· 91
  3.4　单个正态总体方差的假设检验 ·· 95
  3.5　两个正态总体方差的假设检验 ·· 97

3.6　分布拟合检验 ··· 99
　　3.7　假设检验问题的 p 检验法 ··· 103
　　3.8　Python 在假设检验中的应用 ·· 107

第 4 章　方差分析 ··· 122
　　4.1　单因素试验方差分析 ··· 122
　　4.2　双因素试验方差分析 ··· 129
　　4.3　Python 在方差分析中的应用 ··· 135

第 5 章　回归分析 ··· 144
　　5.1　一元线性回归分析 ·· 144
　　5.2　多元线性回归分析 ·· 155
　　5.3　Python 在回归分析中的应用 ··· 159

附表 1　几种常见的概率分布表 ··· 171

附表 2　标准正态分布表 ·· 172

附表 3　卡方分布表 ·· 174

附表 4　t 分布表 ··· 176

附表 5　F 分布表 ·· 178

习题讲解 ··· 184

参考文献 ··· 206

第0章
绪论

0.1 数理统计简介

数理统计是一门通过分析数据来获取信息的学科,其可提供一套有关数据收集、数据处理、数据分析、数据解释的方法。数理统计所用的方法大体上可分为描述统计和推断统计两大类。

描述统计是研究数据收集、处理和描述的统计学方法。其内容包括如何取得研究所需要的数据,如何用图表形式对数据进行处理和展示,如何通过对数据的汇总、概括与分析得出所关心的数据的特征。

推断统计是研究如何利用样本数据来推断总体数据特征的统计学方法。其内容包括参数估计和假设检验两大类。参数估计是利用样本信息推断所关心的总体的特征。假设检验则是利用样本信息来判断对总体的某个假设是否成立。

数理统计是伴随着概率论的发展而兴起的一个数学分支。其研究如何有效地收集、整理和分析受随机因素影响的数据,并对所考虑的问题作出推断或预测,为采取某种决策和行动提供依据或建议。

数理统计的发展大致可分为萌芽时期、形成时期和发展时期三个阶段。

19 世纪之前是数理统计的萌芽时期。瑞士数学家伯努利提出大数定律,揭示了随机现象的统计规律性。除了伯努利,棣莫弗、拉普拉斯、李雅普诺夫、辛钦等数学家也为大数定律乃至概率论的发展做出了重要贡献。1733 年,法国数学家棣莫弗、拉普拉斯首次发现正态分布的密度函数,并计算出该函数在各种不同区间内的概率,为整个大样本理论奠定了基础。1763 年,英国数学家贝叶斯提出一种归纳推理方法——贝叶斯方法,后被发展为一种统计推断方法。1809 年,德国数学家高斯和法国数学家勒让德各自独立地发现了最小二乘法,并将该法应用于观测数据的误差分析,在数理统计的理论与应用方面做出了重要贡献。

19 世纪末至 20 世纪中期是数理统计的形成时期。1894 年,英国数学家皮尔逊提出未知参数的估计方法——矩估计法。1900 年,他提出了一个著名的统计量,称为卡方。同年,他提出了用于类别变量的检验方法——卡方检验。皮尔逊在生物统计学领域造诣非凡,发展了统计方法论,把概率论与统计学熔为一炉。1908 年,英国统计学家戈塞创立了 t 分布和 t 检验法。1912 年,英国统计学家费希尔推广了 t 检验法,同时发展了显著性检验及估计和方差分析等数理统计新分支。1924 年,费希尔提出了 F 分布,F 分布有着广泛的应用,在方差分析、回归方程的显著性检验中有着非常重要的地位。皮尔逊、费希尔被称为"现代统计科学的奠基人"。

20 世纪后半期至今是数理统计的发展时期。罗马尼亚裔美国数理统计学家瓦尔德发展了统计决策理论，建立了序贯分析理论，提出著名的序贯概率比检验法。他的两本著作《序贯分析》和《统计决策函数论》，被认为是数理发展史上的经典之作。苏联数学家柯尔莫哥洛夫提出了连续的分布函数与它的经验分布函数之差的上确界的极限分布，这个结果为非参数统计推断中分布函数拟合检验提供了理论依据。美国统计学家图基开创了探索性数据分析和抗差估计的研究，其中他提出的探索性数据分析是数据科学得以发展的基础，他被誉为"数据科学之父"，他编写的《探索性数据分析》在众多领域产生了影响。美国统计学家博克斯提出了时间序列分析，为处理动态数据提供了统计方法，该方法常用在经济宏观分析、企业经营管理、气象预报等领域。英国统计学家考克斯提出了一种半参数回归模型，又称比例风险回归模型，该模型在医学随访研究中得到广泛应用，是迄今生存分析中应用最多的多因素分析方法。

0.2 统 计 原 则

人们利用统计手段获取数据的潜在信息，发现事物的内在规律，甚至预测未来的发展趋势，以便做出明智的决策。统计作为提供国民经济运行情况信息的重要工具，越来越受到广泛关注。不管是学习统计的学习者，还是应用统计的工作者，都要遵循以下三条基本原则。

0.2.1 诚信原则

我们学习统计要知晓统计基本原则，应用统计更要遵循统计基本原则。《孔子家语·儒行解》有云：言必诚信，行必忠正。作为统计人，要做到诚实守信，以实事求是的态度学统计、用统计，才能发挥好统计的作用。

诚信原则是现代统计立法的指导方针，是解释、适用统计法律与规范，进行统计活动的基本准则，其作用贯穿于有关统计的各项法律和规范之中，集中反映了统计法律与规范调整的社会关系的根本特征。诚信原则是对所有统计活动参与主体的法律要求，有利于平衡参与主体的利益，使得他们在信任与合作的基础上，实现统计的目的。具体而言，诚信原则要求统计人员不得实施篡改和编造统计数据的行为，不得违反法律的规定，不得泄露私人、家庭的单项调查资料或者统计调查对象的秘密。同时诚信原则要求统计调查对象应如实填报统计数据，不得实施虚报、瞒报、伪造、迟报统计资料等违法行为。诚信原则不仅是对统计法律关系主体实施统计活动的道德要求，《中华人民共和国统计法》(以下简称统计法)确立了诚信原则，因此诚信原则同样也是对所有统计活动主体的法律要求。诚信原则要求统计调查主体与统计调查对象、统计调查者之间及统计调查者与统计资料用户之间在统计活动中维持双方的利益平衡，保证统计活动主体建立信任与合作关系，从而实现统计目的。

统计违法案件新闻报道

数据造假会破坏数据信息的真实性，导致数据指标失真、价值评判标准失衡。长期以来，我国高度重视统计数据质量，加强统计数据质量全过程管理，以"零容忍"态度严厉惩治数据造假行为。读者可以通过扫描二维码观看"统计违法案件新闻报道"。

0.2.2　保密原则

随着信息技术的迅猛发展，数据在现代社会中变得越来越重要。数据的保密对于国家、企业和个人都至关重要。作为统计人，要有数据保密意识，对于未经公开的数据库，不得采集数据或进行数据库操作。采集数据要依照法律法规，依法获取数据。在采集企业用户、校园师生等的数据时，对于某些敏感信息要严加管理，谨防数据尤其是敏感数据泄露、外借、转移或丢失。处理分析数据时，要对样本中的重要信息进行必要的"去敏"，即删除或隐藏样本中重要的、隐私的信息，例如身份证号、家庭地址、银行账号、学号、工号等，避免敏感数据泄露。

0.2.3　规范原则

统计是一门研究数据的科学，通过搜索、整理、分析手段，达到推测所要研究的对象的目的。统计是一个服务于科学研究、社会管理的综合性工具，它与很多学科交叉融合，例如与生物融合——生物统计，与金融融合——金融统计，与教育融合——教育统计，等等，它能很好地解释自然科学、社会科学中的内在规律，甚至能预测研究对象的未来，它的应用范围几乎覆盖自然科学和社会科学的各个领域。各行各业利用统计手段挖掘数据信息，形成各式各样的统计报告、统计报表、统计年鉴等。因此，对于统计人而言，应力求统计数据、图表、符号等科学规范，统计方法适应交叉学科需要，统计结果符合实际问题背景。

0.3　获取数据的方法

数理统计是研究数据的科学方法，以数据为研究对象。通常情况，我们运用四种抽样方法获取数据：简单随机抽样、分层抽样、系统抽样、整群抽样。

简单随机抽样(simple random sampling)是从含有 N 个元素的总体中，抽取 n 个元素组成一个样本，使得总体中的每一个元素都有相同的机会(概率)被抽中。采用简单随机抽样时，如果抽取一些个体记录下数据后，再把这些个体放回原来的总体中，并参与下一次抽选，这种抽样方法称为重复抽样(sampling with replacement)；如果抽中的个体不再放回，而是再从剩下的个体中抽取第 2 个元素，直到抽取 n 个个体为止，这样的抽样方法称为不重复抽样(sampling without replacement)。由简单随机抽样得到的样本称为简单随机样本(simple random sample)。

分层抽样(stratified sampling)也称分类抽样，是在抽样之前先将总体的元素划分为若干层(类)，然后从各个层(类)中抽取一定数量的元素组成一个样本。比如，要研究学生的第二课堂积分情况，可先将学生按专业进行分类，然后从各专业中抽取一定数量的学生组成一个样本。分层抽样的优点是可以使样本分布在各个层内，从而使样本在总体中的分布比较均匀。

系统抽样(systematic sampling)也称等距抽样，是先将总体中的各元素按某种顺序排列，并按某种规则确定一个随机起点，然后，每隔一定的间隔抽取一个元素，直至抽取 n 个元素组成一个样本。比如，要研究某品牌灯泡寿命，可以按照灯泡的出厂编号顺序，用随机数找到一个随机起点，然后每隔一定的间隔抽取灯泡，测其使用时长，从而得到一个样本。

整群抽样(cluster sampling)是先将总体划分成若干群，然后以群作为抽样单元从中抽取部分群组成一个样本，再对抽中的每个群中包含的所有元素进行观测。比如，可以把每一个学生宿舍看作一个群，在全校学生宿舍中抽取一定数量的宿舍，然后对抽中的宿舍中的每一个学生都进行调查。

本书主要介绍数理统计及其应用，重在介绍统计推断的思想和方法。多数统计推断以简单随机样本为基础，因此，我们将从随机样本出发，依次介绍抽样分布、参数估计、假设检验、方差分析、回归分析。

第1章 抽样分布

概率论与数理统计是两个有密切联系的学科,它们都以随机现象的统计规律为研究对象。概率论的基本内容是:已知随机变量分布,研究分布的性质、数字特征及其应用。数理统计研究的基本内容是:通过对随机现象的观测或试验获取数据,再整理数据、分析数据,对研究对象的客观统计规律作出估计或推断。

在概率论中,我们假设研究的随机变量的分布是已知的,例如:已知随机变量服从泊松分布,讨论随机变量的概率、数学期望、方差等;已知二维连续型随机变量(X,Y)的概率密度,讨论X和Y的函数分布、边缘概率密度、条件概率密度等;已知二维随机变量(X,Y)的分布,讨论X和Y的协方差、相关系数、独立性等。

在数理统计中,研究的随机变量的分布可能是未知的,或者已知分布形式但不知道其参数值,我们需要通过观测和试验获取相关的数据,再整理、分析数据,对未知的统计规律作出估计或推断。例如:为了研究某城市$PM_{2.5}$情况,通过网络信息技术获取该城市一年时间内的$PM_{2.5}$观测值,利用样本数据推断总体服从什么分布,有何统计特征,从而洞悉该城市$PM_{2.5}$的总体情况,甚至预测该城市$PM_{2.5}$的变化趋势;为了监测某包装机器工作是否正常,我们先提出一个假设,然后随机抓取包装好的产品进行测量,利用样本数据来对起初的假设进行判断,从而推断包装机器是否正常工作。

本章首先介绍数理统计的基本概念,然后介绍数理统计最基础、最重要的知识点——抽样分布,最后介绍与常见抽样分布相关的 Python 代码。

1.1 随机样本

数理统计学中,我们把研究对象的全体称为总体(也称为母体),把组成总体的每一个单元称为个体。从总体中所含的个体个数来看,总体可以分为两类:一类是有限总体,另一类是无限总体。例如:为了研究某高校大一新生的肺活量,学校组织安排大一新生测肺活量,对肺活量这个指标进行观测和试验。若该校大一新生共 14500 人,则每个学生的肺活量是一个可能观测值,称为个体;14500 名大一新生的肺活量称为总体,并且是一个有限总体;研究全国用于彩灯串上的发光二极管的寿命,这个总体不仅包括已经生产的发光二极管的寿命,还包括正在生产和将要生产的发光二极管的寿命,因此个体数量是无限的,我们称这种发光二极管的寿命形成的总体是一个无限总体。

总体与样本

总体中的每个个体是随机试验的一个观测值,由于不同的个体可能取不同的观测值,所以每个个体观测到的结果是某一随机变量 X 的值，一个总体就对应一个随机变量 X，我们对总体的研究就是对一个随机变量 X 的研究。因此，本书将不再区分总体与相应的随机变量，统称为总体 X。

在实际中，总体 X 所含的个体的个数太多时，如果我们对所有的个体一个个做试验，必定会花费大量的人力、物力，而且有些试验具有破坏性，如检测灯泡寿命的试验。因此，我们只能从总体中抽取一部分个体进行试验，观测并记录试验结果。从总体中抽出的部分个体组成的集合称为样本，样本中所含的个体称为样品，样本中样品的个数称为样本容量。在样本中常用 n 表示样本容量，从总体 X 中抽出的样本容量为 n 的样本记为 $X_1, X_2, \cdots, X_n$，对于每个样品 X_i，在抽取试验前不知其值，视其为随机变量，样本的观测值记为 $x_1, x_2, \cdots, x_n$，每个 x_i 是第 i 个样品抽取试验后观测到的实际值。

由于我们要根据样本对总体进行推断，为了能从样本正确推断总体，要求所抽取的样本能很好地反映总体的信息，所以要有一个正确的抽取样本的方法。最常用的抽取样本的方法是简单随机抽样，它要求每次抽取必须是随机的、独立的。所谓"随机的"是指每个个体被抽到的机会是均等的，这意味着每个样品 X_i 与总体 X 具有相同的分布，这样的样本具有代表性。所谓"独立的"是指每个样品取得的观测值不受其他个体观测值的影响，这意味着 $X_1, X_2, \cdots, X_n$ 相互独立。用简单随机抽样方法获得的样本称为简单随机样本。这时 $X_1, X_2, \cdots, X_n$ 可以看成是相互独立的具有同一分布的随机变量，简称它们为独立同分布样本。

对于有限总体，采用重复抽样可以得到简单随机样本，当总体所含个体的数量 N 比样本容量 n 大得多时，在实际中可用不重复抽样近似地当作重复抽样来处理。对于无限总体，因抽取一个个体不影响总体的分布，所以总是用不重复抽样得到简单随机样本。

定义：设 X 是分布函数为 $F(x)$ 的随机变量，若 $X_1, X_2, \cdots, X_n$ 是具有同一分布函数 $F(x)$ 且相互独立的随机变量，则称 $X_1, X_2, \cdots, X_n$ 为从分布函数 $F(x)$（或总体 X）得到的容量为 n 的简单随机样本。它们的观测值 $x_1, x_2, \cdots, x_n$ 称为样本值，又称为 X 的 n 个独立的观测值。

若 X 的分布函数为 $F(x)$，$X_1, X_2, \cdots, X_n$ 为 X 的样本，则 $X_1, X_2, \cdots, X_n$ 的联合分布函数为

$$F^*(x_1, x_2, \cdots, x_n) = \prod_{i=1}^{n} F(x_i) \tag{1-1}$$

又若 X 具有概率密度函数 $f(x)$，则 $X_1, X_2, \cdots, X_n$ 的联合概率密度函数为

$$f^*(x_1, x_2, \cdots, x_n) = \prod_{i=1}^{n} f(x_i) \tag{1-2}$$

【例 1-1】 设总体 X 服从参数为 $\lambda(\lambda>0)$ 的指数分布，$X_1, X_2, \cdots, X_n$ 是来自总体的样本，求样本 $X_1, X_2, \cdots, X_n$ 的联合概率密度函数。

解：X 服从指数分布，其概率密度函数为

$$f(x) = \begin{cases} \lambda e^{-\lambda x}, & x > 0 \\ 0, & x \leqslant 0 \end{cases}$$

因为 $X_1, X_2, \cdots, X_n$ 相互独立，且与 X 有相同的分布，

所以 $X_1, X_2, \cdots, X_n$ 的联合概率密度函数为

$$f^*(x_1, x_2, \cdots, x_n) = \prod_{i=1}^{n} f(x_i) = \begin{cases} \lambda^n \mathrm{e}^{-\lambda \sum_{i=1}^{n} x_i}, & x_i > 0 \\ 0, & x_i \leqslant 0 \end{cases}$$

1.2 直方图和箱线图

样本来自总体,因此样本中必含有总体的信息。我们希望通过分析样本的观测值来获得有关总体分布特征的信息。通过随机试验获取的样本观测值是一组数据,有时这些数据看上去杂乱无章,我们必须对这些原始数据进行整理和加工。本节介绍如何根据样本数据绘制直方图和箱线图,直观显示样本所来自的总体的信息。

1.2.1 直方图

【例 1-2】某教育评价第三方为监测学校立德树人的落实情况,对学校课程思政进行满意度调查,通过问卷随机获得了 50 个学生关于课程思政的评分,见表 1-1。

表 1-1 50 个学生关于课程思政的评分

序号	评分/分	序号	评分/分	序号	评分/分	序号	评分/分	序号	评分/分
1	84.51	11	83.54	21	87.64	31	92.37	41	85.35
2	88.85	12	84.22	22	87.67	32	92.55	42	85.51
3	89.22	13	76.01	23	87.93	33	96.11	43	85.57
4	89.56	14	84.78	24	87.94	34	93.46	44	86.88
5	89.67	15	84.99	25	88.01	35	94.28	45	87.02
6	77.91	16	85.62	26	90.93	36	89.80	46	88.05
7	78.88	17	85.92	27	91.06	37	90.01	47	88.07
8	80.35	18	86.09	28	91.20	38	90.07	48	92.25
9	81.75	19	86.41	29	91.89	39	82.53	49	95.21
10	82.38	20	86.70	30	92.18	40	83.29	50	93.01

教育评价第三方想根据随机抽样得到的数据了解该学校课程思政满意度服从哪种概率分布及特征,用样本数据推测总体,从而洞悉整个学校课程思政的实施情况。

解:① 排序。对数据进行排序整理,得到原始数据的最小值为 76.01,最大值为 96.11,样本容量 n 为 50,所有数据落在区间[76.01,96.11]内,全距为 20.1。

② 确定组距和组数。根据实际需要,分别取区间[75.0,77.5],⋯,[95.0,97.5],共 9 组,每组组距为 2.5,记组距为 Δt,即 $\Delta t_i = 2.5, (i = 1, 2, \cdots, 9)$。

③ 列出频数表。统计每个小区间的频数 f_i、频率 $\dfrac{f_i}{n}$,得到表 1-2。

表 1-2 课程思政评分统计表

评分区间/分	频数	频率	$\dfrac{f_i}{n}\Big/\Delta t_i$
[75.0,77.5)	1	0.02	0.008
[77.5,80.0)	2	0.04	0.016
[80.0,82.5)	3	0.06	0.024
[82.5,85.0)	7	0.14	0.056
[85.0,87.5)	10	0.20	0.080
[87.5,90.0)	12	0.24	0.096
[90.0,92.5)	9	0.18	0.072
[92.5,95.0)	4	0.08	0.032
[95.0,97.5)	2	0.04	0.016

④ 绘图。观察表 1-2，初步判断评价数据主要集中在 82.5 分至 92.5 分之间，通常我们用直方图刻画数据的分布情况。直方图的具体绘制方法可以分为以下四个步骤。

第一步：找出 $X_{(1)} = \min\limits_{1 \leq i \leq n} X_i$，$X_{(n)} = \max\limits_{1 \leq i \leq n} X_i$。取 a 略小于 $X_{(1)}$，b 略大于 $X_{(n)}$，则极差为 $R = X_{(n)} - X_{(1)}$。

第二步：将 $[a,b]$ 分成 m 个小区间，$m < n$，小区间长度可以不等，设分点为 t_i ($i = 0, 1, \cdots, m$)，且

$$a = t_0 < t_1 < \cdots < t_m = b$$

在分小区间时，注意每个小区间中都要有若干观测值，而且观测值不要落在分点上。

m 称为组数，当 $n < 50$ 时，m 取 5~6；当 n 较大时，m 取 10~20。

第三步：记录落在小区间 $[t_{i-1}, t_i)$ 中观测值的个数(频数 f_i)，计算频率 $\dfrac{f_i}{n}$，列表分别记下各小区间的频数、频率。

第四步：在直角坐标系的横轴上，标出组限 $t_0, t_1, \cdots, t_m$ 各点，分别以 $[t_{i-1}, t_i)$ 为底边，作高为 $\dfrac{f_i}{n}\Big/\Delta t_i$ 的矩形，组距 $\Delta t_i = t_i - t_{i-1}$ ($i = 1, 2, \cdots, m$)，即得直方图。

实际上，直方图的高对应的分段函数

$$\Phi_n(x) = \dfrac{f_i}{n}\Big/\Delta t_i,\ x \in [t_{i-1}, t_i) \quad (i = 1, 2, \cdots, m)$$

近似总体的密度函数 $f(x)$，即 $\Phi_n(x) \to f(x)$ ($n \to \infty$)。

也就是说，直方图的作用就是用来近似总体的概率密度函数。因此，直方图的统计意义是将实轴划分为若干小区间，统计落在每个小区间中的频数，根据大数定律中频率近似概率的原理，从 $\dfrac{f_i}{n}\Big/\Delta t_i$ 来推断总体在每一小区间上的密度。

由此我们得到例 1-2 的直方图，如图 1-1 所示。

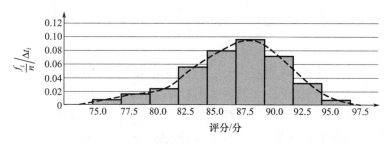

图 1-1 直方图

图 1-1 有一个峰, 中间高、两头低, 比较对称, 看似服从某个正态分布。直方图中每一个矩形条的高为 $\frac{f_i}{n}/\Delta t_i$, 可以验算得到图中矩形条面积和约为 1, 虚线近似为一条概率密度函数曲线。从直方图上还可以估计随机变量 X 落在某个区间的概率, 例如通过图 1-1 可以估算出有 76% 的人评分在 82.5 分至 92.5 分这一区间。

1.2.2 箱线图

对经常做质量数据分析的人而言, 箱线图(box plot)是常用的统计图形。例如: 生物学的研究人员, 常常会对大量的实验数据做对比研究, 分析哪组数据相对较高(或较低), 哪组数据相对比较集中, 每组数据在所有数据中处于什么位置, 等等, 这些都能为研究人员进一步分析数据提供重要的信息; 在社会科学领域, 很多社会研究课题需要用大量的数据作为佐证, 经常用图形传递数据信息。针对例 1-2 中的数据, 我们能从 50 个学生关于课程思政的评分中挖掘出哪些信息呢?

(1) 样本分位数

要回答这个问题, 首先需认识一个基本概念: 样本分位数。

定义: 设样本容量为 n 的样本观测值为 $x_1, x_2, \cdots, x_n$, 则样本 p 分位数 $(0<p<1)$ 记为 x_p。

样本分位数具有以下性质:

① 至少有 np 个样本观测值小于或等于 x_p;

② 至少有 $n(1-p)$ 个样本观测值大于或等于 x_p。

样本分位数的公式为:

$$x_p = \begin{cases} x_{([np]+1)}, & \text{当} np \text{不是整数时}([np] \text{为对} np \text{取整}) \\ \frac{1}{2}\left[x_{(np)} + x_{(np+1)}\right], & \text{当} np \text{是整数时} \end{cases} \quad (1\text{-}3)$$

我们可以这样理解样本分位数的定义、性质和公式。

针对某个研究问题或研究对象, 获取容量为 n 的样本观测值 $x_1, x_2, \cdots, x_n$。对这 n 个数从小到大排序, 得到 $x_{(1)} \leqslant x_{(2)} \leqslant \cdots \leqslant x_{(n)}$, 其中 $x_{(1)}$ 就是这 n 个样本观测值的最小值, 而 $x_{(n)}$ 就是这 n 个样本观测值的最大值。

① 若 np 不是整数, 则 $x_p = x_{([np]+1)}$, 即 x_p 为位于第 $[np]+1$ 位的数。例如: $n=16$, $p=0.3$, $np=4.8$, 则 $x_{0.3} = x_{([4.8]+1)} = x_{(5)}$, 即 $x_{0.3}$ 为位于第 5 位的数。按照样本 p 分位数的

性质，可以理解为至少有 4.8 个数据小于或等于 $x_{0.3}$，或者理解为至少有 11.2 个数据大于或等于 $x_{0.3}$。

② 若 np 是整数，则 $x_p = \frac{1}{2}(x_{(np)} + x_{(np+1)})$，即 x_p 为位于第 (np) 位和第 $(np+1)$ 位的数据的平均数。例如：$n=16$，$p=0.5$，$np=8$，则 $x_{0.5} = \frac{1}{2}(x_{(8)} + x_{(8+1)})$，即 $x_{0.5}$ 等于位于第 8 位和第 9 位的两个数据的平均数。按照样本 p 分位数的性质，可以理解为至少有 8 个数据小于或等于 $x_{0.5}$，或者理解为至少有 8 个数据大于或等于 $x_{0.5}$。

(2) 四分位数

第一四分位数 (Q_1)，又称较小四分位数，等于该样本中所有观测值由小到大排列后第 25% 的数字，即 $x_{0.25}$。

第二四分位数 (Q_2)，又称中位数，也可记为 M，等于该样本中所有观测值由小到大排列后第 50% 的数字，即 $x_{0.5}$。

第三四分位数 (Q_3)，又称较大四分位数，等于该样本中所有观测值由小到大排列后第 75% 的数字，即 $x_{0.75}$。

在实际的统计工作中，四分位数很有用，它们可以看作是把数据大致分为了四个部分，每个部分的数据量为原来数据量的四分之一。我们把 Q_3 与 Q_1 的差距称为四分位距 (IQR)，它刻画了样本观测值从小到大排列后第 25% 的数字与第 75% 的数字的数据差。

【例 1-3】利用例 1-2 的数据，计算四分位数，挖掘 50 个学生关于课程思政的评分信息。

解：首先将 50 个原始数据从小到大排序，得到表 1-3。

表 1-3 50 个学生关于课程思政的评分（从小到大排序）

序号	评分/分	序号	评分/分	序号	评分/分	序号	评分/分	序号	评分/分
1*	76.01	11*	84.51	21*	86.70	31*	88.85	41*	91.89
2*	77.91	12*	84.78	22*	86.88	32*	89.22	42*	92.18
3*	78.88	13*	84.99	23*	87.02	33*	89.56	43*	92.25
4*	80.35	14*	85.35	24*	87.64	34*	89.67	44*	92.37
5*	81.75	15*	85.51	25*	87.67	35*	89.80	45*	92.55
6*	82.38	16*	85.57	26*	87.93	36*	90.01	46*	93.01
7*	82.53	17*	85.62	27*	87.94	37*	90.07	47*	93.46
8*	83.29	18*	85.92	28*	88.01	38*	90.93	48*	94.28
9*	83.54	19*	86.09	29*	88.05	39*	91.06	49*	95.21
10*	84.22	20*	86.41	30*	88.07	40*	91.20	50*	96.11

最小值 MIN 为 76.01，最大值 MAX 为 96.11，样本容量 n 为 50。

取 $p=0.25$，有 $np=12.5$，于是 $Q_1 = x_{0.25} = x_{([12.5]+1)} = x_{(13)} = 84.99$。

取 $p=0.5$，有 $np=25$，于是 $Q_2 = x_{0.5} = \frac{1}{2}(x_{(25)} + x_{(25+1)}) = \frac{1}{2}(87.67 + 87.93) = 87.80$。

取 $p=0.75$，有 $np=37.5$，于是 $Q_3 = x_{0.75} = x_{([37.5]+1)} = x_{(38)} = 90.93$。

从 Q_1, Q_2, Q_3 的数据可以得到，在 50 个数据中，有 25% 的数据（即 12.5 个数据）小于或等于 84.99，观察排序后的数据集可以看到有 12 个数据小于 84.99；有 13 个数据小于或等于 84.99，其中处在第 13 位的数据就是 84.99。有 50%的数据(即 25 个数据)小于或等于 87.80，观察排序后的数据集可以看到有 25 个数据小于 87.80；有 25 个数据大于 87.80，87.80 是处在第 25 位和第 26 位两个数据的平均数，它是这 50 个数据的中位数。有 75%的数据(即 37.5 个数据)小于或等于 90.93，观察排序后的数据集可以看到有 37 个数据小于 90.93；有 38 个数据小于等于 90.93，其中处在第 38 位的数据就是 90.93。

我们看到四分位数把原来的数据集四等分，再加上数据集的最小值和最大值，构成箱线图的五个关键要素：最小值、第一四分位数、第二四分位数、第三四分位数、最大值。箱线图的绘制步骤如下。

第一步：画一条水平数轴，在轴上标记 MIN, Q_1, Q_2, Q_3, MAX 的具体数值。分别在 Q_1, Q_2, Q_3 点的上方画三条垂直线段，以 Q_1, Q_3 为左右边界画一个矩形箱子。

第二步：自箱子左侧引一条水平线直至最小值，在同水平高度自箱子右侧引一条水平线直至最大值。

通过以上两个步骤可以绘制出一个横式箱线图，如图 1-2(a)所示。当然，根据实际的需要，我们可以画一条垂直数轴，根据类似步骤得到一个竖式箱线图，如图 1-2(b)所示。

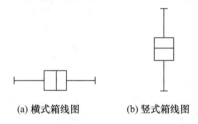

(a) 横式箱线图　　(b) 竖式箱线图

图 1-2　箱线图

利用例 1-3 的数据结果，我们绘制一个横式箱线图，如图 1-3 所示。

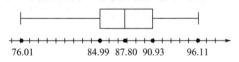

图 1-3　横式箱线图

观察箱线图，可以看到箱线图呈现出的性质。

① 中心位置：中位数所在的位置就是数据集的中心。

② 散布程度：全部数据都落在 $[MIN, MAX]$ 之内，在区间 $[MIN, Q_1)$，$[Q_1, Q_2)$，$[Q_2, Q_3)$，$[Q_3, MAX]$ 中的数据个数各约占 1/4。区间较短时，表示落在该区间的点较集中，反之则表示较为分散。

③ 对称性：若中位数位于箱子的中间位置，则数据分布较为对称。

通过观察图 1-3，我们可以看到 Q_1 到 Q_2 之间距离最窄，说明这个区间数据集中；MIN 到 Q_1 之间距离最宽，说明这个区间数据分散。Q_1, Q_2, Q_3 将数据分为四份，数据分布不对称。

箱线图不仅可用于反映一组数据分布的特征，还可以判断是否存在数据集疑似异常值。我们把 $Q_1 - 1.5IQR$ 称为下限，把 $Q_3 + 1.5IQR$ 称为上限。对箱线图稍加修改，自箱子左侧引一条水平线直至下限，在同水平高度自箱子右侧引一条水平线直至上限。如果数据小于下限或者大于上限,则认为这个数据是疑似异常值,用 * 标记,箱线图及关键点如图 1-4 所示。

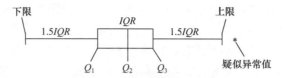

图 1-4　箱线图及关键点

【例 1-4】利用例 1-2 的数据,判断是否存在疑似异常值,并绘制相应的箱线图。

解:　$IQR = Q_3 - Q_1 = 5.94$。

下限:　$Q_1 - 1.5IQR = 84.99 - 1.5 \times 5.94 = 76.08$。

上限:　$Q_3 + 1.5IQR = 90.93 + 1.5 \times 5.94 = 99.84$。

原始数据中 76.01 小于下限,为疑似异常值,相应的箱线图如图 1-5 所示。

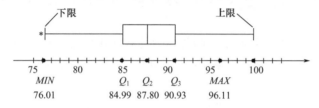

图 1-5　箱线图

在实际统计工作中,产生疑似异常值的原因可能是数据测量、记录输入出错,或者是数据来自不同总体,又或者是数据正确但只出现在小概率事件中。对于疑似异常值,如果是由于数据测量或记录输入出错造成的数据错误,可以直接删除。无法解释疑似异常值来源时,由于平均值受疑似异常值的影响较大,因此我们一般用中位数而不用平均值描述数据集的中心趋势。

1.3　抽样分布

样本是对总体进行统计推断的依据。在实际应用中,往往需要对样本进行加工,针对不同的问题构造样本的适当函数——统计量,再利用统计量进行统计推断,反映出总体的各种特征。

1.3.1　统计量

统计量

定义:设 $X_1, X_2, \cdots, X_n$ 为来自总体 X 的样本,称不含任何未知参数的样本的函数 $G(X_1, X_2, \cdots, X_n)$ 为一个统计量。

因为 $X_1, X_2, \cdots, X_n$ 都是随机变量,而统计量 $G(X_1, X_2, \cdots, X_n)$ 是随机变量的函数,所以统计量是随机变量。若 $x_1, x_2, \cdots, x_n$ 为相应于样本 $X_1, X_2, \cdots, X_n$ 的观测值,则称 $g(x_1, x_2, \cdots, x_n)$ 为统计量 $G(X_1, X_2, \cdots, X_n)$ 的观测值。

常用的统计量有如下几种。

设 $X_1, X_2, \cdots, X_n$ 为来自总体 X 的样本,$x_1, x_2, \cdots, x_n$ 是 $X_1, X_2, \cdots, X_n$ 的观测值。

① 样本均值。

$$\bar{X} = \frac{1}{n}\sum_{i=1}^{n}X_i \tag{1-4}$$

② 样本方差。

$$S^2 = \frac{1}{n-1}\sum_{i=1}^{n}(X_i - \bar{X})^2 = \frac{1}{n-1}\left(\sum_{i=1}^{n}X_i^2 - n\bar{X}^2\right) \tag{1-5}$$

③ 样本标准差。

$$S = \sqrt{S^2} = \sqrt{\frac{1}{n-1}\sum_{i=1}^{n}(X_i - \bar{X})^2} \tag{1-6}$$

④ 样本 k 阶原点矩。

$$A_k = \frac{1}{n}\sum_{i=1}^{n}X_i^k \quad (k=1,2,\cdots) \tag{1-7}$$

⑤ 样本 k 阶中心矩。

$$B_k = \frac{1}{n}\sum_{i=1}^{n}(X_i - \bar{X})^k \quad (k=2,3,\cdots) \tag{1-8}$$

显然，$\bar{X}$、S^2、S、A_k、B_k 都是统计量。

它们的观测值分别为

$$\bar{x} = \frac{1}{n}\sum_{i=1}^{n}x_i \tag{1-9}$$

$$s^2 = \frac{1}{n-1}\sum_{i=1}^{n}(x_i - \bar{x})^2 = \frac{1}{n-1}\left(\sum_{i=1}^{n}x_i^2 - n\bar{x}^2\right) \tag{1-10}$$

$$s = \sqrt{s^2} = \sqrt{\frac{1}{n-1}\sum_{i=1}^{n}(x_i - \bar{x})^2} \tag{1-11}$$

$$a_k = \frac{1}{n}\sum_{i=1}^{n}x_i^k \quad (k=1,2,\cdots) \tag{1-12}$$

$$b_k = \frac{1}{n}\sum_{i=1}^{n}(x_i - \bar{x})^k \quad (k=2,3,\cdots) \tag{1-13}$$

这些观测值分别称为样本均值、样本方差、样本标准差、样本 k 阶原点矩、样本 k 阶中心矩的观测值。

【例1-5】设学生身高服从正态分布，随机选 5 名学生，测得他们的身高为 1.67m、1.70m、1.56m、1.75m、1.72m，试求样本均值和样本方差的观测值。

解：$\bar{x} = \frac{1}{5}\sum_{i=1}^{5}x_i = 1.68\,(\mathrm{m})$，$\sum_{i=1}^{5}x_i^2 = 14.1334$。

$$s^2 = \frac{1}{n-1}\left(\sum_{i=1}^{5}x_i^5 - n(\bar{x})^2\right) = \frac{1}{4}(14.1334 - 5\times 1.68^2) = 0.00535$$

当数据量比较大时，通常会借助一些含有统计功能的软件简化计算过程，例如 Excel 中样本均值、样本方差、样本标准差可以分别用 AVERAGE 函数、VAR 函数、STDEV 函数处理数据。例 1-2 有 50 个样本数据，利用 Excel 的数据分析库可以得到评价分数的样本均值为 87.5040，样本方差为 19.4432，样本标准差为 4.4094。

1.3.2 经验分布函数

定义：设 $X_1, X_2, \cdots, X_n$ 是来自分布函数为 $F(x)$ 的总体 X 的一个样本，$x_1, x_2, \cdots, x_n$ 是 $X_1, X_2, \cdots, X_n$ 的观测值。设 $s(x)$ $(-\infty < x < +\infty)$ 表示 $x_1, x_2, \cdots, x_n$ 中不大于 x 的个数，总体 X 的经验分布函数记为 $F_n(x)$。

$$F_n(x) = \frac{1}{n} s(x) \quad (-\infty < x < +\infty) \tag{1-14}$$

定义：设 $X_1, X_2, \cdots, X_n$ 的观测值 $x_1, x_2, \cdots, x_n$ 按从小到大的顺序可排成 $x_{(1)} \leqslant x_{(2)} \leqslant \cdots \leqslant x_{(n)}$。则经验分布函数 $F_n(x)$ 为

$$F_n(x) = \begin{cases} 0, & x < x_{(1)} \\ \dfrac{k}{n}, & x_{(k)} \leqslant x < x_{(k+1)} \quad (k = 1, 2, \cdots, n-1) \\ 1, & x \geqslant x_{(n)} \end{cases} \tag{1-15}$$

按经验分布函数的定义，$F_n(x)$ 具有三个性质：$F_n(x)$ 是 x 的不减函数；$0 \leqslant F_n(x) \leqslant 1$，且 $F(-\infty) = 0$，$F(+\infty) = 1$；$F_n(x)$ 是一个右连续函数。

【例 1-6】设总体 X 具有一个样本值 1、1、2。求经验分布函数 $F_3(x)$。

解：$F_3(x) = \begin{cases} 0, & x < 1 \\ \dfrac{2}{3}, & 1 \leqslant x < 2 \\ 1, & x \geqslant 2 \end{cases}$

经验分布函数 $F_3(x)$ 的图形如图 1-6 所示。

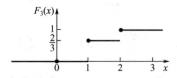

图 1-6 经验分布函数的图形

格里汶科定理：设 $X_1, X_2, \cdots, X_n$ 是来自以 $F(x)$ 为分布函数的总体 X 的样本，$F_n(x)$ 是经验分布函数，则有

$$P\left\{ \lim_{n \to \infty} \sup_{-\infty < x < +\infty} |F_n(x) - F(x)| = 0 \right\} = 1 \tag{1-16}$$

格里汶科定理的含义是 $F_n(x)$ 在整个实轴上以概率 1 均匀收敛于 $F(x)$。当样本容量 n 充分大时，$F_n(x)$ 逼近总体的分布函数 $F(x)$。这是概率统计中以样本推断总体的依据。

1.3.3 常用的抽样分布

统计量的分布称为抽样分布。下面介绍来自正态总体的几个常用的抽样分布。

(1) χ^2 分布

定义：设 $X_1, X_2, \cdots, X_n$ 是来自总体 $N(0,1)$ 的样本，若统计量 χ^2 满足

$$\chi^2 = \sum_{i=1}^{n} X_i^2 \tag{1-17}$$

则称 χ^2 服从自由度为 n 的 χ^2 分布(卡方分布)，记为 $\chi^2 \sim \chi^2(n)$。

注：二次型 $\sum_{i=1}^{n} X_i^2$ 的矩阵为 n 阶单位阵，其秩为 n，因此其自由度为 n。从统计学上理解，自由度是指当以样本的统计量来估计总体的参数时，样本中独立或能自由变化的资料的个数。

χ^2 分布的概率密度函数为

$$f(x) = \begin{cases} \dfrac{1}{2^{n/2}\,\Gamma(n/2)} x^{n/2-1} \mathrm{e}^{-x/2}, & x > 0 \\ 0, & x \leqslant 0 \end{cases} \tag{1-18}$$

其中，$\Gamma(\alpha)$ 称为伽马函数，$\Gamma(\alpha) = \int_0^{+\infty} x^{\alpha-1} \mathrm{e}^{-x} \mathrm{d}x \ (\alpha > 0)$。

显然，统计量 χ^2 是一个非负的连续型随机变量。利用 Python 绘制自由度分别为 1、4、8、20 的 χ^2 分布的概率密度函数曲线，如图 1-7 所示。从图 1-7 可以看出，随着 n 的增大，χ^2 分布的概率密度函数曲线趋于平缓，其图像下区域的重心逐渐向右移动。

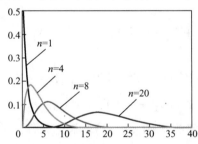

图 1-7 χ^2 分布的概率密度函数曲线

χ^2 分布具有如下两个重要性质：

① 设 $\chi^2 \sim \chi^2(n)$，则 $E(\chi^2) = n$，$D(\chi^2) = 2n$；

② (可加性)设 $\chi_1^2 \sim \chi^2(n_1)$，$\chi_2^2 \sim \chi^2(n_2)$，且 χ_1^2 和 χ_2^2 相互独立，则 $\chi_1^2 + \chi_2^2 \sim \chi^2(n_1 + n_2)$。

证明 ①：

因 $X_1, X_2, \cdots, X_n \sim N(0,1)$，有 $E(X_i) = 0$，$D(X_i) = 1$

$$D(X_i) = E(X_i^2) - [E(X_i)]^2$$

$$E(X_i^2) = D(X_i) = 1$$

$$E(\chi^2) = E(X_1^2 + X_2^2 + \cdots + X_n^2) = E(X_1^2) + \cdots + E(X_n^2) = n$$

$$D(\chi^2) = \sum_{i=1}^{n} D(X_i^2) = \sum_{i=1}^{n} [E(X_i^4) - (E(X_i^2))^2] = \sum_{i=1}^{n} (3-1) = 2n$$

其中：

$$\begin{aligned}
E(X_i^4) &= \int_{-\infty}^{+\infty} x^4 \frac{1}{\sqrt{2\pi}} e^{-\frac{x^2}{2}} dx \\
&= \frac{2}{\sqrt{2\pi}} \int_0^{+\infty} x^4 e^{-\frac{x^2}{2}} dx \\
&= \sqrt{\frac{2}{\pi}} \left(-x^3 e^{-\frac{x^2}{2}} \Big|_0^{+\infty} + 3\int_0^{+\infty} x^2 e^{-\frac{x^2}{2}} dx \right) \\
&= \sqrt{\frac{2}{\pi}} \cdot 3\int_0^{+\infty} x^2 e^{-\frac{x^2}{2}} dx \\
&= 3 \cdot \sqrt{\frac{2}{\pi}} \left(-x e^{-\frac{x^2}{2}} \Big|_0^{+\infty} + \int_0^{+\infty} e^{-\frac{x^2}{2}} dx \right) \\
&= 3 \cdot \sqrt{\frac{2}{\pi}} \cdot \sqrt{\frac{\pi}{2}} \\
&= 3
\end{aligned}$$

注：$\int_0^{+\infty} e^{-\frac{x^2}{2}} dx = \sqrt{\frac{\pi}{2}}$ 的推导过程见本章末"疑难公式的推导与证明"。

证明②：

因 $\chi_1^2 \sim \chi^2(n_1)$，不妨设 $\chi_1^2 = X_1^2 + X_2^2 + \cdots + X_{n_1}^2$，其中，$X_1, X_2, \cdots, X_{n_1} \sim N(0,1)$，且相互独立。

因 $\chi_2^2 \sim \chi^2(n_2)$，不妨设 $\chi_2^2 = Y_1^2 + Y_2^2 + \cdots + Y_{n_2}^2$，其中，$Y_1, Y_2, \cdots, Y_{n_2} \sim N(0,1)$，且相互独立。

故 $\chi_1^2 + \chi_2^2 = X_1^2 + X_2^2 + \cdots + X_{n_1}^2 + Y_1^2 + Y_2^2 + \cdots + Y_{n_2}^2 \sim \chi^2(n_1 + n_2)$。

定义：设 $\chi^2 \sim \chi^2(n)$，若对于给定的 α $(0 < \alpha < 1)$，满足条件：

$$P\{\chi^2 > \chi_\alpha^2(n)\} = \alpha \tag{1-19}$$

则称点 $\chi_\alpha^2(n)$ 为 $\chi^2(n)$ 分布的上侧 α 分位点。其几何意义：点 $\chi_\alpha^2(n)$ 右侧区域发生的概率为 α，点 $\chi_\alpha^2(n)$ 右侧 $\chi^2(n)$ 分布概率密度曲线与 x 轴围成的面积为 α，如图 1-8 所示。

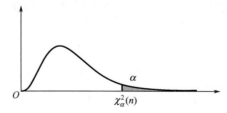

图 1-8　$\chi^2(n)$ 分布的上侧 α 分位点

对于不同的 α、n，上侧 α 分位点的值已制成表格(附表3)，可以查用。例如对于 $\alpha = 0.025$、$n = 8$，查得 $\chi^2_{0.025}(8) = 17.535$。

思考：已知 $\chi^2_{0.1}(25)$ 在 x 轴上的位置。如果不查附表3，$\chi^2_{0.05}(25)$ 在 $\chi^2_{0.1}(25)$ 的左侧还是右侧？

分析：由 χ^2 分布上侧 α 分位点的几何意义可知，点 $\chi^2_{0.1}(25)$ 右侧概率为 0.1，该点右侧 $\chi^2(25)$ 分布概率密度曲线与 x 轴围成的面积为 0.1。点 $\chi^2_{0.05}(25)$ 右侧曲线与 x 轴围成的面积为 0.05，故点 $\chi^2_{0.05}(25)$ 在点 $\chi^2_{0.1}(25)$ 的右侧。两者的位置比较如图 1-9 所示。

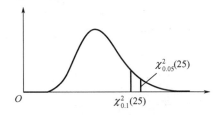

图 1-9 χ^2 分布上侧 α 分位点的位置比较

χ^2 分布的上侧 α 分位点，附表 3 只列到 $n = 60$ 为止，费希尔曾证明，当 n 充分大时，近似地有

$$\chi^2_\alpha(n) \approx \frac{1}{2}(z_\alpha + \sqrt{2n-1})^2 \qquad (1\text{-}20)$$

其中，z_α 为标准正态分布的上侧 α 分位点。

定义：设 $X \sim N(0,1)$，若对于给定的 α $(0 < \alpha < 1)$，满足条件：

$$P\{X > z_\alpha\} = \frac{1}{\sqrt{2\pi}} \int_{z_\alpha}^{+\infty} e^{-\frac{x^2}{2}} dx = \alpha \qquad (1\text{-}21)$$

其几何表达如图 1-10 所示。

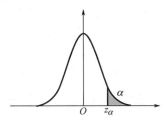

图 1-10 标准正态分布的上侧 α 分位点

利用标准正态分布表(附表 2)，可查到标准正态分布的上侧 α 分位点：$z_{0.05} = 1.645$，$z_{0.025} = 1.96$。根据标准正态分布的对称性，知 $z_{1-\alpha} = -z_\alpha$。

利用式(1-20)，可得 $\chi^2_{0.05}(50) \approx \frac{1}{2}(1.645 + \sqrt{99})^2 \approx 67.221$。

除了查表，我们可以利用 Excel 中的 CHIINV 函数得到 χ^2 分布的上侧 α 分位点，函数命令为 CHIINV(α, n)，如 $\chi^2_{0.05}(50) = $ CHIINV$(0.05, 50) = 67.505$。另外，函数命令 CHISQ.DIST.RT(α, n) 可得自由度为 n，服从 χ^2 分布的统计量大于或等于 α 的概率(即 $P\{\chi^2(n) \geq \alpha\}$

的值），如 $P\{\chi^2(50) \geqslant 67.505\}$ = CHISQ.DIST.RT (67.505,50) = 0.05。函数命令 NORMSINV $(1-\alpha)$ 可得标准正态分布的上侧 α 分位点 z_α，如 $z_{0.05}$ = NORMSINV $(1-0.05)$ = 1.64485。

(2) t 分布

定义：设 $X \sim N(0,1)$，$Y \sim \chi^2(n)$，且 X 和 Y 相互独立，若随机变量 T 满足条件：

$$T = \frac{X}{\sqrt{Y/n}} \tag{1-22}$$

则称 T 服从自由度为 n 的 t 分布，记为 $T \sim t(n)$。

t 分布的概率密度函数：

$$f(x) = \frac{\Gamma\left(\frac{n+1}{2}\right)}{\sqrt{n\pi}\,\Gamma\left(\frac{n}{2}\right)}\left(1+\frac{x^2}{n}\right)^{-\frac{n+1}{2}}, \quad x \in R \tag{1-23}$$

利用 Python 描绘 $n=2$、10 的 $t(n)$ 的概率密度曲线，以及标准正态分布 $N(0,1)$ 的概率密度曲线，如图 1-11 所示。

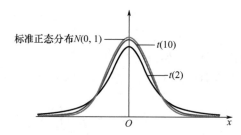

图 1-11　$t(2)$、$t(10)$ 分布与标准正态分布 $N(0,1)$ 的概率密度曲线

从图 1-11 可以看出，t 分布的概率密度函数 $f(x)$ 图形关于 $x=0$ 对称，随着 n 的增大，t 分布的概率密度函数与标准正态分布的概率密度函数越来越接近。可以证明：当 $n \to \infty$ 时，$f(x) \to \frac{1}{\sqrt{2\pi}}\mathrm{e}^{-\frac{x^2}{2}}$，$x \in R$。即当 n 充分大时，t 分布近似服从标准正态分布。一般，$n > 30$ 就可以认为 $t(n)$ 与 $N(0,1)$ 相差甚微。但对于较小的 n，t 分布与标准正态分布相差较大。

设 $T \sim t(n)$，若对于给定的 $\alpha(0 < \alpha < 1)$，满足条件：

$$P\{T > t_\alpha(n)\} = \alpha \tag{1-24}$$

则称点 $t_\alpha(n)$ 为 t 分布的上侧 α 分位点。其几何意义如图 1-12 所示。

t 分布的上侧 α 分位点 $t_\alpha(n)$ 可由附表 4 查得，如 $t_{0.05}(10) = 1.812$。

由 t 分布概率密度函数图形的对称性，有 $t_\alpha(n) = -t_{1-\alpha}(n)$，如 $t_{0.95}(10) = -t_{0.05}(10) = -1.812$。

当 $n \to \infty$ 时，t 分布近似服从标准正态分布，所以当 n 充分大 $(n > 45)$ 时，有 $t_\alpha(n) \approx z_\alpha$，如 $t_{0.05}(50) \approx z_{0.05}$。

除了查表，还可以利用 Excel 中的 TINV 函数得到 t 分布的上侧 α 分位点，函数命令为

TINV$(2\alpha, n)$，如 $t_{0.05}(10)$ = TINV$(0.1, 10)$ = 1.812，$t_{0.05}(50)$ = TINV$(0.1, 50)$ = 1.676。

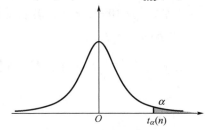

图 1-12　t 分布的上侧 α 分位点

(3) F 分布

定义：设 $X \sim \chi^2(n_1)$，$Y \sim \chi^2(n_2)$，且 X 和 Y 相互独立，若统计量 F 满足条件：

$$F = \frac{X/n_1}{Y/n_2} \tag{1-25}$$

则称 F 服从自由度为 n_1、n_2 的 F 分布，记为 $F \sim F(n_1, n_2)$。

F 分布的概率密度函数：

$$f(x) = \begin{cases} \dfrac{\Gamma\left(\dfrac{n_1+n_2}{2}\right)}{\Gamma(n_1/2)\Gamma(n_2/2)}\left(\dfrac{n_1}{n_2}\right)^{\frac{n_1}{2}} x^{\frac{n_1}{2}-1}\left(1+\dfrac{n_1 x}{n_2}\right)^{-\frac{n_1+n_2}{2}}, & x > 0 \\ 0, & x \leqslant 0 \end{cases} \tag{1-26}$$

注意：函数 $f(x)$ 中有两个参数 n_1、n_2，利用 Python 绘制 F 分布的概率密度曲线，如图 1-13 所示。

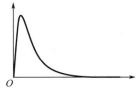

图 1-13　F 分布的概率密度曲线

F 分布具有如下性质：

① 若 $F \sim F(n_1, n_2)$，则 $\dfrac{1}{F} \sim F(n_2, n_1)$；

② 若 $T \sim t(n)$，则 $T^2 \sim F(1, n)$。

证明 ①：

因为 $F \sim F(n_1, n_2)$，不妨设 $F = \dfrac{X/n_1}{Y/n_2}$，其中 $X \sim \chi^2(n_1)$，$Y \sim \chi^2(n_2)$，且 X 和 Y 相互独立，于是 $\dfrac{1}{F} = \dfrac{Y/n_2}{X/n_1} \sim F(n_2, n_1)$。

证明 ②：

因为 $T \sim t(n)$，不妨设 $T = \dfrac{X}{\sqrt{Y/n}}$，其中 $X \sim N(0, 1)$，$Y \sim \chi^2(n)$，且 X 和 Y 相互独立。

由 χ^2 分布定义，有 $X^2 \sim \chi^2(1)$，并且 X^2 和 Y 相互独立。故由 F 分布的定义，有 $T^2 \sim F(1,n)$。

定义：设 $F \sim F(n_1, n_2)$，对于给定的 $\alpha(0 < \alpha < 1)$，若满足条件：

$$P\{F > F_\alpha(n_1, n_2)\} = \alpha \tag{1-27}$$

则称点 $F_\alpha(n_1, n_2)$ 为 F 分布的上侧 α 分位点。其几何表达如图 1-14 所示。

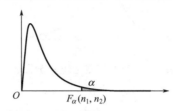

图 1-14 F 分布的上侧 α 分位点

F 分布的上侧 α 分位点 $F_\alpha(n_1, n_2)$ 可由附表 5 查得，如 $F_{0.025}(8,7) = 4.9$，$F_{0.05}(24,27) = 1.93$。F 分布的上侧 α 分位点 $F_\alpha(n_1, n_2)$ 具有重要性质：

$$F_{1-\alpha}(n_1, n_2) = \frac{1}{F_\alpha(n_2, n_1)} \tag{1-28}$$

证明：若 $F \sim F(n_1, n_2)$，按定义：

$$1 - \alpha = P\{F > F_{1-\alpha}(n_1, n_2)\}$$

$$= P\left\{\frac{1}{F} < \frac{1}{F_{1-\alpha}(n_1, n_2)}\right\}$$

$$= 1 - P\left\{\frac{1}{F} \geq \frac{1}{F_{1-\alpha}(n_1, n_2)}\right\}$$

$$= 1 - P\left\{\frac{1}{F} > \frac{1}{F_{1-\alpha}(n_1, n_2)}\right\}$$

于是

$$P\left\{\frac{1}{F} > \frac{1}{F_{1-\alpha}(n_1, n_2)}\right\} = \alpha$$

再由 $\dfrac{1}{F} \sim F(n_2, n_1)$ 知：

$$P\left\{\frac{1}{F} > F_\alpha(n_2, n_1)\right\} = \alpha$$

从而得

$$\frac{1}{F_{1-\alpha}(n_1, n_2)} = F_\alpha(n_2, n_1)$$

即

$$F_{1-\alpha}(n_1, n_2) = \frac{1}{F_\alpha(n_2, n_1)}$$

由 $F_\alpha(n_1,n_2)$ 的重要性质可以求出附表 5 中未列出的上侧 α 分位点,如 $F_{0.95}(7,12) = \dfrac{1}{F_{0.05}(12,7)} = \dfrac{1}{3.57} \approx 0.28$。

除了查表,可以利用 Excel 中的 FINV 函数得到 F 分布的上侧 α 分位点,函数命令为 $\text{FINV}(\alpha,n_1,n_2)$,如 $F_{0.95}(7,12) = \text{FINV}(0.95,7,12) \approx 0.28$。

(4) 抽样分布定理

设总体 X(不管服从什么分布,只要均值和方差存在)的均值为 μ,方差为 σ^2,$X_1,X_2,\cdots,X_n$ 是来自 X 的一个样本,$\bar{X}$ 是样本均值,S^2 是样本方差,则有

$$E(\bar{X}) = E\left(\frac{1}{n}\sum_{k=1}^{n} X_k\right) = \frac{1}{n}\sum_{k=1}^{n} E(X_k) = \frac{1}{n} \cdot n \cdot \mu = \mu$$

$$D(\bar{X}) = D\left(\frac{1}{n}\sum_{k=1}^{n} X_k\right) = \frac{1}{n^2}\sum_{k=1}^{n} D(X_k) = \frac{1}{n^2} \cdot n \cdot \sigma^2 = \frac{\sigma^2}{n}$$

$$E(S^2) = E\left[\frac{1}{n-1}\sum_{i=1}^{n}(X_i - \bar{X})^2\right] = E\left[\frac{1}{n-1}\left(\sum_{i=1}^{n} X_i^2 - n\bar{X}^2\right)\right] = \frac{1}{n-1}\left(\sum_{i=1}^{n} E(X_i^2) - nE(\bar{X}^2)\right)$$

$$= \frac{1}{n-1}\left[\sum_{i=1}^{n}(\sigma^2 + \mu^2) - n\left(\frac{\sigma^2}{n} + \mu^2\right)\right] = \sigma^2$$

设 $X \sim N(\mu,\sigma^2)$,$X_1,X_2,\cdots,X_n$ 是来自总体 X 的一个样本,由随机样本的定义可以理解为 $X_i \sim N(\mu,\sigma^2)$($i=1,2,\cdots,n$),且它们相互独立,则它们的线性组合 $C_1 X_1 + C_2 X_2 + \cdots + C_n X_n$($C_1,C_2,\cdots,C_n$ 为不全为 0 的常数)仍然服从正态分布,且 $C_1 X_1 + C_2 X_2 + \cdots + C_n X_n \sim N\left(\sum_{i=1}^{n} C_i \mu, \sum_{i=1}^{n} C_i^2 \sigma^2\right)$。利用这个重要的结果,可以得到以下定理。

定理一:设总体 $X \sim N(\mu,\sigma^2)$,$X_1,X_2,\cdots,X_n$ 为来自 X 的样本,$\bar{X}$、S^2 分别为样本均值和样本方差,则

$$\bar{X} \sim N\left(\mu,\frac{\sigma^2}{n}\right) \tag{1-29}$$

由定理一,推导得到 $\dfrac{\bar{X} - \mu}{\sigma/\sqrt{n}} \sim N(0,1)$。

定理二:设总体 $X \sim N(\mu,\sigma^2)$,$X_1,X_2,\cdots,X_n$ 为来自 X 的样本,$\bar{X}$、S^2 分别为样本均值和样本方差,则

① $\dfrac{(n-1)S^2}{\sigma^2} = \dfrac{1}{\sigma^2}\sum_{i=1}^{n}(X_i - \bar{X})^2 \sim \chi^2(n-1)$。

② $\bar{X}$ 与 S^2 相互独立。 $\tag{1-30}$

(证明见本章末"疑难公式的推导与证明")

定理三：设总体 $X \sim N(\mu,\sigma^2)$，$X_1,X_2,\cdots,X_n$ 为来自 X 的样本，$\bar{X}$、S^2 分别为样本均值和样本方差，则

$$\frac{\bar{X}-\mu}{S/\sqrt{n}} \sim t(n-1) \tag{1-31}$$

证明：由定理一可知 $\dfrac{\bar{X}-\mu}{\sigma/\sqrt{n}} \sim N(0,1)$，由定理二可知 $\dfrac{(n-1)S^2}{\sigma^2} \sim \chi^2(n-1)$，且 $\bar{X}$ 与 S^2 相互独立，从而利用 t 分布定义，有 $\dfrac{\dfrac{\bar{X}-\mu}{\sigma/\sqrt{n}}}{\sqrt{\dfrac{(n-1)S^2/\sigma^2}{n-1}}} = \dfrac{\bar{X}-\mu}{S/\sqrt{n}} \sim t(n-1)$。

对于两个正态总体的样本均值和样本方差有以下的定理。

定理四：设 $X_1,X_2,\cdots,X_{n_1}$ 为来自总体 $X \sim N(\mu_1,\sigma_1^2)$ 的样本，$Y_1,Y_2,\cdots,Y_{n_2}$ 为来自总体 $Y \sim N(\mu_2,\sigma_2^2)$ 的样本，且两个样本相互独立。

令 $\bar{X}=\dfrac{1}{n_1}\sum\limits_{i=1}^{n_1}X_i$，$S_1^2=\dfrac{1}{n_1-1}\sum\limits_{i=1}^{n_1}(X_i-\bar{X})^2$，$\bar{Y}=\dfrac{1}{n_2}\sum\limits_{j=1}^{n_2}Y_j$，$S_2^2=\dfrac{1}{n_2-1}\sum\limits_{j=1}^{n_2}(Y_j-\bar{Y})^2$。

则

① $F=\dfrac{S_1^2/S_2^2}{\sigma_1^2/\sigma_2^2} \sim F(n_1-1,n_2-1)$。 $\tag{1-32}$

② 当 $\sigma_1^2=\sigma_2^2=\sigma^2$ 时：

$$T=\frac{(\bar{X}-\bar{Y})-(\mu_1-\mu_2)}{\sqrt{\dfrac{(n_1-1)S_1^2+(n_2-1)S_2^2}{n_1+n_2-2}}\cdot\sqrt{\dfrac{1}{n_1}+\dfrac{1}{n_2}}} \sim t(n_1+n_2-2) \tag{1-33}$$

证明①：
由定理二可得：

$$\frac{(n_1-1)S_1^2}{\sigma_1^2} \sim \chi^2(n_1-1)$$

$$\frac{(n_2-1)S_2^2}{\sigma_2^2} \sim \chi^2(n_2-1)$$

由于两个样本相互独立，有 S_1^2 与 S_2^2 相互独立，利用 F 分布的定义可得

$$\frac{\dfrac{(n_1-1)S_1^2}{\sigma_1^2}\Big/n_1-1}{\dfrac{(n_2-1)S_2^2}{\sigma_2^2}\Big/n_2-1} = \frac{S_1^2/S_2^2}{\sigma_1^2/\sigma_2^2} \sim F(n_1-1,n_2-1)$$

证明②:

因为 $\sigma_1^2 = \sigma_2^2 = \sigma^2$，且 $\bar{X}$ 与 $\bar{Y}$ 相互独立，则

$$\bar{X} - \bar{Y} \sim N\left(\mu_1 - \mu_2, \frac{\sigma^2}{n_1} + \frac{\sigma^2}{n_2}\right)$$

其标准化随机变量：

$$U = \frac{(\bar{X} - \bar{Y}) - (\mu_1 - \mu_2)}{\sqrt{\sigma^2\left(\frac{1}{n_1} + \frac{1}{n_2}\right)}} \sim N(0,1)$$

又因 $\frac{(n_1-1)S_1^2}{\sigma_1^2} \sim \chi^2(n_1-1)$，$\frac{(n_2-1)S_2^2}{\sigma_2^2} \sim \chi^2(n_2-1)$，且 $\frac{(n_1-1)S_1^2}{\sigma_1^2}$ 与 $\frac{(n_2-1)S_2^2}{\sigma_2^2}$ 相互独立，由 χ^2 分布的可加性知，$V = \frac{(n_1-1)S_1^2}{\sigma_1^2} + \frac{(n_2-1)S_2^2}{\sigma_2^2} \sim \chi^2(n_1+n_2-2)$。可见 U 与 V 相互独立，由 t 分布定义知：

$$\frac{U}{\sqrt{V/(n_1+n_2-2)}} = \frac{(\bar{X}-\bar{Y})-(\mu_1-\mu_2)}{\sqrt{\frac{(n_1-1)S_1^2+(n_2-1)S_2^2}{n_1+n_2-2}}\sqrt{\frac{1}{n_1}+\frac{1}{n_2}}} \sim t(n_1+n_2-2)$$

为了更容易记忆式(1-33)，不妨设

$$S_w^2 = \frac{(n_1-1)S_1^2+(n_2-1)S_2^2}{n_1+n_2-2}, \quad S_w = \sqrt{S_w^2}$$

则其可简化为

$$\frac{(\bar{X}-\bar{Y})-(\mu_1-\mu_2)}{S_w\sqrt{\frac{1}{n_1}+\frac{1}{n_2}}} \sim t(n_1+n_2-2)$$

1.4 Python 在抽样分布中的应用

1.4.1 Python 简介及安装

　　Python 是一种解释型、面向对象及动态数据类型的高级程序设计语言。它由荷兰国家数学与计算机科学研究中心的范罗苏姆于 20 世纪 90 年代初设计。Python 提供了高效的高级数据结构，能简单、有效地面向对象编程。Python 的语法和动态类型，以及解释型语言的本质，使它成为多数平台上写脚本和快速开发应用的编程语言，随着版本的不断更新和语言新功能的添加，逐渐被用于独立、大型项目的开发。Python 丰富的标准库可以为各个主要系统平台提供源码或机器码。

　　Python 可用于主流的三大操作系统：Windows、MacOS 和 Linux。其所有版本的安装程序、文档均可以从 Python 官网下载：https://www.python.org，强烈推荐由 Continuum Analytics

开发的 Python 版本 Anaconda 来进行科学计算。Anaconda 是一款免费的内置商业应用的 Python 版本，已经内置了应用于数据科学、数学、工程领域所需的核心包，是一个用户友好的跨平台发行版本。本书使用的是 Anaconda3-5.3.1-Windows-x86_64，利用 Jupyter Notebook 中的 Python3 实现本教材提及的所有 Python 代码。

1.4.2 数理统计常用 Python 模块

应用数理统计分析数据和绘制图形时，常用到以下 Python 模块。
① import numpy as np，# numpy 是线性代数模块，np 是国际通用简称。
② import pandas as pd，# pandas 是数据分析模块，pd 是国际通用简称。
③ import statsmodels.api as sm，# statsmodels 是统计模型模块，sm 是国际通用简称。
④ import matplotlib.pyplot as plt，# matplotlib 是作图模块，plt 是国际通用简称。
⑤ import seaborn as sns，# seaborn 是数据可视化库，sns 是国际通用简称。
⑥ from scipy.stats import norm,t,f,chi2，#从科学计算库 scipy.stats 中导入正态分布、t 分布、F 分布和卡方分布。
⑦ from statsmodels.formula.api import ols，#导入普通最小二乘回归模块。
⑧ from statsmodels.stats.anova import anova_lm，#导入方差分析模块。

1.4.3 Python 在正态分布中的应用

【例 1-7】生成 10 个标准正态随机数。

代码：

```
import numpy as np
        #生成 10 个标准正态随机数
        a = np.random.randn(10)
print(a)
```
输出：
[-0.35355156 -0.66654099 -0.10459827   0.66449961   0.33853631 -1.05909367
  0.37078424 -1.46261631   0.07459058 -1.63780837]

【例 1-8】生成均值为 0、标准差为 1 的 10 个正态分布随机数。

代码：

```
import numpy as np
        #生成 10 个均值为 0、标准差为 1 的标准正态随机数
        b = np.random.normal(0,1,10)
print(b)
```
输出：
[2.27287063   0.46537958 -0.32482005   0.31191163 -2.13637293   0.93933765

1.65251094 -0.96252173 0.28641306 -2.36709355]

【例 1-9】 生成 3 行 5 列的标准正态随机数。

代码:

```
import numpy as np
    #生成3行5列的标准正态随机数
        c = np.random.randn(3,5)
print(c)
```

输出:

[[-0.54388979 -1.18294732 0.18640323 -1.83574234 -2.77018553]
[-1.05481868 -2.16086525 -0.19390747 0.40772038 0.64403259]
[0.70349786 0.12715847 -1.75203629 -0.15077632 0.31502463]]

【例 1-10】 绘制标准正态散点图。

代码:

```
import numpy as np
import matplotlib.pyplot as plt
        #生成从-3到3的等间隔数组,数组长度为100
        x = np.linspace(-3,3,100)
        #生成100个服从标准正态分布的随机数
        y = np.random.rand(100)
        #创建宽度为8英寸,高度为6英寸的窗口
        fig = plt.figure(figsize =(8,6))
plt.plot(x,[0 for i in x], 'r--')
#绘制点(x,y)
plt.scatter(x,y)
```

输出:

标准正态散点图如图 1-15 所示。

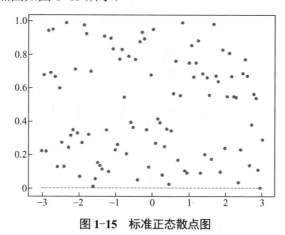

图 1-15　标准正态散点图

【例1-11】 绘制标准正态分布概率密度曲线及直方图。

代码：

```
import numpy as np
from scipy.stats import norm
import matplotlib.pyplot as plt
import seaborn as sns
            fig = plt.figure(figsize =(8,6))
            #期望为0
            mu = 0
            #标准差为1
            sigma = 1
            #个数为1000
            num = 1000
            rand_data = np.random.normal(mu,sigma,num)
            count,bins,ignored = plt.hist(rand_data,density = 'normal')
            x = np.linspace(-3.5,3.5,1000)
            y = norm.pdf(x)
plt.plot(x,y,'b--',label = 'pdf')
plt.plot(bins,1/(sigma * np.sqrt(2 * np.pi)) *np.exp( -(bins - mu)**2/(2*sigma**2)),
    linewidth = 2, color = 'r',label = 'density')
sns.set_style("white")
plt.legend()
plt.show()
```

输出：

标准正态分布概率密度曲线及直方图如图1-16所示。

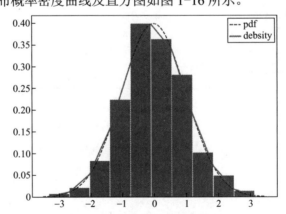

图1-16 标准正态分布概率密度曲线及直方图

【例1-12】 求标准正态随机变量小于1.645的概率值。

代码：

```
from scipy.stats import norm
```

```
#标准正态随机变量小于 1.645 的概率值
        p = norm.cdf(1.645)
print('p{x<1.645} = ',p)
```
输出：

p{x<1.645}= 0.9500150944608786

【例 1-13】 X 服从 $N(2,4)$，求 $P\{X < 7.93\}$。

代码：

```
from scipy.stats import norm
        #正态随机变量均值为 2
        mu = 2
        #正态随机变量标准差是 4
        sigma = 4
        #计算正态随机变量小于 7.93 的保留小数点后 3 位的概率
        p = norm(mu,sigma).cdf(7.93).round(3)
print('X 服从 N(2,4),p{x < 7.93} = ',p)
```
输出：

X 服从 N(2,4),p{x < 7.93} = 0.931

【例 1-14】求标准正态分布上侧分位点 $z_{0.025}$。

代码：

```
from scipy.stats import norm
        #服从标准正态分布的概率为 0.025 的保留小数点后 2 位的上侧分位点
        Za = norm.isf(0.025).round(2)
print('Za = ',Za)
```
输出：

Za = 1.96

【例 1-15】X 服从 $N(10,8)$，求概率为 0.05 的上侧分位点。

代码：

```
from scipy.stats import norm
        #均值是 10、标准差是 8、概率为 0.05 的正态分布上分位点
        q = norm(10,8) .isf(0.05)
print(q)
```
输出：

23.158829015611783

【例 1-16】绘制标准正态分布上侧分位点及图形。

代码：

```
from scipy import stats
```

```python
import numpy as np
import matplotlib.pyplot as plt
x = np.linspace(-5,5,100000)
y = stats.norm.pdf(x,0,1)
# 右边阴影部分的范围曲线
x1 = np.linspace(1.645,4.5,10000)
y1 = stats.norm.pdf(x1,0,1)
# 右边曲线上的临界点
x1_intersection = 1.645
y1_intersection = stats.norm.pdf(x1_intersection,0,1)
# 创建图像和坐标轴
fig, ax = plt.subplots()
# 绘制概率曲线
ax.plot(x, y, color = 'black')
# 添加右边阴影,将曲线下方的区域填充为灰色
ax.fill_between(x1, y1, color = 'gray', alpha = 0.3, label = 'Shaded Area')
# 画垂直线
ax.plot([x1_intersection, x1_intersection], [0, y1_intersection], color = 'black')
# 绘制 x 轴箭头,y 轴箭头
ax.arrow(-4.5, 0, 9.5, 0, head_width = 0.03, head_length = 0.15, fc = 'black', ec = 'black')
ax.arrow(0, 0, 0, 0.5, head_width = 0.15, head_length = 0.03, fc = 'black', ec = 'black')
plt.plot(x,y)
plt.ylim(-0.05,0.6)
plt.tight_layout()
plt.show()
```

输出:

标准正态分布上侧分位点如图 1-17 所示。

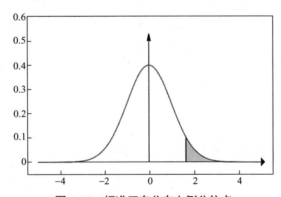

图 1-17 标准正态分布上侧分位点

1.4.4　Python 在 χ^2 分布中的应用

【例 1-17】生成 30 个服从 $\chi^2(5)$ 的随机数。

代码：

```
import numpy as np
from scipy.stats import chi2
    #服从卡方分布，自由度为 5、容量为 30 个卡方随机数
    np.random.chisquare(5,30).round(2)
```

输出：
array([2.92, 4.54, 2.87, 12.05, 2.06, 2.79, 7.11, 5.45, 3.66, 8.04, 5.82, 4.2, 2.23, 7.84, 4.7, 3.57, 7.13, 7.59, 5.85, 11.29, 6.11, 15.95, 0.9 , 7.42, 3.08, 2.83, 2.04, 2.45, 10.02, 6.33])

【例 1-18】生成 100 个服从自由度为 5 的卡方分布随机数，并绘制其散点图。

代码：

```
import numpy as np
import matplotlib.pyplot as plt
    x = np.linspace(0,10,100)
    y = np.random.chisquare(5,100)
    fig = plt.figure(figsize =(8,6))
plt.plot(x,[0 for I in x],'b--')
plt.scatter(x,y)
plt.show()
```

输出：
卡方分布随机数及其散点图如图 1-18 所示。

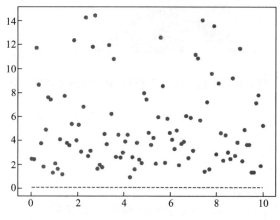

图 1-18　卡方分布随机数及其散点图

【例 1-19】 绘制卡方分布随机数概率密度曲线及其直方图。

代码:

```
import numpy as np
from scipy.stats import chi2
import matplotlib.pyplot as plt
import seaborn as sns
    fig = plt.figure(figsize =(8,6))
    df = 8
    num = 10000
    rand_data = np.random.chisquare(df,num)
    count,bins,ignored = plt.hist(rand_data,30,density = 'chi2')
    x = np.linspace(0,25,1000)
    y = chi2(df).pdf(x)
plt.plot(x,y,'b--',label = 'pdf ')
plt.legend()
sns.set_style("white")
plt.show()
```

输出:

卡方分布随机数概率密度曲线及其直方图如图 1-19 所示。

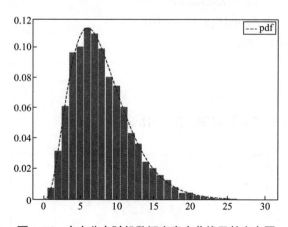

图 1-19 卡方分布随机数概率密度曲线及其直方图

【例 1-20】 求自由度为 8、卡方随机变量小于 12.7 的概率值。

代码:

```
import numpy as np
from scipy.stats import chi2
        #求自由度为8、卡方随机变量小于12.7的概率值
        p = chi2(8).cdf(12.7)
```

```
print(p)
```
输出:
0.8774029874472038

【例 1-21】 求自由度为 10、概率为 0.02 的卡方分布的上分位点。

代码:
```
from scipy.stats import chi2
        #自由度为 10、概率为 0.02 的卡方分布的上分位点
        a = chi2(10).isf(0.02)
print(a)
```
输出:
21.160767541304686

【例 1-22】 绘制卡方分布上侧分位点及其图形。

代码:
```
from scipy import stats
import numpy as np
from scipy.stats import chi2
import matplotlib.pyplot as plt
        x = np.arange(0,30,0.001)
        y = stats.chi2.pdf(x,8)
        x1 = np.arange(15.507,30,0.001)
        y1 = stats.chi2.pdf(x1,8)
        x_intersection = 15.507
        y_intersection = stats.chi2.pdf(x_intersection,8)
        fig, ax = plt.subplots()
        ax.plot(x, y, color = 'black')
        ax.fill_between(x1, y1, color = 'gray', alpha = 0.3, label = 'Shaded Area')
        ax.plot([x_intersection,x_intersection], [0, y_intersection], color = 'black')
        ax.arrow(0, 0, 30.1, 0, head_width = 0.01, head_length = 0.3, fc = 'black', ec = 
           'black')
        ax.arrow(0, 0, 0, 0.2, head_width = 0.4, head_length = 0.01, fc = 'black', ec = 
           'black')
plt.plot(x,y)
plt.ylim(-0.05,0.25)
plt.tight_layout()
plt.show()
```
输出:
卡方分布上侧分位点及其图形如图 1-20 所示。

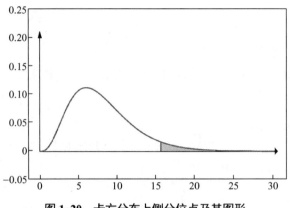

图 1-20　卡方分布上侧分位点及其图形

1.4.5　Python 在 t 分布中的应用

【例 1-23】生成自由度为 5、容量为 14、保留小数点后 4 位的标准 t 分布随机数。

代码：

```
import numpy as np
    #生成自由度为5、容量为14、保留小数点后4位的标准t分布随机数
    np.random.standard_t(5,14).round(4)
```

输出：

array([-0.2523,　1.7117,　1.0142,　0.4733,　1.7532,　0.1996,　0.6073,　0.7583, -0.2015,　-1.129,　-0.3528,　0.9599,　0.3892,　-2.2422])

【例 1-24】生成 100 个服从自由度为 3 的 t 分布随机数，并绘制其散点图。

代码：

```
import numpy as np
import matplotlib.pyplot as plt
    x = np.linspace(-3,3,100)
    y = np.random.standard_t(3,100)
    fig = plt.figure(figsize =(8,6))
plt.plot(x,[0 for i in x],'r--')
plt.xlabel('x',fontsize = 15)
plt.ylabel('y',fontsize = 15)
plt.scatter(x,y)
plt.show()
```

输出：

t 分布随机数散点图如图 1-21 所示。

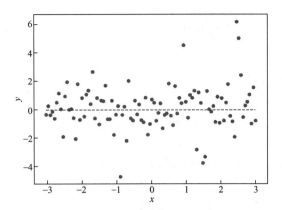

图 1-21　t 分布随机数及其散点图

【例 1-25】绘制 t 分布概率密度曲线及其直方图。

代码：

```
import numpy as np
from scipy.stats import t
import matplotlib.pyplot as plt
import seaborn as sns
        fig = plt.figure(figsize =(8,6))
        df = 8
        num = 10000
        rand_data = np.random.standard_t(df,num)
        count,bins,ignored = plt.hist(rand_data,30,density = 't')
        x = np.linspace(-5,5,1000)
        y = t(df).pdf(x)
plt.plot(x,y,'b--',label = 'pdf')
sns.set_style("white")
plt.legend()
plt.show()
```

输出：

t 分布概率密度曲线及其直方图如图 1-22 所示。

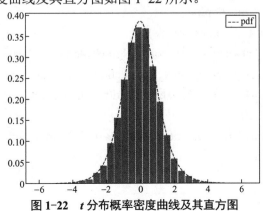

图 1-22　t 分布概率密度曲线及其直方图

【例 1-26】 $t \sim t(8)$，求 $P\{t < 2.56\}$。

代码：

```
from scipy.stats import t
p = t(8).cdf(2.56)
print('t 服从 t(8),p{t < 2.56} = ',p)
```

输出：

t 服从 t(8),p{t < 2.56} = 0.9831765145571114

【例 1-27】 求 $t_{0.01}(10)$。

代码：

```
from scipy.stats import t
a = t(10).isf(0.01)
print('t0.01(10) = ',a)
```

输出：

t0.01(10) = 2.7637694574478893

【例 1-28】 绘制 t 分布上侧分位点及其图形。

代码：

```
From scipy import stats
import numpy as np
from scipy.stats import t
import matplotlib.pyplot as plt
x = np.linspace(-4.5,4.5,100000)
y = stats.t.pdf(x,2)
x1 = np.linspace(2.92,5,10000)
y1 = stats.t.pdf(x1,2)
x_intersection = 2.92
y_intersection = stats.t.pdf(x_intersection,2)
fig, ax = plt.subplots()
ax.plot(x, y, color = 'black')
ax.fill_between(x1, y1, color = 'gray', alpha = 0.3, label = 'Shaded Area')
ax.plot([x_intersection,x_intersection], [0, y_intersection], color = 'black')
ax.arrow(-4.5, 0, 9.5, 0, head_width = 0.03, head_length = 0.15, fc = 'black',
    ec = 'black')
ax.arrow(0, 0, 0, 0.5, head_width = 0.22, head_length = 0.022, fc = 'black', ec =
    'black')
plt.plot(x,y)
plt.ylim(-0.05,0.6)
```

plt.tight_layout()
plt.show()
输出：
t 分布上侧分位点及其图形如图 1-23 所示。

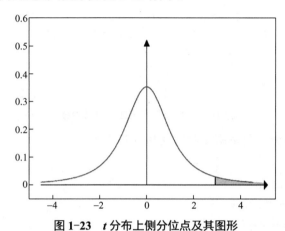

图 1-23　t 分布上侧分位点及其图形

1.4.6　Python 在 F 分布中的应用

【例 1-29】生成 30 个服从 $F(5,7)$ 分布的随机数。

代码：

import numpy as np
　　#生成自由度为 5、7，容量为 30，保留小数点后 2 位的 F 分布随机数
　　np.random.f(5,7,30).round(2)

输出：

array([0.77, 0.49, 1.38, 1.88, 0.19, 1.37, 0.78, 6.01, 0.77, 1.21, 0.04,1.73, 1.76, 2.11, 0.88, 1.22, 0.55, 0.17, 1.49, 1.13, 0.54, 2.82,1.21, 0.32, 1.93, 1.45, 1.54, 2.05, 1.62, 0.44])

【例 1-30】生成 100 个服从 $F(5,7)$ 分布的随机数，并绘制其散点图。

代码：

import numpy as np
import matplotlib.pyplot as plt
　　x = np.linspace(0,10,100)
　　y = np.random.f(5,7,100)
　　fig = plt.figure(figsize =(8,6))
plt.plot(x,[0 for i in x],'r--')
plt.scatter(x,y)
plt.show()
输出：
F 分布随机数及其散点图如图 1-24 所示。

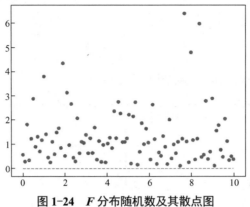

图 1-24 F 分布随机数及其散点图

【例 1-31】绘制 F 分布概率密度曲线及其直方图。

代码：

```
import numpy as np
from scipy.stats import f
import matplotlib.pyplot as plt
import seaborn as sns
    fig = plt.figure(figsize =(8,6))
    df1 = 5
    df2 = 7
    num = 10000
    rand_data = np.random.f(df1,df2,num)
    count,bins,ignored = plt.hist(rand_data,30,density = 'f ')
    x = np.linspace(0,10,1000)
    y = f(df1,df2).pdf(x)
plt.plot(x,y,'b--',label = 'pdf ')
sns.set_style("white")
plt.legend()
plt.show()
```

输出：

$F(5,7)$ 分布概率密度曲线及其直方图如图 1-25 所示。

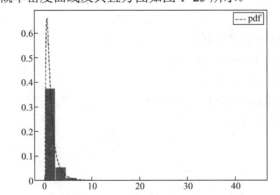

图 1-25 $F(5,7)$ 分布概率密度曲线及其直方图

【例1-32】$F \sim F(5,7)$,求$P\{F < 3.82\}$。

代码:

```
from scipy.stats import f
        #求自由度为5、7,随机变量小于3.82的概率值
        p = f(5,7).cdf(3.82)
print('F 服从 F(5,7),p{f < 3.82} = ',p)
```

输出:

F 服从 F(5,7), p{f < 3.82} = 0.9453388377950485

【例1-33】求$F_{0.025}(5,7)$。

代码:

```
from scipy.stats import f
        #查找自由度为5、7,概率为0.025的F分布的上分位点
        a = f(5,7).isf(0.025)
print('F0.025(5,7) = ',a)
```

输出:

F0.025(5,7) = 5.285236851504278

【例1-34】绘制F分布上侧分位点及其图形。

代码:

```
from scipy import stats
import numpy as np
from scipy.stats import f
import matplotlib.pyplot as plt
        x = np.linspace(0,8,10000)
        y = stats.f.pdf(x,5,10)
        x1 = np.linspace(3.33,8,10000)
        y1 = stats.f.pdf(x1,5,10)
        x_intersection = 3.33
        y_intersection = stats.f.pdf(x_intersection,5,10)
        fig, ax = plt.subplots()
        ax.plot(x, y, color = 'black')
        ax.fill_between(x1, y1, color = 'gray', alpha = 0.3, label = 'Shaded Area')
        ax.plot([x_intersection,x_intersection], [0, y_intersection], color = 'black')
        ax.arrow(0, 0, 8.1, 0, head_width = 0.03, head_length = 0.15, fc = 'black', ec = 'black')
        ax.arrow(0, 0, 0, 0.8, head_width = 0.15, head_length = 0.03, fc = 'black', ec = 'black')
plt.plot(x,y)
plt.ylim(-0.05,1)
plt.tight_layout()
plt.show()
```

输出：

F 分布上侧分位点及其图形如图 1-26 所示。

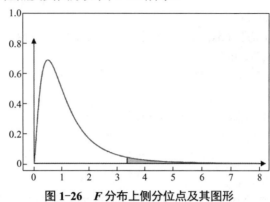

图 1-26 F 分布上侧分位点及其图形

知识小结

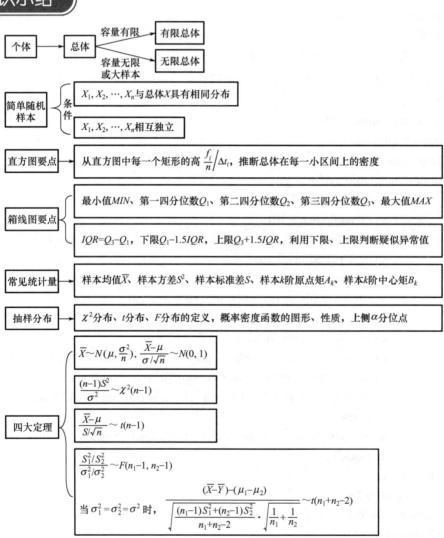

疑难公式的推导与证明

(1) 计算 $\int_0^{+\infty} e^{-\frac{x^2}{2}} dx$

解：设 $I_R = \int_0^R e^{-\frac{x^2}{2}} dx$，显然 $\int_0^{+\infty} e^{-\frac{x^2}{2}} dx = \lim_{R \to +\infty} I_R$。

则 $I_R^2 = \left[\int_0^R e^{-\frac{x^2}{2}} dx\right] \cdot \left[\int_0^R e^{-\frac{y^2}{2}} dy\right] = \iint_D e^{-\frac{x^2+y^2}{2}} dxdy$。

其中，$D = \{(x,y) \mid 0 \leq x \leq R, 0 \leq y \leq R\}$。

设 $S_1 = \{(x,y) \mid x^2 + y^2 \leq R^2, x \geq 0, y \geq 0\}$，$S_2 = \{(x,y) \mid x^2 + y^2 \leq 2R^2, x \geq 0, y \geq 0\}$
如图 1-27 所示，显然 $S_1 \subset D \subset S_2$。

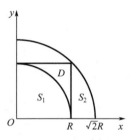

图 1-27　疑难题(1)

又：$f(x,y) = e^{-\frac{x^2+y^2}{2}} > 0$，得

$$\iint_{S_1} e^{-\frac{x^2+y^2}{2}} dxdy < I_R^2 < \iint_{S_2} e^{-\frac{x^2+y^2}{2}} dxdy$$

其中，

$$\iint_{S_1} e^{-\frac{x^2+y^2}{2}} dxdy = \int_0^{\frac{\pi}{2}} d\theta \int_0^R e^{-\frac{r^2}{2}} r dr = \frac{\pi}{2}\left(1 - e^{-\frac{R^2}{2}}\right)$$

$$\iint_{S_2} e^{-\frac{x^2+y^2}{2}} dxdy = \int_0^{\frac{\pi}{2}} d\theta \int_0^{\sqrt{2}R} e^{-\frac{r^2}{2}} r dr = \frac{\pi}{2}(1 - e^{-R^2})$$

当 $R \to +\infty$ 时，以上两个积分都收敛于 $\frac{\pi}{2}$。

令 $R \to +\infty$，由夹逼准则知，$\lim_{R \to +\infty} I_R^2 = \frac{\pi}{2}$。

从而，$\int_0^{+\infty} e^{-\frac{x^2}{2}} dx = \sqrt{\frac{\pi}{2}}$ 或 $\int_{-\infty}^{+\infty} e^{-\frac{x^2}{2}} dx = \sqrt{2\pi}$。

(2) 定理二的证明

证明：令 $Z_i = \dfrac{X_i - \mu}{\sigma}$ $(i=1,2,\cdots,n)$，则由定理二的假设知，$Z_1, Z_2, \cdots, Z_n$ 相互独立，且都服从 $N(0,1)$ 分布，而

$$\bar{Z} = \frac{1}{n}\sum_{i=1}^{n} Z_i = \frac{\bar{X} - \mu}{\sigma}$$

$$\frac{(n-1)S^2}{\sigma^2} = \frac{\sum_{i=1}^{n}(X_i - \bar{X})^2}{\sigma^2} = \sum_{i=1}^{n}\left[\frac{(X_i - \mu) - (\bar{X} - \mu)}{\sigma}\right]^2$$

$$= \sum_{i=1}^{n}(Z_i - \bar{Z})^2 = \sum_{i=1}^{n} Z_i^2 - n\bar{Z}^2$$

取一 n 阶正交矩阵 $\boldsymbol{A} = (a_{ij})$，其中第一行的元素均为 $1/\sqrt{n}$。

作正交变换 $\boldsymbol{Y} = \boldsymbol{A}\boldsymbol{Z}$，其中，

$$\boldsymbol{Y} = \begin{pmatrix} Y_1 \\ Y_2 \\ \vdots \\ Y_n \end{pmatrix} \quad \boldsymbol{Z} = \begin{pmatrix} Z_1 \\ Z_2 \\ \vdots \\ Z_n \end{pmatrix}$$

由于 $Y_i = \sum_{j=1}^{n} a_{ij} Z_j$ $(i=1,2,\cdots,n)$，故 $Y_1, Y_2, \cdots, Y_n$ 仍为正态变量。

由 $Z_i \sim N(0,1)$ $(i=1,2,\cdots,n)$ 知

$$E(Y_i) = E\left(\sum_{j=1}^{n} a_{ij} Z_j\right) = \sum_{j=1}^{n} a_{ij} E(Z_j) = 0$$

又由 $\mathrm{Cov}(Z_i, Z_j) = \delta_{ij}$ ($\delta_{ij}=0$，当 $i \neq j$；$\delta_{ij}=1$，当 $i=j$；$i,j=1,2,\cdots,n$) 知

$$\mathrm{Cov}(Y_i, Y_k) = \mathrm{Cov}\left(\sum_{j=1}^{n} a_{ij} Z_j, \sum_{l=1}^{n} a_{kl} Z_l\right) = \sum_{j=1}^{n}\sum_{l=1}^{n} a_{ij} a_{kl} \mathrm{Cov}(Z_j, Z_l) = \sum_{j=1}^{n} a_{ij} a_{kj} = \delta_{ik}$$

由正交矩阵的性质可知，$Y_1, Y_2, \cdots, Y_n$ 两两不相关。由于 n 维随机变量 $(Y_1, Y_2, \cdots, Y_n)$ 是由 n 维正态随机变量 $(X_1, X_2, \cdots, X_n)$ 经由线性变换而得到的，因此，$(Y_1, Y_2, \cdots, Y_n)$ 也是 n 维正态随机变量。由 $Y_1, Y_2, \cdots, Y_n$ 两两不相关可推得 $Y_1, Y_2, \cdots, Y_n$ 相互独立，且有 $Y_i \sim N(0,1)$ $(i=1,2,\cdots,n)$，而

$$Y_1 = \sum_{j=1}^{n} a_{1j} Z_j = \sum_{j=1}^{n} \frac{1}{\sqrt{n}} Z_j = \sqrt{n}\bar{Z}$$

$$\sum_{i=1}^{n} Y_i^2 = Y^{\mathrm{T}} Y = (AZ)^{\mathrm{T}}(AZ) = Z^{\mathrm{T}}(A^{\mathrm{T}}A)Z = Z^{\mathrm{T}} I Z = Z^{\mathrm{T}} Z = \sum_{i=1}^{n} Z_i^2$$

$$\frac{(n-1)S^2}{\sigma^2} = \sum_{i=1}^{n} Z_i^2 - n\bar{Z}^2 = \sum_{i=1}^{n} Y_i^2 - Y_1^2 = \sum_{i=2}^{n} Y_i^2$$

由于 $Y_2,\cdots,Y_n$ 相互独立，且 $Y_i \sim N(0,1)$ $(i=2,\cdots,n)$，可知 $\sum_{i=2}^{n} Y_i^2 \sim \chi^2(n-1)$，从而证得 $\dfrac{(n-1)S^2}{\sigma^2} \sim \chi^2(n-1)$。

再者，$\bar{X} = \sigma \bar{Z} + \mu = \dfrac{\sigma Y_1}{\sqrt{n}} + \mu$ 仅依赖于 Y_1，而 $S^2 = \dfrac{\sigma^2}{n-1} \sum_{i=2}^{n} Y_i^2$ 仅依赖于 $Y_2, Y_3, \cdots, Y_n$。再由 $Y_1, Y_2, \cdots, Y_n$ 的独立性，推知 $\bar{X}$ 与 S^2 相互独立。

课外读物

数理统计发展史

19世纪中叶，统计学和概率论逐渐分离为两个不同的领域。英国统计学家高尔顿在1877年发表关于种子的研究结果，指出回归到平均值(regression toward the mean)现象的存在，这个概念与现代统计学中的"回归"并不相同，但是却是"回归"一词的起源。高尔顿在此后的研究中，第一次使用相关系数(correlation coefficient)的概念，他使用字母"r"来表示相关系数，为后来的线性回归分析方法打下基础。1889年，高尔顿出版著作《自然遗传》，书中概括了作者关于遗传的"相关"和"回归"概念。他发现正态分布在许多实际问题中具有重要应用价值，为高斯分布在统计学中的地位铺平了道路。

英国统计学家皮尔逊对高尔顿的"相关"概念十分着迷，他潜心研究这一前沿领域达15年，随后引入"标准离差"术语代替麻烦的均方根误差，并论述法曲线、斜曲线、复合曲线。皮尔逊在高尔顿、韦尔登等人关于相关和回归统计概念和技巧的基础上，建立极大似然法，把一个二元正态分布的相关系数最佳值 p 用样本积矩相关系数 r 表示，称其为皮尔逊相关系数。1901年，皮尔逊与韦尔登、高尔顿一起创办《生物统计》杂志，推动了数理统计学的发展。皮尔逊提出相关系数和假设检验的概念，提出卡方检验方法，被认为是现代统计学的奠基人之一。

19世纪是概率论和统计学发展的重要时期，各种经典理论和方法相继诞生。随机过程、马尔科夫链等新概念的提出推动了概率论的应用领域扩展，为20世纪和21世纪的现代概率论和数理统计奠定了基础。

20世纪概率论和数理统计最显著的成就如下。

① 统计决策理论的出现。美籍罗马尼亚数学家、统计学家瓦尔德提出序贯分析和统计决策理论。瓦尔德在他的一篇关于统计估计与假设检验理论的论文中，采用了一种一般的数理结构(单样本)作决策，非常全面地概括了估计和假设检验。他引进了多元决策空间，损失函数，风险函数，极小、极大原则和最不利先验分布等重要概念，提出了一般的判决问题。1950年，他的《统计决策函数论》专著引用了部分对策理论来丰富他的论点，使他的统计决策理论更加系统化和趋于成熟。

② 贝叶斯定理的再次发展。贝叶斯定理由英国数学家贝叶斯在18世纪末提出。20世纪初，英国统计学家杰弗里斯发表了一篇论文，详细介绍贝叶斯定理的应用和推理原则，从

而推动了贝叶斯定理的再次发展。20 世纪 50 年代至 60 年代，贝叶斯定理重新引起人们的关注，一批学者开始探索贝叶斯定理的统计理论与方法，并应用在实际问题中，如贝叶斯分类、贝叶斯网络等领域。

③ 信息论、控制论、系统论与统计学交叉融合。1948 年，美国数学家香农在 *Bell System Technical Journal* 期刊上发表了 *A Mathematics Theory of Communication*，标志着信息论的诞生。1948 年，美国数学家维纳的奠基性著作《控制论》出版，标志着控制论的诞生。1968 年，奥地利裔美国生物学家贝塔朗菲的专著《一般系统理论基础、发展和应用》被公认为是系统论的代表作。信息论、控制论、系统论与统计学的相互渗透和结合，使统计科学进一步得到发展和完善。

④ 计算机技术的快速发展。20 世纪 80 年代至 90 年代，计算机技术的飞速发展推动了概率论和数理统计的应用与发展，如蒙特卡罗模拟、机器学习等方法的兴起，为数据科学的发展提供了强有力的支撑。

章节练习

一、选择题

1. 设 $X_1, X_2, \cdots, X_n \ (n \geq 2)$ 是来自总体 $N(\mu, \sigma^2)$ 的样本，其中 μ 为已知，σ^2 为未知。下列哪个选项不是统计量？(　　)

　　A. $T_1 = \dfrac{1}{n}(X_1 + X_2 + \cdots + X_n)$

　　B. $T_2 = e^{X_1 - \mu}$

　　C. $T_3 = \min(X_1, X_2, \cdots, X_n)$

　　D. $T_4 = \dfrac{1}{\sigma^2} \sum_{i=1}^{n} X_i^2$

2. 设 $X_1, X_2, \cdots, X_n \ (n \geq 2)$ 为取自某总体 X 的样本，则 $\dfrac{1}{n-1} \sum_{i=1}^{n} (X_i - \bar{X})^2$ 是(　　)。

　　A. 样本二阶原点矩　　B. 样本二阶中心矩　　C. 统计量　　D. 样本标准差

3. 设 $X_1, X_2, \cdots, X_8$ 是来自总体 $N(100, 3^2)$ 的简单随机样本，$\bar{X}$ 是样本均值，则 $\bar{X}$ 服从的分布为(　　)。

　　A. $N(100, 3^2)$　　　　　　　　B. $N\left(100, \dfrac{3^2}{8}\right)$

　　C. $N\left(100, \dfrac{3}{8}\right)$　　　　　　　　D. $N(100, 3)$

4. 已知 $t_{0.05}(10) = 1.812$，则 $t_{0.95}(10) = ($　　$)$。

　　A. -1.812　　　　　B. 1.812　　　　　C. -0.552　　　　　D. 0.552

5. 设 $X_1, X_2, \cdots, X_n \ (n \geq 2)$ 来自总体 $N(0,1)$ 的简单随机样本，$\bar{X}$ 为样本均值，S^2 为样本方差，则(　　)。

A. $n\bar{X} \sim N(0,1)$ B. $nS^2 \sim \chi^2(n-1)$

C. $\dfrac{(n-1)\bar{X}}{S} \sim t(n-1)$ D. $\dfrac{(n-1)X_1^2}{\sum_{i=2}^{n} X_i^2} \sim F(1, n-1)$

二、填空题

1. 已知8位患者的血压数据(单位：mmHg)：102,110,117,118,122,123,132,150。则 $Q_1=$ _____。

2. 随机取5只活塞环，测得它们的直径为(单位：mm)74.01,74.09,75.42,74.07,75.01，则样本均值=_____，样本方差=_____。

3. 设总体 F 有样本观测值：1、1、2、3，则当 $1 \leq x < 2$ 时，经验分布函数 $F_4(x)$ 的观测值为_____。

4. 若统计量服从自由度为5的卡方分布，那么这个统计量的数学期望为_____，方差为_____。

5. 设样本 X_1, X_2 来自总体 $N(0,1)$，$Y = (X_1 + X_2)^2 / C$ 服从卡方分布，则 $C=$ _____，且自由度为_____。

6. t 分布的概率密度函数 $h(t)$ 的图形关于 $t=$ _____对称。

7. 当 $n > 45$ 时，$t_\alpha(n)$ 近似等于_____。

8. 设样本 X_1, X_2 来自总体 $N(0,1)$，则 $Y = \dfrac{X_1 + X_2}{\sqrt{X_1^2 + X_2^2}} \sim$ _____。

9. 若 $F \sim F(8,10)$，则 $1/F \sim F($_____, _____$)$。

10. 已知 $F_{0.025}(30,17) = 2.5$，则 $F_{0.975}(17,30) =$ _____。

三、证明题

1. 设 X_1, X_2, X_3, X_4 为来自总体 $N(1, \sigma^2)$ $(\sigma > 0)$ 的简单随机样本，证明：

$$\frac{X_1 + X_2 - 2}{|X_3 - X_4|} \sim t(1)。$$

2. 设样本 X_1, X_2 来自总体 $N(\mu, \sigma^2)$，证明：$\dfrac{(X_1 + X_2 - 2\mu)^2}{(X_1 - X_2)^2} \sim F(1,1)$。

四、计算题

1. 设 X 服从 $N(0,1)$，$X_1, X_2, \cdots, X_6$ 为来自总体 X 的简单随机样本，且

$$Y = (X_1 + X_2 + X_3)^2 + (X_4 + X_5 + X_6)^2$$

计算常数 C，使得 CY 服从 χ^2 分布。

2. 设样本 X_1, X_2, X_3, X_4 来自总体 $N(0,1)$，$Y = X_1^2 + X_2^2 + X_3^2 + X_4^2$，计算常数 C，使得 $\dfrac{CX_1}{\sqrt{Y}} \sim t(4)$。

3. 设总体 $X \sim b(1, p)$，$X_1, X_2, \cdots, X_n$ $(n \geq 2)$ 是来自 X 的样本，求

① $X_1, X_2, \cdots, X_n$ 的分布律；

② $E(\bar{X}), D(\bar{X}), E(S^2)$。

4．设总体 F 具有一个样本值 1、2、3，计算经验分布函数 $F_3(x)$ 的观测值。

五、作图题

已知监测到 10 辆货运车的里程(单位：km)分别为 156,169,127,153,199,166,162,141,160,180，试对数据排序，写出 MIN, MAX，由四分位数定义及公式计算出 Q_1, Q_2, Q_3，利用四分位数间距 IQR 判断有无异常值，最后画出箱线图。

第2章 参数估计

统计推断是利用样本数据推断总体特征的统计方法。统计推断的基本问题可以分为两大类，一类是参数估计问题，另一类是假设检验问题。如果总体分布的形式已知，但它的一个或多个参数未知，利用总体的样本来估计总体未知参数的问题就是参数估计问题。

本章介绍参数估计，内容包括点估计和区间估计。点估计主要讨论矩估计和最大似然估计，区间估计主要讨论正态总体均值和方差的置信区间问题。

2.1 矩估计

设总体 X 的分布函数的形式已知，但它的一个或多个参数未知，借助于总体 X 的一个样本来估计总体未知参数的值的问题称为参数的点估计问题。

【例 2-1】在某纺织厂细纱机上的断头次数 X 是一个随机变量，假设它服从以 $\lambda > 0$ 为参数的泊松分布，参数 λ 为未知，现检查了 150 个纱锭在某一时间段内断头的次数，数据如表 2-1 所示，试估计参数 λ。

矩估计

表 2-1 纱锭断头次数表

断头次数 k	0	1	2	3	4	5	6	$\sum_{k=0}^{6} n_k$
断头 k 次的纱锭数 n_k	45	60	32	9	2	1	1	150

解：因为 $X \sim P(\lambda)$，所以 $\lambda = E(X)$。虽然总体均值 $E(X)$ 未知，但我们想到用样本均值来估计总体均值 $E(X)$，于是计算样本均值的观测值。

$$\bar{x} = \frac{\sum_{k=0}^{6} k n_k}{\sum_{k=0}^{6} n_k} = \frac{1}{150}(0 \times 45 + 1 \times 60 + 2 \times 32 + 3 \times 9 + 4 \times 2 + 5 \times 1 + 6 \times 1) \approx 1.133$$

故 $E(X) = \lambda$ 估计为 1.133。

如同例 2-1，已知总体 X 服从某分布，但它含有未知参数，我们借助总体 X 的一个样本，利用样本均值估计总体均值，从而得到未知参数的一个估计值，这样的问题就是参数的点估计问题。

点估计问题的一般提法：用样本 $X_1, X_2, \cdots, X_n$ 构造的统计量 $\hat{\theta}(X_1, X_2, \cdots, X_n)$ 来估计未知参数 θ，统计量 $\hat{\theta}(X_1, X_2, \cdots, X_n)$ 称为估计量，它所取得的观测值 $\hat{\theta}(x_1, x_2, \cdots, x_n)$ 称为估计值，估计量和估计值统称 θ 的估计。

由于估计量是样本的函数，是随机变量，故对不同的样本值，得到的参数值往往不同，如何求估计量是关键问题。常用构造估计量的方法有矩估计和最大似然估计。本节重点介绍矩估计。

矩估计由英国统计学家皮尔逊于 1894 年提出。对于随机变量来说，矩是最常用的数字特征，主要有中心矩和原点矩，如第 1 章提及的样本 k 阶原点矩、样本 k 阶中心矩。由辛钦大数定律知，简单随机样本的原点矩依概率收敛到相应的总体原点矩，这就启发我们想到用样本矩替换总体矩，用样本矩来估计总体矩，用样本矩的连续函数来估计总体矩的连续函数，进而找出未知参数的估计，基于这种思想求估计量的方法称为矩法。用矩法求得的估计称为矩法估计，简称矩估计。

若 X 为连续型随机变量，$f(x; \theta_1, \cdots, \theta_k)$ 是 $X = x$ 时的概率密度函数；若 X 为离散型随机变量，$p(x; \theta_1, \cdots, \theta_k)$ 是 $X = x$ 时的概率。若 $X_1, X_2, \cdots, X_n$ 是总体 X 的样本，假定总体的 k 阶原点矩 μ_k 存在。

$$\mu_l = E(X^l) = \int_{-\infty}^{+\infty} x^l f(x; \theta_1, \cdots, \theta_k) \mathrm{d}x \ (X \text{ 为连续型}) \tag{2-1}$$

$$\mu_l = E(X^l) = \sum_{x \in R_X} x^l p(x; \theta_1, \cdots, \theta_k) \ (X \text{ 为离散型}) \tag{2-2}$$

其中，$l = 1, 2, \cdots, k$。一般来说，它们是 $\theta_1, \cdots, \theta_k$ 的函数。

利用矩估计思想，设

$$\begin{cases} \mu_1 = \mu_1(\theta_1, \cdots, \theta_k) \\ \mu_2 = \mu_2(\theta_1, \cdots, \theta_k) \\ \cdots\cdots \\ \mu_k = \mu_k(\theta_1, \cdots, \theta_k) \end{cases} \tag{2-3}$$

这是一个包含 k 个未知参数 $\theta_1, \cdots, \theta_k$ 的联立方程组。解方程组得到：

$$\begin{cases} \theta_1 = \theta_1(\mu_1, \cdots, \mu_k) \\ \theta_2 = \theta_2(\mu_1, \cdots, \mu_k) \\ \cdots\cdots \\ \theta_k = \theta_k(\mu_1, \cdots, \mu_k) \end{cases} \tag{2-4}$$

用样本 k 阶原点矩 $A_1, \cdots, A_k$ 分别代替上式中的 $\mu_1, \cdots, \mu_k$，就可以得到 $\theta_l (l = 1, 2, \cdots, k)$ 的矩估计。

$$\hat{\theta}_l = \theta_l(A_1, \cdots, A_k) \ (l = 1, \cdots, k) \tag{2-5}$$

这种估计量称为矩估计量，矩估计量的观测值称为矩估计值。

当 $k = 1$ 时，我们通常可以由样本一阶原点矩 A_1（样本均值 $\bar{X}$）代替总体一阶原点矩 μ_1 [总体均值 μ 或 $E(X)$]，对唯一的未知参数进行估计；当 $k = 2$ 时，可以由样本一阶原点矩 $A_1(\bar{X})$、

样本二阶原点矩 $A_2\left(\dfrac{1}{n}\sum\limits_{i=1}^{n}X_i^2\right)$ 分别代替总体一阶原点矩[μ 或 $E(X)$]、总体二阶原点矩 [$E(X^2)$]，对两个未知参数进行估计。

简而言之，我们可以这样理解矩估计：样本矩 A_l 替代总体矩 μ_l，其中 $\mu_l = E(X^l)$，$A_l = \dfrac{1}{n}\sum\limits_{i=1}^{n}X_i^l$。如果只有一个未知参数 θ_1，则用 A_1 替代 μ_1，从而求出未知参数 θ_1 的矩估计 $\hat{\theta}_1$；如果有两个未知参数 θ_1，θ_2，则用 A_1 替代 μ_1，A_2 替代 μ_2，从而求出未知参数 θ_1，θ_2 的矩估计 $\hat{\theta}_1$，$\hat{\theta}_2$……

【例 2-2】 已知 $X \sim B(1,p)$，$X_1,X_2,\cdots,X_n$ 是来自 X 的一个样本，求 p 的矩估计量。

解：因 $X \sim B(1,p)$，$E(X) = p$；

用 A_1 替代 μ_1，$\mu_1 = E(X) = p$，$A_1 = \bar{X}$；

故 p 的矩估计量 $\hat{p} = \bar{X}$。

【例 2-3】 已知 $X \sim \pi(\lambda)$，$X_1,X_2,\cdots,X_n$ 是来自 X 的一个样本，求 λ 的矩估计量。

解：因 $X \sim \pi(\lambda)$，$E(X) = \lambda$；

用 A_1 替代 μ_1，$\mu_1 = E(X) = \lambda$，$A_1 = \bar{X}$；

故 λ 的矩估计量 $\hat{\lambda} = \bar{X}$。

【例 2-4】 设总体 X 服从几何分布，即有分布律 $P\{X=k\} = p(1-p)^{k-1}$ ($k=1,2,\cdots$)，其中 p ($0<p<1$) 未知，$X_1,X_2,\cdots,X_n$ 是来自总体 X 的样本，求 p 的估计量。

解：$\mu_1 = E(X) = \sum\limits_{k=1}^{\infty} kp(1-p)^{k-1}$

$= p\left[1 + 2(1-p) + 3(1-p)^2 + \cdots\right]$

$= p\begin{bmatrix} 1+q+q^2+\cdots \\ +q+q^2+\cdots \\ +q^2+\cdots \\ +\cdots \end{bmatrix}$（其中，$q = 1-p$）

$= p\left(\dfrac{1}{1-q} + \dfrac{q}{1-q} + \dfrac{q^2}{1-q} + \cdots\right)$

$= p\dfrac{1}{1-q}\dfrac{1}{1-q}$

$= \dfrac{1}{p}$

令 $\dfrac{1}{\hat{p}} = A_1 = \bar{X}$，所以 $\hat{p} = \dfrac{1}{\bar{X}}$ 为所求 p 的估计量。

【例 2-5】 设总体 X 在 $[a,b]$ 上服从均匀分布，其中 a,b 未知，$x_1,x_2,\cdots,x_n$ 是来自总体 X 的一个样本值，求 a,b 的矩估计量。

解：因为总体 X 在 $[a,b]$ 上服从均匀分布，有

$$\mu_1 = E(X) = \frac{a+b}{2}$$

$$\mu_2 = E(X^2) = D(X) + [E(X)]^2 = \frac{(a-b)^2}{12} + \frac{(a+b)^2}{4}$$

令

$$\frac{a+b}{2} = A_1 = \frac{1}{n}\sum_{i=1}^{n} X_i = \overline{X}, \quad \frac{(a-b)^2}{12} + \frac{(a+b)^2}{4} = A_2 = \frac{1}{n}\sum_{i=1}^{n} X_i^2$$

即

$$\begin{cases} a+b = 2A_1 \\ b-a = \sqrt{12(A_2 - A_1^2)} \end{cases}$$

解方程组得到 a, b 的矩估计量分别为

$$\hat{a} = A_1 - \sqrt{3(A_2 - A_1^2)} = \overline{X} - \sqrt{\frac{3}{n}\sum_{i=1}^{n}(X_i - \overline{X})^2}$$

$$\hat{b} = A_1 + \sqrt{3(A_2 - A_1^2)} = \overline{X} + \sqrt{\frac{3}{n}\sum_{i=1}^{n}(X_i - \overline{X})^2}$$

【例 2-6】设总体 $X \sim N(\mu, \sigma^2)$，μ 和 σ^2 为未知参数，$X_1, X_2, \cdots, X_n$ 是来自 X 的一个样本，求 μ 和 σ^2 的矩估计量。

解：因为总体 $X \sim N(\mu, \sigma^2)$，有

$$\mu_1 = E(X) = \mu$$

$$\mu_2 = E(X^2) = D(X) + [E(X)]^2 = \sigma^2 + \mu^2$$

令

$$\begin{cases} \mu = A_1 \\ \sigma^2 + \mu^2 = A_2 \end{cases}$$

解方程组得到矩估计量分别为

$$\hat{\mu} = A_1 = \overline{X}$$

$$\hat{\sigma}^2 = A_2 - A_1^2 = \frac{1}{n}\sum_{i=1}^{n} X_i^2 - \overline{X}^2 = \frac{1}{n}\sum_{i=1}^{n}(X_i - \overline{X})^2$$

例 2-6 告诉我们，$X \sim N(\mu, \sigma^2)$，μ 和 σ^2 未知，总体均值 μ 的矩估计量为样本均值 $\overline{X}$，总体方差 σ^2 的矩估计量为样本二阶中心矩 B_2，这里的样本二阶中心矩 B_2 有别于样本方差 S^2。

2.2 最大似然估计

最大似然估计

最大似然估计(Maximum Likelihood Estimation，MLE)，是机器学习中最常用的参数估计方法之一，由英国统计学家费希尔在 20 世纪初提出，是一种给定观测数据来评估模型参数的方法。

本节就离散总体分布和连续总体分布两种情形分别介绍最大似然估计。

离散总体分布情形：

设总体 X 的分布律为 $P\{X=x\}=p(x;\theta)$，其中 θ 为待估参数，$\theta\in\Theta$，Θ 是 θ 可能取值的范围。设 $X_1,X_2,\cdots,X_n$ 为总体 X 的样本，$x_1,x_2,\cdots,x_n$ 为样本的观测值，那么出现此样本值的概率为

$$L(x_1,\cdots,x_n;\theta)=p(x_1;\theta)\cdot p(x_2;\theta)\cdots p(x_n;\theta)=\prod_{i=1}^{n}p(x_i;\theta) \tag{2-6}$$

这一概率值随 θ 取值而变化，称 $L(x_1,\cdots,x_n;\theta)$ 为样本的似然函数，选择使 $L(x_1,\cdots,x_n;\theta)$ 达到最大的参数值 θ，即

$$L(x_1,\cdots,x_n;\hat{\theta})=\max_{\theta\in\Theta}L(x_1,\cdots,x_n;\theta) \tag{2-7}$$

这样获得的 $\hat{\theta}$ 值与样本值 $x_1,x_2,\cdots,x_n$ 有关，常记为 $\hat{\theta}(x_1,\cdots,x_n)$，称 $\hat{\theta}(x_1,\cdots,x_n)$ 为 θ 的最大似然估计值，相应的统计量 $\hat{\theta}(X_1,\cdots,X_n)$ 称为 θ 的最大似然估计量。

如果 $L(x_1,\cdots,x_n;\theta)$ 对 θ 的导数存在，那么可以利用导数求极值的方法计算估计值。

$$\frac{\mathrm{d}L(\theta)}{\mathrm{d}\theta}=0 \tag{2-8}$$

解出 θ，并将 θ 换成 $\hat{\theta}$ 即可。

因 L 与 $\ln L$ 在同一 θ 处取得极值，所以可用 $\ln L$ 取得最大值，再得到参数 θ 的最大似然估计量，即利用方程求得 θ。式(2-9)称为对数似然方程。

$$\frac{\mathrm{d}\ln L(\theta)}{\mathrm{d}\theta}=0 \tag{2-9}$$

如果总体 X 的分布律含有多个未知参数 $\theta_1,\cdots,\theta_k$，若 $L(x_1,\cdots,x_n;\theta_1,\cdots,\theta_k)$ 对 $\theta_1,\cdots,\theta_k$ 的偏导数存在，令

$$\frac{\partial\ln L(\theta_1,\cdots,\theta_k)}{\partial\theta_i}=0 \quad (i=1,2,\cdots,k) \tag{2-10}$$

求解方程组可以得到 $\theta_1,\cdots,\theta_k$ 的最大似然估计值 $\hat{\theta}_1,\cdots,\hat{\theta}_k$。式(2-10)称为对数似然方程组。

连续总体分布情形：

设总体 X 的概率密度是 $f(x;\theta)$，其中 θ 是未知参数，设 $X_1,X_2,\cdots,X_n$ 为总体 X 的样本，则 $X_1,X_2,\cdots,X_n$ 的联合概率密度为 $\prod_{i=1}^{n}f(x_i;\theta)$，设 $x_1,x_2,\cdots,x_n$ 为样本的观测值。$X_1,X_2,\cdots,X_n$ 落在 $x_1,x_2,\cdots,x_n$ 邻域内的概率近似为

$$\prod_{i=1}^{n}f(x_i;\theta)\mathrm{d}x_i \tag{2-11}$$

概率值随 θ 的取值而变化，而 $\prod_{i=1}^{n} \mathrm{d}x_i$ 不随 θ 的取值而变化。因此，只需使函数 $\prod_{i=1}^{n} f(x_i;\theta)$ 达到最大即可，令

$$L(\theta)=\prod_{i=1}^{n} f(x_i;\theta) \tag{2-12}$$

式(2-12)称为样本的似然函数。若

$$L(x_1,\cdots,x_n;\hat{\theta}) = \max_{\theta \in \Theta} L(x_1,\cdots,x_n;\theta) \tag{2-13}$$

则称 $\hat{\theta}(x_1,\cdots,x_n)$ 为 θ 的最大似然估计值，相应的统计量 $\hat{\theta}(X_1,\cdots,X_n)$ 称为 θ 的最大似然估计量。这种求估计值的方法称为最大似然估计。

类似于离散情形，如果 $L(\theta)$ 对 θ 的导数存在，那么只要解对数似然方程，就可得最大似然估计值。如果总体 X 的概率密度含有多个未知参数 $\theta_1,\cdots,\theta_k$，若 $L(\theta_1,\cdots,\theta_k)$ 对 $\theta_1,\cdots,\theta_k$ 的偏导数存在，求解对数似然方程组，可以得到 $\theta_1,\cdots,\theta_k$ 的最大似然估计值 $\hat{\theta}_1,\cdots,\hat{\theta}_k$。

综上所述，当总体含唯一一个待估参数时，其最大似然估计的步骤如下。

第一步：写出似然函数。

$$L(\theta) = L(x_1,x_2,\cdots,x_n;\theta) = \prod_{i=1}^{n} p(x_i;\theta)$$

$$L(\theta) = L(x_1,x_2,\cdots,x_n;\theta) = \prod_{i=1}^{n} f(x_i;\theta)$$

第二步：取对数。

$$\ln L(\theta) = \sum_{i=1}^{n} \ln p(x_i;\theta) \text{ 或 } \ln L(\theta) = \sum_{i=1}^{n} \ln f(x_i;\theta)$$

第三步：对 θ 求导，即求解 $\dfrac{\mathrm{d}\ln L(\theta)}{\mathrm{d}\theta}$，并令 $\dfrac{\mathrm{d}\ln L(\theta)}{\mathrm{d}\theta}=0$，解似然方程得到 $\hat{\theta}$。

第四步：对 θ 求二阶导数 $\dfrac{\mathrm{d}^2\ln L(\theta)}{\mathrm{d}\theta^2}$，若 $\dfrac{\mathrm{d}^2\ln L(\theta)}{\mathrm{d}\theta^2}<0$，则 $\hat{\theta}$ 为未知参数 θ 的最大似然估计。

若分布中含有多个未知参数，只需求解对数似然方程组 $\dfrac{\partial \ln L(\theta_1,\cdots,\theta_k)}{\partial \theta_i}=0 (i=1,2,\cdots,k)$，并判断二阶偏导数均小于 0，即可得未知参数 $\theta_i(1,2,\cdots,k)$ 的最大似然估计 $\hat{\theta}_i$。

【例 2-7】设 $X \sim B(1,p)$，$X_1,X_2,\cdots,X_n$ 是来自 X 的一个样本，求 p 的最大似然估计量。

解：设 $x_1,x_2,\cdots,x_n$ 为相应于 $X_1,X_2,\cdots,X_n$ 的一个样本值。X 的分布律为

$$P\{X=x\} = p^x(1-p)^{1-x} \quad (x=0,1)$$

似然函数为

$$L(p) = \prod_{i=1}^{n} p^{x_i}(1-p)^{1-x_i} = p^{\sum_{i=1}^{n} x_i}(1-p)^{n-\sum_{i=1}^{n} x_i}$$

$$\ln L(p) = \left(\sum_{i=1}^{n} x_i\right)\ln p + \left(n - \sum_{i=1}^{n} x_i\right)\ln(1-p)$$

令

$$\frac{\mathrm{d}}{\mathrm{d}p}\ln L(p) = \frac{\sum_{i=1}^{n} x_i}{p} - \frac{n - \sum_{i=1}^{n} x_i}{(1-p)} = 0$$

解得 $p = \frac{1}{n}\sum_{i=1}^{n} x_i = \overline{x}$。

又因为

$$\frac{\mathrm{d}^2}{\mathrm{d}p^2}\ln L(p) = -\frac{\sum_{i=1}^{n} x_i}{p^2} - \frac{n - \sum_{i=1}^{n} x_i}{(1-p)^2} < 0$$

故 p 的最大似然估计值 $\hat{p} = \overline{x}$，p 的最大似然估计量 $\hat{p} = \overline{X}$。

【例 2-8】设 X 服从参数为 $\lambda\,(\lambda > 0)$ 的泊松分布，$X_1, X_2, \cdots, X_n$ 是来自 X 的样本，求 λ 的最大似然估计量。

解：因为 X 的分布律为

$$P\{X = x\} = \frac{\lambda^x}{x!}\mathrm{e}^{-\lambda}\ (x = 0, 1, \cdots, n)$$

所以 λ 的似然函数为

$$L(\lambda) = \prod_{i=1}^{n}\left(\frac{\lambda^{x_i}}{x_i!}\mathrm{e}^{-\lambda}\right) = \mathrm{e}^{-n\lambda}\frac{\lambda^{\sum_{i=1}^{n} x_i}}{\prod_{i=1}^{n}(x_i!)}$$

$$\ln L(\lambda) = -n\lambda + \left(\sum_{i=1}^{n} x_i\right)\ln\lambda - \sum_{i=1}^{n}\ln(x_i!)$$

令

$$\frac{\mathrm{d}}{\mathrm{d}\lambda}\ln L(\lambda) = -n + \frac{\sum_{i=1}^{n} x_i}{\lambda} = 0$$

解得 $\lambda = \frac{1}{n}\sum_{i=1}^{n} x_i = \overline{x}$。

又因为

$$\frac{d^2}{d\lambda^2}\ln L(\lambda) = -\frac{\sum_{i=1}^{n}x_i}{\lambda^2} < 0$$

故 λ 的最大似然估计值 $\hat{\lambda} = \bar{x}$，λ 的最大似然估计量 $\hat{\lambda} = \frac{1}{n}\sum_{i=1}^{n}X_i = \bar{X}$。

【例 2-9】设总体 $X \sim N(\mu, \sigma^2)$，μ 和 σ^2 为未知参数，$x_1, x_2, \cdots, x_n$ 是来自 X 的一个样本值，求 μ 和 σ^2 的最大似然估计量。

解：X 的概率密度为

$$f(x;\mu,\sigma^2) = \frac{1}{\sqrt{2\pi}\sigma}e^{-\frac{(x-\mu)^2}{2\sigma^2}}$$

X 的似然函数为

$$L(\mu,\sigma^2) = \prod_{i=1}^{n}\frac{1}{\sqrt{2\pi}\sigma}e^{-\frac{(x_i-\mu)^2}{2\sigma^2}}$$

$$\ln L(\mu,\sigma^2) = -\frac{n}{2}\ln(2\pi) - \frac{n}{2}\ln\sigma^2 - \frac{1}{2\sigma^2}\sum_{i=1}^{n}(x_i-\mu)^2$$

令

$$\begin{cases}\dfrac{\partial}{\partial\mu}\ln L(\mu,\sigma^2) = 0 \\ \dfrac{\partial}{\partial\sigma^2}\ln L(\mu,\sigma^2) = 0\end{cases}$$

有

$$\frac{1}{\sigma^2}\left(\sum_{i=1}^{n}x_i - n\mu\right) = 0, \quad -\frac{n}{2\sigma^2} + \frac{1}{2(\sigma^2)^2}\sum_{i=1}^{n}(x_i-\mu)^2 = 0$$

解得

$$\mu = \frac{1}{n}\sum_{i=1}^{n}x_i = \bar{x}, \quad \sigma^2 = \frac{1}{n}\sum_{i=1}^{n}(x_i-\bar{x})^2$$

利用二阶导函数矩阵的非正定性，得 μ 和 σ^2 的最大似然估计值分别为 $\hat{\mu} = \bar{x}$，$\hat{\sigma}^2 = \frac{1}{n}\sum_{i=1}^{n}(x_i-\bar{x})^2$，$\mu$ 和 σ^2 的最大似然估计量分别为 $\hat{\mu} = \bar{X}$，$\hat{\sigma}^2 = \frac{1}{n}\sum_{i=1}^{n}(X_i-\bar{X})^2$。

【例 2-10】设总体 X 在 $[a,b]$ 上服从均匀分布，其中 a,b 未知，$x_1, x_2, \cdots, x_n$ 是来自总体 X 的一个样本值，求 a,b 的最大似然估计量。

解：记 $x_{(l)} = \min(x_1, x_2, \cdots, x_n)$，$x_{(h)} = \max(x_1, x_2, \cdots, x_n)$。

X 的概率密度为

$$f(x;a,b) = \begin{cases} \dfrac{1}{b-a}, & a \leq x \leq b \\ 0, & \text{其他} \end{cases}$$

因为 $a \leq x_1, x_2, \cdots, x_n \leq b$ 等价于 $a \leq x_{(l)}, x_{(h)} \leq b$。

作为 a,b 的函数的似然函数为

$$L(a,b) = \begin{cases} \dfrac{1}{(b-a)^n}, & a \leq x_{(l)}, b \geq x_{(h)} \\ 0, & \text{其他} \end{cases}$$

于是对于满足条件 $a \leq x_{(l)}$，$b \geq x_{(h)}$ 的任意 a,b 有

$$L(a,b) = \frac{1}{(b-a)^n} \leq \frac{1}{(x_{(h)} - x_{(l)})^n}$$

即似然函数 $L(a,b)$ 在 $a = x_{(l)}$，$b = x_{(h)}$ 时取到最大值 $(x_{(h)} - x_{(l)})^{-n}$。

a,b 的最大似然估计值

$$\hat{a} = x_{(l)} = \min_{1 \leq i \leq n} x_i, \quad \hat{b} = x_{(h)} = \max_{1 \leq i \leq n} x_i$$

a,b 的最大似然估计量

$$\hat{a} = \min_{1 \leq i \leq n} X_i, \quad \hat{b} = \max_{1 \leq i \leq n} X_i$$

最大似然估计具有不变性：设 θ 的函数 $u = u(\theta)$，$\theta \in \Theta$ 具有单值反函数 $\theta = \theta(u)$ ($u \in U$)。又设 $\hat{\theta}$ 是 X 的概率密度函数 $f(x;\theta)$ (f 形式已知)中的参数 θ 的最大似然估计，则 $\hat{u} = u(\hat{\theta})$ 是 $u(\theta)$ 的最大似然估计。

【例 2-11】 某铁路局证实一个扳道员在五年内所引起的严重事故的次数服从泊松分布，r 表示某个扳道员五年中引起严重事故的次数，s 表示观察到的扳道员人数，具体数据见表 2-2。求一个扳道员在五年内未引起严重事故的概率 p 的最大似然估计值。

表 2-2 铁路事故统计表

r/次数	0	1	2	3	4	5
s/人数	44	42	21	9	4	2

解：由题意，一个扳道员在五年内未引起严重事故的概率可以表示为 $p = P\{X = 0\}$，因严重事故的次数服从泊松分布，$P\{X = 0\} = \dfrac{\lambda^0 e^{-\lambda}}{0!} = e^{-\lambda}$。利用例 2-8 的结论，$\lambda$ 的最大似然估计值为 $\hat{\lambda} = \bar{x} = \dfrac{1}{122} \sum_{i=1}^{122} x_i = \dfrac{137}{122}$，故一个扳道员五年内未引起严重事故的概率 p 的最大似然估计值为 $\hat{P}\{X = 0\} = e^{-\bar{x}} = e^{-137/122} = 0.3253$。

所谓点估计，就是当总体分布形式已知，其中的参数 $\theta_1, \theta_2, \cdots, \theta_m$ 未知时，我们从样本 $X_1, X_2, \cdots, X_n$ 出发，构造 m 个统计量 $\hat{\theta}_1, \hat{\theta}_2, \cdots, \hat{\theta}_m$，作为未知参数 $\theta_1, \theta_2, \cdots, \theta_m$ 的估计。矩估计

和最大似然估计是点估计的两种方法，表 2-3 列出了常见分布未知参数的点估计结论，对比发现：有的分布的矩估计量和最大似然估计量的函数解析式相同，而有的分布不同，例如均匀分布。

表 2-3 常见分布未知参数的点估计结论

类型	分布	符号	分布律/概率密度函数	参数	矩估计量	最大似然估计量
离散型	两点分布	(0-1)	$P\{X=k\}=p^k(1-p)^{1-k}(k=0,1)$	p	$\bar{X}$	$\bar{X}$
	二项分布	$B(n,p)$	$P\{X=k\}=C_n^k p^k(1-p)^{n-k}(k=0,1,\cdots,n)$	p	$\dfrac{\bar{X}}{n}$	$\dfrac{\bar{X}}{n}$
	泊松分布	$\pi(\lambda)$	$P\{X=k\}=\dfrac{\lambda^k e^{-\lambda}}{k!}(k=0,1,\cdots)$	λ	$\bar{X}$	$\bar{X}$
连续型	均匀分布	$U(a,b)$	$f(x)=\begin{cases}\dfrac{1}{b-a}, a<x<b\\0,\text{其他}\end{cases}$	a	$\bar{X}-\sqrt{\dfrac{3}{n}\sum_{i=1}^{n}(X_i-\bar{X})^2}$	$\min\limits_{1\leqslant i\leqslant n} X_i$
				b	$\bar{X}+\sqrt{\dfrac{3}{n}\sum_{i=1}^{n}(X_i-\bar{X})^2}$	$\max\limits_{1\leqslant i\leqslant n} X_i$
	指数分布	$E(\theta)$	$f(x)=\begin{cases}\dfrac{1}{\theta}e^{-x/\theta}, x>0\\0,\text{其他}\end{cases}$	θ	$\bar{X}$	$\bar{X}$
	正态分布	$N(\mu,\sigma^2)$	$f(x)=\dfrac{1}{\sqrt{2\pi}\sigma}e^{-(x-\mu)^2/(2\sigma^2)},-\infty<x<+\infty$	μ	$\bar{X}$	$\bar{X}$
				σ^2	$\dfrac{1}{n}\sum_{i=1}^{n}(x_i-\bar{x})^2$	$\dfrac{1}{n}\sum_{i=1}^{n}(x_i-\bar{x})^2$

估计量的评选标准

2.3 估计量的评选标准

从 2.2 节可以看到，对于同一个参数，用不同的估计方法求出的估计量可能不相同，如例 2-5 和例 2-10。而且很明显，原则上任何统计量都可以作为未知参数的估计量。本节主要解决的实际问题是对于同一个参数究竟采用哪一个估计量好？评价估计量的标准是什么？

2.3.1 无偏性

若 $X_1,X_2,\cdots,X_n$ 为总体 X 的一个样本，$\theta\in\Theta$ 是包含在总体 X 分布中的待估参数，Θ 是 θ 的取值范围。

定义：若估计量 $\hat{\theta}=\hat{\theta}(X_1,X_2,\cdots,X_n)$ 的数学期望存在，且对于任意 $\theta\in\Theta$，有 $E(\hat{\theta})=\theta$，

则称 $\hat{\theta}$ 是 θ 的无偏估计量。

$E(\hat{\theta}) - \theta$ 称为以 $\hat{\theta}$ 作为 θ 的估计的系统误差。无偏估计的实际意义是无系统误差。

若 $\lim_{n \to \infty} E(\hat{\theta}) - \theta = 0$，则称 $\hat{\theta}$ 是 θ 的渐近无偏估计量。

设总体 X（不管服从什么分布，只要均值和方差存在）的均值为 μ，方差为 σ^2，$X_1, X_2, \cdots, X_n$ 是来自总体 X 的一个样本，$\bar{X}$ 是样本均值，S^2 是样本方差。在第 1 章抽样分布中，可知 $E(\bar{X}) = \mu$，$E(S^2) = \sigma^2$，也就是说不论总体服从什么分布，样本均值都是总体均值的无偏估计，而样本方差是总体方差的无偏估计量。值得注意的是 σ^2 的矩估计和最大似然估计都是 $\frac{1}{n}\sum_{i=1}^{n}(X_i - \bar{X})^2$，但它不是 σ^2 的无偏估计量。

因为 $E\left(\frac{1}{n}\sum_{i=1}^{n}(X_i - \bar{X})^2\right) = \frac{n-1}{n} E\left(\frac{1}{n-1}\sum_{i=1}^{n}(X_i - \bar{X})^2\right) = \frac{n-1}{n}\sigma^2 \neq \sigma^2$，这就说明了 $\frac{1}{n}\sum_{i=1}^{n}(X_i - \bar{X})^2$ 不是总体方差 σ^2 的无偏估计量，而样本方差 $\frac{1}{n-1}\sum_{i=1}^{n}(X_i - \bar{X})^2$ 是总体方差 σ^2 的无偏估计量。

【例 2-12】 设总体 X 的 k 阶矩存在，$\mu_k = E(X^k)$（$k \geq 1$）存在，又设 $X_1, X_2, \cdots, X_n$ 是 X 的一个样本，试证明不论总体服从什么分布，k 阶样本矩 $A_k = \frac{1}{n}\sum_{i=1}^{n} X_i^k$ 是 k 阶总体矩 μ_k 的无偏估计量。

证：因为 $X_1, X_2, \cdots, X_n$ 与 X 同分布，故有 $E(X_i^k) = E(X^k) = \mu_k$（$i = 1, 2, \cdots, n$）。

即

$$E(A_k) = \frac{1}{n}\sum_{i=1}^{n} E(X_i^k) = \mu_k$$

故 k 阶样本矩 A_k 是 k 阶总体矩 μ_k 的无偏估计量。

注意：不论总体 X 服从什么分布，只要它的数学期望存在，$\bar{X}$ 总是 X 的数学期望 $\mu_1 = E(X)$ 的无偏估计量。

【例 2-13】 设 X_1, X_2, X_3 是来自总体 $N(\mu, \sigma^2)$ 的一个样本，试证 $Y_1 = \frac{1}{3}(X_1 + X_2 + X_3)$，$Y_2 = \frac{1}{6}X_1 + \frac{1}{2}X_2 + \frac{1}{3}X_3$ 都是 μ 的无偏估计量。

证：因为 $E(Y_1) = \frac{1}{3}E(X_1) + \frac{1}{3}E(X_2) + \frac{1}{3}E(X_3) = \frac{1}{3}\mu + \frac{1}{3}\mu + \frac{1}{3}\mu = \mu$，所以 Y_1（样本均值 $\bar{X}$）是 μ 的无偏估计量。

又因为 $E(Y_2) = \frac{1}{6}E(X_1) + \frac{1}{2}E(X_2) + \frac{1}{3}E(X_3) = \frac{1}{6}\mu + \frac{1}{2}\mu + \frac{1}{3}\mu = \mu$，所以 Y_2 也是 μ 的无偏估计量。

例 2-13 告诉我们，同一个未知参数，可以有多个不同的无偏估计量。如何比较、选择更好的无偏估计量呢？为此我们给出第二个评价无偏估计量优良与否的标准。

2.3.2 有效性

比较参数 θ 的两个无偏估计量 $\hat{\theta}_1$ 和 $\hat{\theta}_2$，如果在样本容量 n 相同的情况下，$\hat{\theta}_1$ 的观测值在真值 θ 的附近，$\hat{\theta}_1$ 较 $\hat{\theta}_2$ 更密集，则认为 $\hat{\theta}_1$ 较 $\hat{\theta}_2$ 更有效。由于方差是随机变量取值与其数学期望的偏离程度，所以无偏估计以方差小者为好。

定义：设 $\hat{\theta}_1 = \hat{\theta}_1(X_1, X_2, \cdots, X_n)$ 与 $\hat{\theta}_2 = \hat{\theta}_2(X_1, X_2, \cdots, X_n)$ 都是 θ 的无偏估计量，若有 $D(\hat{\theta}_1) \leqslant D(\hat{\theta}_2)$，则称 $\hat{\theta}_1$ 较 $\hat{\theta}_2$ 更有效。

【例 2-14】 设 X_1, X_2, X_3 是来自总体 $N(\mu, \sigma^2)$ 的一个样本，$Y_1 = \dfrac{1}{3}(X_1 + X_2 + X_3)$，$Y_2 = \dfrac{1}{6}X_1 + \dfrac{1}{2}X_2 + \dfrac{1}{3}X_3$，试证 μ 的无偏估计量 Y_1 较 Y_2 更有效。

证明：

$$D(Y_1) = \frac{1}{9}D(X_1) + \frac{1}{9}D(X_2) + \frac{1}{9}D(X_3) = \frac{1}{3}\sigma^2$$

$$D(Y_2) = \frac{1}{36}D(X_1) + \frac{1}{4}D(X_2) + \frac{1}{9}D(X_3) = \frac{7}{18}\sigma^2$$

$$D(Y_1) < D(Y_2)$$

故 μ 的无偏估计量 Y_1 较 Y_2 更有效。

2.3.3 相合性

我们不仅希望一个估计量是无偏的且有较小的方差，还希望当样本容量无限增大时，估计量能在某种意义下任意接近未知参数的真值，这就是相合(一致)性的要求。

定义：设 $\hat{\theta} = \hat{\theta}(X_1, X_2, \cdots, X_n)$ 为参数 θ 的估计量，若对于任意 $\theta \in \Theta$，当 $n \to \infty$ 时，$\hat{\theta}(X_1, X_2, \cdots, X_n)$ 依概率收敛于 θ，则称 $\hat{\theta}$ 为 θ 的相合估计量。即若对于任意 $\theta \in \Theta$ 都满足条件，则对于任意 $\varepsilon > 0$，有

$$\lim_{n \to \infty} P\{|\hat{\theta} - \theta| < \varepsilon\} = 1 \tag{2-14}$$

则称 $\hat{\theta}$ 为 θ 的相合估计量。

例如，样本 k 阶矩是总体 k 阶矩的相合估计量，样本方差 S^2 是总体方差 σ^2 的相合估计量。还可以证明，最大似然估计量在一定条件下也是相合估计量，证明过程参见本章末"疑难公式的推导与证明"。

以上衡量估计量的标准中，无偏性和有效性适用于样本容量 n 确定的情况，而相合性仅适用于样本容量较大的情况。估计量只含 $\bar{X}$ 时，根据大数定律，具有无偏性时一定具有相合性；估计量不只含有 $\bar{X}$ 时，可以根据切比雪夫不等式判断其是否具有相合性。

2.4 单个正态总体均值的置信区间

点估计是用样本的一次观测值来估计未知参数的值,但估计值 $\hat{\theta}$ 与真值 θ 之间会存在误差。点估计没有明确用 $\hat{\theta}$ 代替 θ 的精确度及可靠性。实际中,我们不仅需要得到未知参数 θ 的估计值,还希望估计出未知参数 θ 的取值范围,以及这个取值范围包含未知参数真值 θ 的可信程度。

例如,某工厂欲对出厂的一批电子器件的平均寿命进行估计,随机抽取 n 件产品进行试验,通过对试验数据的分析,我们不仅希望通过点估计得到这批电子器件的平均寿命估计值,更希望估计出这批电子器件的平均寿命落在哪个范围。从常识可以知道,通常电子器件的寿命往往是一个范围,而不是一个很准确的数。因此,在对这批电子器件的平均寿命进行估计时,寿命的准确值并不是最重要的,重要的是所估计的寿命能否以很高的可信程度处在合格产品的指标范围内,此处的可信程度就显得尤为重要。若未知参数的估计范围以区间形式给出,同时给出此区间包含未知参数真值的概率,则这种形式的估计称为区间估计,这样的区间称为置信区间。

2.4.1 置信区间

定义:设总体 X 的分布函数 $F(x;\theta)$ 含有一个未知参数 θ,对于给定值 $\alpha\ (0<\alpha<1)$,若由样本 $X_1, X_2, \cdots, X_n$ 确定的两个统计量 $\underline{\theta} = \underline{\theta}(X_1, X_2, \cdots, X_n)$ 和 $\overline{\theta} = \overline{\theta}(X_1, X_2, \cdots, X_n)$ 满足

$$P\{\underline{\theta}(X_1, X_2, \cdots, X_n) < \theta < \overline{\theta}(X_1, X_2, \cdots, X_n)\} = 1-\alpha$$

区间估计

则称随机区间 $(\underline{\theta},\overline{\theta})$ 是 θ 的置信水平为 $1-\alpha$ 的置信区间,$\underline{\theta}$ 和 $\overline{\theta}$ 分别称作置信下限、置信上限,$1-\alpha$ 称为置信水平,也称为可信度。

关于置信区间的定义的说明。

被估计的参数 θ 虽然未知,但它是一个常数,没有随机性,而区间 $(\underline{\theta},\overline{\theta})$ 是随机的。

随机区间 $(\underline{\theta},\overline{\theta})$ 以 $1-\alpha$ 的概率包含着参数 θ 的真值,而不能说参数 θ 以 $1-\alpha$ 的概率落入随机区间 $(\underline{\theta},\overline{\theta})$。

若反复抽样多次(各次试验的样本容量相等,都是 n),每个样本值确定一个区间 $(\underline{\theta},\overline{\theta})$,每个这样的区间或包含 θ 的真值或不包含 θ 的真值。按伯努利大数定理,在这些区间中,包含 θ 真值的区间约占 $100(1-\alpha)\%$,不包含 θ 真值的区间约占 $100\alpha\%$。若 $\alpha=0.01$,反复抽样 1000 次,则得到的 1000 个区间中包含 θ 真值的区间约为 990 个,不包含 θ 真值的区间约为 10 个。

通常,求置信区间有如下三个步骤。

第一步:寻求一个样本 $X_1, X_2, \cdots, X_n$ 的函数

$$Z = Z(X_1, X_2, \cdots, X_n; \theta)$$

其中仅包含待估参数 θ,并且 Z 的分布已知且不依赖于任何未知参数(包括 θ)。

第二步：对于给定的置信水平$1-\alpha$，定出两个常数a,b，使
$$P\{a < Z(X_1, X_2, \cdots, X_n; \theta) < b\} = 1 - \alpha$$

第三步：若能从$a < Z(X_1, X_2, \cdots, X_n; \theta) < b$得到等价的不等式$\underline{\theta} < \theta < \overline{\theta}$，其中$\underline{\theta} = \underline{\theta}(X_1, X_2, \cdots, X_n)$，$\overline{\theta} = \overline{\theta}(X_1, X_2, \cdots, X_n)$，那么$(\underline{\theta}, \overline{\theta})$就是$\theta$的一个置信水平为$1-\alpha$的置信区间。

2.4.2 单个正态总体均值的置信区间

单个正态总体的区间估计

① 已知总体$X \sim N(\mu, \sigma^2)$，σ^2已知，μ未知，讨论未知参数μ的置信水平为$1-\alpha$的置信区间的情况。

第一步：寻找样本$X_1, X_2, \cdots, X_n$的函数$Z(X_1, X_2, \cdots, X_n; \mu)$。

总体$X \sim N(\mu, \sigma^2)$，未知参数μ的无偏估计量为$\bar{X}$，由第1.3节定理一的结论$\bar{X} \sim N\left(\mu, \dfrac{\sigma^2}{n}\right)$，$\dfrac{\bar{X} - \mu}{\sigma/\sqrt{n}} \sim N(0, 1)$，$\dfrac{\bar{X} - \mu}{\sigma/\sqrt{n}}$不依赖于任何未知参数，样本$X_1, X_2, \cdots, X_n$的函数记为$Z = \dfrac{\bar{X} - \mu}{\sigma/\sqrt{n}}$。

第二步：确定常数a, b。

给定置信水平$1-\alpha$，由标准正态分布上侧α分位点的定义知
$$P\left\{\dfrac{\bar{X} - \mu}{\sigma/\sqrt{n}} > z_{\alpha/2}\right\} = \dfrac{\alpha}{2}$$

即有$P\left\{-z_{\alpha/2} < \dfrac{\bar{X} - \mu}{\sigma/\sqrt{n}} < z_{\alpha/2}\right\} = 1 - \alpha$，定出$a = -z_{\alpha/2}$，$b = z_{\alpha/2}$。单个正态总体均值（$\sigma^2$已知）的置信区间示意图如图2-1所示。

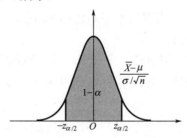

图2-1 单个正态总体均值（σ^2已知）的置信区间示意图

第三步：求解$a < Z(X_1, X_2, \cdots, X_n; \mu) < b$，得到$\mu$的置信区间。

解不等式$-z_{\alpha/2} < \dfrac{\bar{X} - \mu}{\sigma/\sqrt{n}} < z_{\alpha/2}$，得到$\bar{X} - \dfrac{\sigma}{\sqrt{n}} z_{\alpha/2} < \mu < \bar{X} + \dfrac{\sigma}{\sqrt{n}} z_{\alpha/2}$，即满足$P\left\{\bar{X} - \dfrac{\sigma}{\sqrt{n}} z_{\alpha/2} < \mu < \bar{X} + \dfrac{\sigma}{\sqrt{n}} z_{\alpha/2}\right\} = 1 - \alpha$，从而$\mu$的置信水平为$1-\alpha$的置信区间为

$$\left(\bar{X} - \dfrac{\sigma}{\sqrt{n}} z_{\alpha/2}, \bar{X} + \dfrac{\sigma}{\sqrt{n}} z_{\alpha/2}\right) \tag{2-15}$$

上述步骤二，$a = -z_{\alpha/2}$，$b = z_{\alpha/2}$，$P\left\{\dfrac{\overline{X} - \mu}{\sigma/\sqrt{n}} < -z_{\alpha/2}\right\} = \dfrac{\alpha}{2}$，$P\left\{\dfrac{\overline{X} - \mu}{\sigma/\sqrt{n}} > z_{\alpha/2}\right\} = \dfrac{\alpha}{2}$，$\dfrac{\overline{X} - \mu}{\sigma/\sqrt{n}}$ 落在 (a,b) 两边的概率均为 $\dfrac{\alpha}{2}$，此时解出 μ 的置信水平为 $1-\alpha$ 的置信区间的中心点为 $\overline{X}$，长度为 $2 \times \dfrac{\sigma}{\sqrt{n}} z_{\alpha/2}$。

若取 $\alpha = 0.05$，$a = -z_{0.025} = -1.96$，$b = z_{0.025} = 1.96$，得到 μ 的置信水平为 $1-\alpha$ 的置信区间的长度 L_1 为 $\dfrac{\sigma}{\sqrt{n}}(z_{0.025} + z_{0.025}) = 3.92 \dfrac{\sigma}{\sqrt{n}}$。

值得注意的是置信水平为 $1-\alpha$ 的置信区间是不唯一的。若取 $\alpha = 0.05$，$a = -z_{0.04}$，$b = z_{0.01}$，依然满足 $P\left\{-z_{0.04} < \dfrac{\overline{X} - \mu}{\sigma/\sqrt{n}} < z_{0.01}\right\} = 0.95$，即 $P\left\{\overline{X} - \dfrac{\sigma}{\sqrt{n}} z_{0.01} < \mu < \overline{X} + \dfrac{\sigma}{\sqrt{n}} z_{0.04}\right\} = 0.95$，$\left(\overline{X} - \dfrac{\sigma}{\sqrt{n}} z_{0.01}, \overline{X} + \dfrac{\sigma}{\sqrt{n}} z_{0.04}\right)$ 也是 μ 的置信水平为 $1-\alpha$ 的置信区间，其置信区间的长度 L_2 为 $\dfrac{\sigma}{\sqrt{n}}(z_{0.04} + z_{0.01}) = 4.08 \dfrac{\sigma}{\sqrt{n}}$。

比较两个置信区间的长度，显然 $L_1 < L_2$。置信水平相同，置信区间越短，说明估计的精度越高。如果概率密度的图形是单峰，则样本 $X_1, X_2, \cdots, X_n$ 的函数 $Z = Z(X_1, X_2, \cdots, X_n; \theta)$ 落在 (a,b) 两边的概率相等，即均为 $\dfrac{\alpha}{2}$ 时，能使置信区间长度最短。因此，我们通常取 $\left(\overline{X} - \dfrac{\sigma}{\sqrt{n}} z_{\alpha/2}, \overline{X} + \dfrac{\sigma}{\sqrt{n}} z_{\alpha/2}\right)$ 表示 μ 的置信水平为 $1-\alpha$ 的置信区间。

【例 2-15】 设 $X_1, X_2, \cdots, X_{16}$ 是来自总体 $N(\mu, 1)$ 的样本，样本均值的观测值 $\overline{x} = 5.20$，求 μ 的置信水平为 95% 的置信区间。

解：由题意知 $\overline{x} = 5.20$，$\sigma = 1$，$n = 16$。置信水平为 95%，即 $1 - \alpha = 0.95$，$\alpha = 0.05$，查标准正态分布表可得 $z_{\alpha/2} = z_{0.025} = 1.96$，代入式(2-15)得到 μ 的一个置信水平为 95% 的置信区间为 $(4.71, 5.69)$，该区间包含 μ 真值的可信度为 95%。

【例 2-16】 设某工件的长度 X 服从 $N(\mu, 16)$，随机抽取 9 件测量其长度(单位: mm)：142，138，150，165，156，148，132，135，160。求总体均值 μ 的置信水平为 95% 的置信区间。

解：已知 $X \sim N(\mu, 16)$，σ 已知，则总体均值 μ 的置信水平为 95% 的置信区间公式为 $\left(\overline{X} - \dfrac{\sigma}{\sqrt{n}} z_{\alpha/2}, \overline{X} + \dfrac{\sigma}{\sqrt{n}} z_{\alpha/2}\right)$，由题意 $\sigma = 4$，$n = 9$，样本均值 $\overline{x} \approx 147.333$，置信水平为 95%，即 $\alpha = 0.05$，有 $z_{0.025} = 1.96$，故总体均值 μ 的置信水平为 95% 的置信区间为 $\left(147.333 - \dfrac{4}{\sqrt{9}} \times 1.96, 147.333 + \dfrac{4}{\sqrt{9}} \times 1.96\right) \approx (144.720, 149.946)$。

② 已知总体 $X \sim N(\mu, \sigma^2)$，σ^2 未知，μ 未知，讨论未知参数 μ 的置信水平为 $1-\alpha$ 的置信区间的情况。

设 $X_1, X_2, \cdots, X_n$ 为 $N(\mu, \sigma^2)$ 的样本，对给定的置信水平 $1-\alpha$ $(0<\alpha<1)$，σ^2 未知，μ 的置信水平为 $1-\alpha$ 的置信区间为

$$\left(\overline{X} - \frac{S}{\sqrt{n}} t_{\alpha/2}(n-1), \overline{X} + \frac{S}{\sqrt{n}} t_{\alpha/2}(n-1)\right) \quad (2\text{-}16)$$

推导过程如下：

由于区间 $\left(\overline{X} \pm \frac{\sigma}{\sqrt{n}} z_{\alpha/2}\right)$ 中含有未知参数 σ，不能直接使用此公式，但因为 S^2 是 σ^2 的无偏估计，可用 $S = \sqrt{S^2}$ 替代 σ，又根据第 1 章的定理三知 $\frac{\overline{X} - \mu}{S/\sqrt{n}} \sim t(n-1)$，则 $P\left\{-t_{\alpha/2}(n-1) < \frac{\overline{X} - \mu}{S/\sqrt{n}} < t_{\alpha/2}(n-1)\right\} = 1 - \alpha$，单个正态总体均值（$\sigma^2$ 未知）的置信区间示意图如图 2-2 所示。

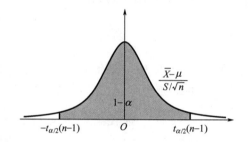

图 2-2 单个正态总体均值（σ^2 未知）的置信区间示意图

即 $P\left\{\overline{X} - \frac{S}{\sqrt{n}} t_{\alpha/2}(n-1) < \mu < \overline{X} + \frac{S}{\sqrt{n}} t_{\alpha/2}(n-1)\right\} = 1 - \alpha$，于是，当 σ^2 未知时，μ 的置信水平为 $1-\alpha$ 的置信区间为 $\left(\overline{X} \pm \frac{S}{\sqrt{n}} t_{\alpha/2}(n-1)\right)$。

【例 2-17】 有一大批袋装糖果，现从中随机地取 10 袋，称得质量（单位：g）如下：21.1,19.6, 21.4,21.5,19.9,20.4,20.3,19.9,19.8,21.0。设袋装糖果的质量服从正态分布，试求总体均值 μ 的置信水平为 0.95 的置信区间。

解： 已知总体服从正态分布，且 σ^2 未知时，则 μ 的置信水平为 $1-\alpha$ 的置信区间为 $\left(\overline{X} \pm \frac{S}{\sqrt{n}} t_{\alpha/2}(n-1)\right)$，由已知数据可以计算出 $\overline{x} = 20.49$，$s \approx 0.706$，$n = 10$，$n-1 = 9$，$\alpha = 0.05$，查 t 分布表（附表 4）得 $t_{0.025}(9) = 2.262$，代入公式得到 μ 的置信水平为 0.95 的置信区间为 $(19.985, 20.995)$。

这个置信区间说明，利用样本观测值估计出的袋装糖果质量的总体均值在 19.985～20.995g，这个区间估计的可信程度为 95%。若以此区间内任一值作为 μ 的近似值，其误差不大于 $\frac{0.706}{\sqrt{10}} \times 2.262 \times 2 = 1.01\text{g}$，这个误差的可信度为 95%。

2.5 两个正态总体均值的置信区间

两个正态总体的区间估计

设给定置信水平为 $1-\alpha$，$X_1, X_2, \cdots, X_{n_1}$ 为第一个总体 $N(\mu_1, \sigma_1^2)$ 的样本，$Y_1, Y_2, \cdots, Y_{n_2}$ 为第二个总体 $N(\mu_2, \sigma_2^2)$ 的样本，$\overline{X}$、$\overline{Y}$ 分别是第一、第二个总体的样本均值，S_1^2, S_2^2 分别是第一、第二个总体的样本方差。

2.5.1 若 σ_1^2, σ_2^2 已知，$\mu_1 - \mu_2$ 的置信区间的情况

若 σ_1^2, σ_2^2 已知，则 $\mu_1 - \mu_2$ 的一个置信水平为 $1-\alpha$ 的置信区间为

$$\left(\overline{X} - \overline{Y} - z_{\alpha/2}\sqrt{\frac{\sigma_1^2}{n_1} + \frac{\sigma_2^2}{n_2}}, \overline{X} - \overline{Y} + z_{\alpha/2}\sqrt{\frac{\sigma_1^2}{n_1} + \frac{\sigma_2^2}{n_2}} \right) \tag{2-17}$$

推导过程如下：

因为 $\overline{X}, \overline{Y}$ 分别是 μ_1, μ_2 的无偏估计量，所以 $\overline{X} - \overline{Y}$ 是 $\mu_1 - \mu_2$ 的无偏估计量。

由 $\overline{X}, \overline{Y}$ 的独立性及 $\overline{X} \sim N\left(\mu_1, \frac{\sigma_1^2}{n_1}\right)$，$\overline{Y} \sim N\left(\mu_2, \frac{\sigma_2^2}{n_2}\right)$ 可知

$$\overline{X} - \overline{Y} \sim N\left(\mu_1 - \mu_2, \frac{\sigma_1^2}{n_1} + \frac{\sigma_2^2}{n_2}\right) \text{ 或 } \frac{(\overline{X} - \overline{Y}) - (\mu_1 - \mu_2)}{\sqrt{\frac{\sigma_1^2}{n_1} + \frac{\sigma_2^2}{n_2}}} \sim N(0, 1)$$

于是得 $\mu_1 - \mu_2$ 的一个置信水平为 $1-\alpha$ 的置信区间为

$$\left(\overline{X} - \overline{Y} \pm z_{\alpha/2}\sqrt{\frac{\sigma_1^2}{n_1} + \frac{\sigma_2^2}{n_2}} \right)$$

【例 2-18】设用原料 A 和原料 B 生产的两种电子管的使用寿命(单位：h)分别为总体 $N(\mu_1, 54)$ 和 $N(\mu_2, 61)$，随机抽取用原料 A 生产的 10 个电子管，测得其平均寿命为 1598h，随机抽取用原料 B 生产的 8 个电子管，测得其平均寿命为 1604h，求 $\mu_1 - \mu_2$ 的置信水平为 95% 的置信区间。

解：由题意，$\mu_1 - \mu_2$ 的一个置信水平为 $1-\alpha$ 的置信区间为

$$\left(\overline{X} - \overline{Y} \pm z_{\alpha/2}\sqrt{\frac{\sigma_1^2}{n_1} + \frac{\sigma_2^2}{n_2}} \right)$$

已知 $\overline{X}=1598$，$n_1=10$，$\sigma_1^2=54$；$\overline{Y}=1604$，$n_2=8$，$\sigma_2^2=61$。取 $\alpha=0.05$，得到 $z_{\alpha/2}=1.96$，代入式(2-17)得到 $\mu_1 - \mu_2$ 的置信水平为 95% 的置信区间为 $(-13.07, 1.07)$。

2.5.2 若 σ_1^2, σ_2^2 未知，n_1, n_2 都很大(大于 50 即可)，$\mu_1 - \mu_2$ 的置信区间的情况

若 σ_1^2, σ_2^2 未知，n_1, n_2 均大于 50，则 $\mu_1 - \mu_2$ 的一个置信水平为 $1-\alpha$ 的置信区间为

$$\left(\overline{X} - \overline{Y} \pm z_{\alpha/2}\sqrt{\frac{S_1^2}{n_1} + \frac{S_2^2}{n_2}}\right) \tag{2-18}$$

【例 2-19】 某集团旗下有两个子公司,分别是 A 公司和 B 公司,为了解两个子公司的服务质量,集团做了一次满意度问卷调查。已知两个子公司满意度均服从正态分布,随机抽取 A 公司 75 份答卷和 B 公司 90 份答卷,得到 A 公司满意度样本均值为 84 分,其样本方差为 24;B 公司满意度样本均值为 81 分,其样本方差为 19。求 A 公司和 B 公司满意度总体均值之差的置信水平为 90% 的置信区间。

解:由题意,$\mu_1 - \mu_2$ 的一个置信水平为 $1-\alpha$ 的置信区间为

$$\left(\overline{X} - \overline{Y} \pm z_{\alpha/2}\sqrt{\frac{S_1^2}{n_1} + \frac{S_2^2}{n_2}}\right)$$

已知 $\bar{x} = 84$,$n_1 = 75$,$s_1^2 = 24$;$\bar{y} = 81$,$n_2 = 90$,$s_2^2 = 19$。取 $\alpha = 0.1$,得到 $z_{\alpha/2} = 1.645$,代入式(2-18)得到 $\mu_1 - \mu_2$ 的置信水平为 90% 的置信区间为 (1.801, 4.199)。

2.5.3　$\sigma_1^2 = \sigma_2^2 = \sigma^2$,若 σ^2 未知,$\mu_1 - \mu_2$ 的置信区间的情况

假设 $\sigma_1^2 = \sigma_2^2 = \sigma^2$,若 σ^2 未知,则 $\mu_1 - \mu_2$ 的一个置信水平为 $1-\alpha$ 的置信区间为

$$\left(\overline{X} - \overline{Y} \pm t_{\alpha/2}(n_1 + n_2 - 2)S_w\sqrt{\frac{1}{n_1} + \frac{1}{n_2}}\right) \tag{2-19}$$

其中,$S_w^2 = \dfrac{(n_1-1)S_1^2 + (n_2-1)S_2^2}{n_1 + n_2 - 2}$,$S_w = \sqrt{S_w^2}$。

【例 2-20】 为了比较 Ⅰ、Ⅱ 两个城市空气 $PM_{2.5}$,研究员在一段时间内随机取 Ⅰ 城市的 5 次 $PM_{2.5}$ 观测值,得到样本均值 $\bar{x}_1 = 9$,标准差 $s_1 = 1.15$;随机取 Ⅱ 城市的 7 次 $PM_{2.5}$ 观测值,得到样本均值 $\bar{x}_2 = 7$,标准差 $s_2 = 1.17$。假设两城市 $PM_{2.5}$ 观测值总体都可认为近似地服从正态分布,且假设它们的总体方差相等,求两个总体均值差 $\mu_1 - \mu_2$ 的一个置信水平为 90% 的置信区间。

解:由题意,$\mu_1 - \mu_2$ 的置信水平为 $1-\alpha$ 的置信区间为

$$\left(\overline{X} - \overline{Y} \pm t_{\alpha/2}(n_1 + n_2 - 2)S_w\sqrt{\frac{1}{n_1} + \frac{1}{n_2}}\right)$$

其中,$S_w = \sqrt{\dfrac{(n_1-1)S_1^2 + (n_2-1)S_2^2}{n_1 + n_2 - 2}}$。

已知 $\bar{x}_1 = 9$,$s_1 = 1.15$,$n_1 = 5$;$\bar{x}_2 = 7$,$s_2 = 1.17$,$n_2 = 7$。取 $\alpha = 0.1$,得到 $t_{0.05}(10) = 1.812$,代入式(2-19)得 $\mu_1 - \mu_2$ 的置信水平为 90% 的置信区间为 (0.7668, 3.2332)。

2.6 单个正态总体方差的置信区间

在实际问题中,总体均值和总体方差常常未知,因此本节我们只讨论总体均值未知时,总体方差的区间估计问题。

因为 S^2 是 σ^2 的无偏估计,$\dfrac{(n-1)S^2}{\sigma^2} \sim \chi^2(n-1)$,则

$$P\left\{\chi^2_{1-\alpha/2}(n-1) < \dfrac{(n-1)S^2}{\sigma^2} < \chi^2_{\alpha/2}(n-1)\right\} = 1-\alpha$$

单个正态总体方差的置信区间示意图如图 2-3 所示。

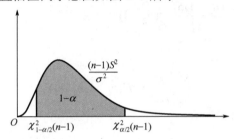

图 2-3 单个正态总体方差的置信区间示意图

即

$$P\left\{\dfrac{(n-1)S^2}{\chi^2_{\alpha/2}(n-1)} < \sigma^2 < \dfrac{(n-1)S^2}{\chi^2_{1-\alpha/2}(n-1)}\right\} = 1-\alpha$$

于是 σ^2 的置信水平为 $1-\alpha$ 的置信区间为

$$\left(\dfrac{(n-1)S^2}{\chi^2_{\alpha/2}(n-1)},\ \dfrac{(n-1)S^2}{\chi^2_{1-\alpha/2}(n-1)}\right) \tag{2-20}$$

σ 的置信水平为 $1-\alpha$ 的置信区间为

$$\left(\sqrt{\dfrac{(n-1)S^2}{\chi^2_{\alpha/2}(n-1)}},\ \sqrt{\dfrac{(n-1)S^2}{\chi^2_{1-\alpha/2}(n-1)}}\right) \tag{2-21}$$

【例 2-21】 有一大批袋装糖果,现从中随机地取 10 袋,称得质量(单位:g)如下:21.1,19.6,21.4,21.5,19.9,20.4,20.3,19.9,19.8,21.0。设袋装糖果的质量服从正态分布,试求总体标准差 σ 的置信水平为 95% 的置信区间。

解:由题意,σ 的置信水平为 $1-\alpha$ 的置信区间为 $\left(\sqrt{\dfrac{(n-1)S^2}{\chi^2_{\alpha/2}(n-1)}},\ \sqrt{\dfrac{(n-1)S^2}{\chi^2_{1-\alpha/2}(n-1)}}\right)$,计算得到 $s \approx 0.706$,$n=10$,取 $\alpha=0.05$,查卡方分布表(附表 3)得 $\chi^2_{0.025}(9) = 19.023$,$\chi^2_{0.975}(9) = 2.700$,代入式(2-21)得 σ 的置信水平为 95% 的置信区间为 $(0.486,1.289)$。

2.7 两个正态总体方差的置信区间

本节仅讨论总体均值 μ_1, μ_2, σ_1^2, σ_2^2 未知时，两个正态总体方差之比的情况。

假设 $\dfrac{(n_1-1)S_1^2}{\sigma_1^2} \sim \chi^2(n_1-1)$，$\dfrac{(n_2-1)S_2^2}{\sigma_2^2} \sim \chi^2(n_2-1)$，由假设知 $\dfrac{(n_1-1)S_1^2}{\sigma_1^2}$ 与 $\dfrac{(n_2-1)S_2^2}{\sigma_2^2}$ 相互独立。

根据 F 分布的定义知

$$\frac{\dfrac{(n_1-1)S_1^2}{\sigma_1^2}\Big/(n_1-1)}{\dfrac{(n_2-1)S_2^2}{\sigma_2^2}\Big/(n_2-1)} \sim F(n_1-1, n_2-1)$$

即

$$\frac{S_1^2/\sigma_1^2}{S_2^2/\sigma_2^2} \sim F(n_1-1, n_2-1)$$

有

$$P\left\{F_{1-\alpha/2}(n_1-1, n_2-1) < \frac{S_1^2/\sigma_1^2}{S_2^2/\sigma_2^2} < F_{\alpha/2}(n_1-1, n_2-1)\right\} = 1-\alpha$$

两个正态总体方差比的置信区间示意图如图 2-4 所示。

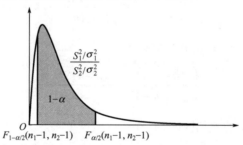

图 2-4 两个正态总体方差比的置信区间示意图

从而有

$$P\left\{\frac{S_1^2}{S_2^2}\frac{1}{F_{\alpha/2}(n_1-1, n_2-1)} < \frac{\sigma_1^2}{\sigma_2^2} < \frac{S_1^2}{S_2^2}\frac{1}{F_{1-\alpha/2}(n_1-1, n_2-1)}\right\} = 1-\alpha$$

于是得 $\dfrac{\sigma_1^2}{\sigma_2^2}$ 的置信水平为 $1-\alpha$ 的置信区间为

$$\left(\frac{S_1^2}{S_2^2}\frac{1}{F_{\alpha/2}(n_1-1, n_2-1)},\ \frac{S_1^2}{S_2^2}\frac{1}{F_{1-\alpha/2}(n_1-1, n_2-1)}\right) \tag{2-22}$$

【例 2-22】研究由机床 A 和机床 B 制作的同类型套筒直径(单位：mm)，随机抽取由机床 A 制作的套筒 6 个，测得套筒直径的样本方差为 $s_1^2 = 0.00107$；抽取由机床 B 制作的套筒 13 个，测得套筒直径的样本方差为 $s_2^2 = 0.00229$。设两样本相互独立，且由机床 A 和机床 B 制作的套筒直径分别服从正态分布 $N(\mu_1, \sigma_1^2)$ 和 $N(\mu_2, \sigma_2^2)$，$\mu_i, \sigma_i^2 (i=1,2)$ 均未知，求方差比 $\dfrac{\sigma_1^2}{\sigma_2^2}$ 的置信水平为 90% 的置信区间。

解：由题意，$\dfrac{\sigma_1^2}{\sigma_2^2}$ 的置信水平为 $1-\alpha$ 的置信区间为

$$\left(\frac{S_1^2}{S_2^2} \frac{1}{F_{\alpha/2}(n_1-1, n_2-1)}, \frac{S_1^2}{S_2^2} \frac{1}{F_{1-\alpha/2}(n_1-1, n_2-1)} \right)$$

已知 $n_1 = 6$，$n_2 = 13$，$s_1^2 = 0.00107$，$s_2^2 = 0.00229$，取 $\alpha = 0.10$。查 F 分布表(附表 5)得

$$F_{\alpha/2}(n_1-1, n_2-1) = F_{0.05}(5, 12) = 3.11$$

$$F_{1-\alpha/2}(5, 12) = F_{0.95}(5, 12) = \frac{1}{F_{0.05}(12, 5)} = \frac{1}{4.68} \approx 0.21$$

于是得 $\dfrac{\sigma_1^2}{\sigma_2^2}$ 的置信水平为 90% 的置信区间为 $(0.150, 2.186)$。

2.8 单侧置信区间

对于产品而言，我们一般都更多地关心合格率的下限或者废品率的上限，这就引出了单侧置信区间的概念。

定义：对于给定值 $\alpha(0 < \alpha < 1)$，由样本 $X_1, X_2, \cdots, X_n$ 确定的统计量为 $\underline{\theta} = \underline{\theta}(X_1, X_2, \cdots, X_n)$，且对于任意 $\theta \in \Theta$，若满足：

$$P\{\theta > \underline{\theta}\} \geq 1 - \alpha$$

则称随机区间 $(\underline{\theta}, +\infty)$ 是 θ 的置信水平为 $1-\alpha$ 的单侧置信区间，$\underline{\theta}$ 称为 θ 的置信水平为 $1-\alpha$ 的单侧置信下限；对于任意 $\theta \in \Theta$ 满足：

$$P\{\theta < \overline{\theta}\} \geq 1 - \alpha$$

则称随机区间 $(-\infty, \overline{\theta})$ 是 θ 的置信水平为 $1-\alpha$ 的单侧置信区间，$\overline{\theta}$ 称为 θ 的置信水平为 $1-\alpha$ 的单侧置信上限。

本节我们介绍单个正态总体总体均值与方差的单侧置信区间情况。

2.8.1 总体均值单侧置信区间

设总体 X 服从正态分布，总体均值是 μ，总体方差是 σ^2，μ 和 σ^2 均未知。

① μ 的置信水平为 $1-\alpha$ 的单侧置信下限问题。

由于 σ^2 未知，S^2 是 σ^2 的无偏估计量，我们用 $S = \sqrt{S^2}$ 替代 σ，有 $\dfrac{\overline{X} - \mu}{S/\sqrt{n}} \sim t(n-1)$。

为了找到 μ 的单侧置信下限 $\underline{\theta}$，即要满足 $P\{\underline{\theta} < \mu\} = 1-\alpha$，于是要找一个关键点 t_1，满足 $P\left\{\dfrac{\overline{X}-\mu}{S/\sqrt{n}} < t_1\right\} = 1-\alpha$，利用 t 分布上侧分位点的定义，取 $t_1 = t_\alpha(n-1)$。μ 的置信水平为 $1-\alpha$ 的单侧置信下限示意图如图 2-5 所示。

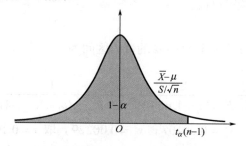

图 2-5 μ 的置信水平为 $1-\alpha$ 的单侧置信下限示意图

即 $P\left\{\dfrac{\overline{X}-\mu}{S/\sqrt{n}} < t_\alpha(n-1)\right\} = 1-\alpha$，求解不等式 $\dfrac{\overline{X}-\mu}{S/\sqrt{n}} < t_\alpha(n-1)$，得到 $P\left\{\overline{X} - \dfrac{S}{\sqrt{n}} t_\alpha(n-1) < \mu\right\} = 1-\alpha$。

故 μ 的置信水平为 $1-\alpha$ 的单侧置信区间为

$$\left(\overline{X} - \dfrac{S}{\sqrt{n}} t_\alpha(n-1), +\infty\right) \tag{2-23}$$

μ 的置信水平为 $1-\alpha$ 的单侧置信下限为

$$\overline{X} - \dfrac{S}{\sqrt{n}} t_\alpha(n-1) \tag{2-24}$$

【例 2-23】设从一批垫圈中随机地取 5 只，测得它们的厚度(单位：mm)为 1.05, 1.10, 1.13, 1.25, 1.28。设垫圈厚度服从 $N(\mu, \sigma^2)$，求 μ 的置信水平为 95% 的单侧置信下限。

解：据题意，μ 的置信水平为 $1-\alpha$ 的单侧置信下限为 $\overline{X} - \dfrac{S}{\sqrt{n}} t_\alpha(n-1)$，计算得到 $\overline{x} = 1.162$，$s \approx 0.0988$，已知 $n = 5$，$\alpha = 0.05$，$t_{0.05}(4) = 2.132$，代入式(2-24)得到 μ 的置信水平为 95% 的单侧置信下限为 $1.162 - \dfrac{0.0988}{\sqrt{5}} \times 2.132 \approx 1.0678$。

② μ 的置信水平为 $1-\alpha$ 的单侧置信上限问题。

为了找到 μ 的单侧置信上限 $\overline{\theta}$，即要满足 $P\{\mu < \overline{\theta}\} = 1-\alpha$，于是要找一个关键点 t_2，满足 $P\left\{\dfrac{\overline{X}-\mu}{S/\sqrt{n}} > t_2\right\} = 1-\alpha$，利用 t 分布上侧分位点的定义，取 $t_2 = -t_\alpha(n-1)$。μ 的置信水平为 $1-\alpha$ 的单侧置信上限示意图如图 2-6 所示。

即 $P\left\{\dfrac{\overline{X}-\mu}{S/\sqrt{n}} > -t_\alpha(n-1)\right\} = 1-\alpha$，求解不等式 $\dfrac{\overline{X}-\mu}{S/\sqrt{n}} > -t_\alpha(n-1)$，得到 $P\left\{\mu < \overline{X} + \dfrac{S}{\sqrt{n}} t_\alpha(n-1)\right\} = 1-\alpha$。

故 μ 的置信水平为 $1-\alpha$ 的单侧置信区间为

$$\left(-\infty, \overline{X}+\frac{S}{\sqrt{n}}t_\alpha(n-1)\right) \tag{2-25}$$

μ 的置信水平为 $1-\alpha$ 的单侧置信上限为

$$\overline{X}+\frac{S}{\sqrt{n}}t_\alpha(n-1) \tag{2-26}$$

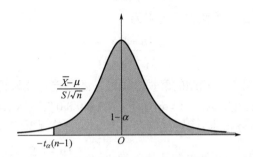

图 2-6　μ 的置信水平为 $1-\alpha$ 的单侧置信上限示意图

【例 2-24】设某厂炼出铁水中的含碳量服从 $N(\mu,\sigma^2)$，现抽查 4 炉铁水，测得含碳量(单位：%)为 4.28,4.29,4.40,4.36，求 μ 的置信水平为 90% 的单侧置信上限。

解：由题意，μ 的置信水平为 $1-\alpha$ 的单侧置信上限为 $\overline{X}+\frac{S}{\sqrt{n}}t_\alpha(n-1)$，计算得到 $\overline{x}=4.3325$，$s\approx 0.0574$。已知 $n=4$，$\alpha=0.1$，$t_{0.1}(3)=1.638$，代入式(2-26)得到 μ 的置信水平为 90% 的单侧置信上限为 $4.3325-\frac{0.0574}{\sqrt{4}}\times 1.638\approx 4.3795$。

2.8.2　总体方差单侧置信区间

方差用于刻画数据波动性，在实际问题中，总是希望方差越小越好。因此，多数情况下，我们需要知晓总体方差的单侧置信上限情况。由于方差一定大于或等于 0，所以，我们需要找到一个上限 $\overline{\theta}$，满足 $P\{0<\sigma^2<\overline{\theta}\}=1-\alpha$。$S^2$ 是 σ^2 的无偏估计量，$\frac{(n-1)S^2}{\sigma^2}\sim \chi^2(n-1)$，于是有 $P\left\{\chi^2_{1-\alpha}(n-1)<\frac{(n-1)S^2}{\sigma^2}\right\}=1-\alpha$。$\sigma^2$ 的置信水平为 $1-\alpha$ 的单侧置信上限示意图如图 2-7 所示。

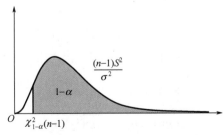

图 2-7　σ^2 的置信水平为 $1-\alpha$ 的单侧置信上限示意图

解不等式 $\chi^2_{1-\alpha}(n-1) < \dfrac{(n-1)S^2}{\sigma^2}$，得到 $P\left\{\sigma^2 < \dfrac{(n-1)S^2}{\chi^2_{1-\alpha}(n-1)}\right\} = 1-\alpha$，于是 σ^2 的置信水平为 $1-\alpha$ 的单侧置信区间为

$$\left(0,\ \dfrac{(n-1)S^2}{\chi^2_{1-\alpha}(n-1)}\right) \tag{2-27}$$

σ^2 的置信水平为 $1-\alpha$ 的单侧置信上限为

$$\dfrac{(n-1)S^2}{\chi^2_{1-\alpha}(n-1)} \tag{2-28}$$

【例 2-25】为研究某种汽车轮胎的磨损波动性，随机选择 8 只轮胎，每只轮胎行驶到磨坏为止，记录所行驶的路程(单位：万 km)如下：7.1,6.9,8.0,7.3,6.8,7.4,8.1,7.7。已知轮胎行驶路程服从正态总体 $N(\mu,\sigma^2)$，求 σ^2 的置信水平为 95% 的单侧置信区间。

解：σ^2 的置信水平为 $1-\alpha$ 的单侧置信区间为 $\left(0,\ \dfrac{(n-1)S^2}{\chi^2_{1-\alpha}(n-1)}\right)$，计算得到 $s^2 = 0.2355$，已知 $n=8$，$1-\alpha = 0.95$，$\chi^2_{0.95}(7) = 2.167$，代入式(2-28)得到 σ^2 的置信水平为 95% 的单侧置信上限为 $\dfrac{(8-1)\times 0.2355}{2.167} \approx 0.7607$，单侧置信区间为 $(0,\ 0.7607)$。

2.9 (0-1)分布参数的区间估计

设从一大批产品的 100 个样品中，测得一级品共 73 个，求这批产品的一级品率 p 的置信水平为 95% 的置信区间。这个问题和我们前面所学的置信区间不同，这个问题并没有说是否服从正态分布，而事实上产品是否为一级品涉及离散型随机变量的分布，显然和我们之前学习的置信区间有很大的不同，为了解决这个问题，本节介绍(0-1)分布参数的区间估计。

设有一容量 $n > 50$ 的大样本，它来自(0-1)分布的总体 X，X 的分布律为

$$f(x;p) = p^x(1-p)^{1-x} \quad (x=0,1)$$

其中，p 为未知参数，则 p 的置信水平为 $1-\alpha$ 的置信区间为

$$\left(\dfrac{-b-\sqrt{b^2-4ac}}{2a},\ \dfrac{-b+\sqrt{b^2-4ac}}{2a}\right) \tag{2-29}$$

其中，$a = n + z^2_{\alpha/2}$，$b = -(2n\bar{X} + z^2_{\alpha/2})$，$c = n\bar{X}^2$。

推导过程如下。

因为(0-1)分布的均值和方差分别为 $\mu = p$，$\sigma^2 = p(1-p)$。

设 $X_1, X_2, \cdots, X_n$ 是总体的一个样本，由于容量 n 较大，由中心极限定理知

$$\dfrac{\sum\limits_{i=1}^{n} X_i - np}{\sqrt{np(1-p)}} = \dfrac{n\bar{X} - np}{\sqrt{np(1-p)}}$$

且近似地服从 $N(0,1)$ 分布。

$$P\left\{-z_{\alpha/2} < \frac{n\overline{X} - np}{\sqrt{np(1-p)}} < z_{\alpha/2}\right\} \approx 1-\alpha$$

求解不等式

$$-z_{\alpha/2} < \frac{n\overline{X} - np}{\sqrt{np(1-p)}} < z_{\alpha/2}$$

于是有

$$(n+z_{\alpha/2}^2)p^2 - (2n\overline{X} + z_{\alpha/2}^2)p + n\overline{X}^2 < 0$$

令

$$a = n + z_{\alpha/2}^2,\quad b = -(2n\overline{X} + z_{\alpha/2}^2),\quad c = n\overline{X}^2$$

解得 $p_1 < p < p_2$

其中，

$$p_1 = \frac{-b - \sqrt{b^2 - 4ac}}{2a},\quad p_2 = \frac{-b + \sqrt{b^2 - 4ac}}{2a}$$

从而推导出 p 的置信水平为 $1-\alpha$ 的置信区间为

$$\left(\frac{-b - \sqrt{b^2 - 4ac}}{2a}, \frac{-b + \sqrt{b^2 - 4ac}}{2a}\right)$$

【例 2-26】设从一大批产品的 100 个样品中，测得一级品共 73 个，求这批产品的一级品率 p 的置信水平为 99%的置信区间。

解：一级品率 p 是服从(0-1)分布的参数，由题意知 $n=100$，$\overline{x} = \frac{73}{100} = 0.73$，$1-\alpha = 0.99$，$z_{\alpha/2} = z_{0.005} = 2.575$。

则 $a = n + z_{\alpha/2}^2 \approx 106.631$，$b = -(2n\overline{X} + z_{\alpha/2}^2) \approx -152.631$，$c = n\overline{X}^2 = n\overline{x}^2 = 53.29$。

$$p_1 = \frac{-b - \sqrt{b^2 - 4ac}}{2a} \approx 0.604,\quad p_2 = \frac{-b + \sqrt{b^2 - 4ac}}{2a} \approx 0.827$$

p 的置信水平为 99%的置信区间为(0.604, 0.827)。

2.10　Python 在参数估计中的应用

2.10.1　Python 在总体均值和总体方差点估计中的应用

np.mean(X) #计算样本均值
np.var(X) #计算样本 2 阶中心矩
np.sum((X-np.mean(X))**2)/(len(X)-1) #计算样本方差

【例 2-27】计算 1.67, 1.70, 1.56, 1.75, 1.72 的样本均值、样本 2 阶中心矩、样本方差。

代码：

```
Import numpy as np
```

```
X = np.array([1.67,1.70,1.56,1.75,1.72])
X_m = np.mean(X)
X_B2 = np.var(X)
X_S2 = np.sum((X-np.mean(X))**2)/(len(X)-1)
```
print('总体均值的矩估计，总体均值的最大似然估计，总体均值的无偏估计，样本均值：',X_m)
print('总体方差的矩估计，总体方差的最大似然估计，样本 2 阶中心矩：',X_B2)
print('总体方差的无偏估计，样本方差：',X_S2)

输出：

总体均值的矩估计，总体均值的最大似然估计，总体均值的无偏估计，样本均值：
　1.6800000000000002

总体方差的矩估计，总体方差的最大似然估计，样本 2 阶中心矩：
　0.0042799999999999965

总体方差的无偏估计，样本方差：0.005349999999999995

2.10.2 Python 在正态总体均值置信区间中的应用

【例 2-28】已知 $X \sim N(\mu,16)$，求 142,138,150,165,156,148,132,135,160 的置信水平为 0.95 的置信区间。

代码：

```
import numpy as np
from scipy.stats import norm
X = np.array([142,138,150,165,156,148,132,135,160])
#alpha 赋值为 0.05
alpha = 0.05
#置信水平赋值
confidence_level = 1-alpha
#已知总体方差为 16，总体标准差 sigma 赋值为 4
sigma = 4
#计算样本均值
X_m = np.mean(X)
#计算误差限
delt = norm.isf(alpha/2)*sigma/np.sqrt(len(X))
#计算置信区间下限
low = (X_m-delt)
#计算置信区间上限
up = (X_m+delt)
print('总体均值 u 的置信水平为',confidence_level,'的置信区间为(',low,',',up,')')
```

输出：

总体均值 u 的置信水平为 0.95 的置信区间为(144.720048,149.946618)

【例 2-29】 已知 $X \sim N(\mu,\sigma^2)$，求 21.1,19.6,21.4,21.5,19.9,20.4,20.3,19.9,19.8,21 的置信水平为 0.95 的置信区间。

代码：

```
import numpy as np
from scipy.stats import t
        X = np.array([21.1,19.6,21.4,21.5,19.9,20.4,20.3,19.9,19.8,21])
        #alpha 赋值为 0.05
        alpha = 0.05
        #置信水平赋值
        confidence_level = 1-alpha
        #计算样本均值
        X_m = np.mean(X)
        #计算样本方差
        X_S2 = np.sum((X-np.mean(X))**2)/(len(X)-1)
        #计算样本标准差
        X_S = np.sqrt(X_S2)
        #计算 t 分布的自由度
        df = len(X)-1
        #计算误差限
        delt = t(df).isf(alpha/2)*X_S/np.sqrt(len(X))
        #计算置信区间下限
        low = (X_m-delt)
        #计算置信区间上限
        up = (X_m+delt)
print('总体均值 u 的置信水平为',confidence_level,'的置信区间为(',low,',',up,')')
```

输出：

总体均值 u 的置信水平为 0.95 的置信区间为(19.984784,20.995215)

【例 2-30】 已知：第一组数据为 12.7,12.3,11.9,10.6,11.5,11.2；第二组数据为 8.3,8.8,9.3,7.5,9.1；$X_1 \sim N(\mu_1,\sigma_1^2)$，$\sigma_1 = 0.7746$，$X_2 \sim N(\mu_2,\sigma_2^2)$，$\sigma_2 = 0.7071$，两组数据相互独立。求均值差 $\mu_1 - \mu_2$ 的置信水平为 0.95 的置信区间。

代码：

```
import numpy as np
from scipy.stats import norm
from scipy.stats import t
        X1 = np.array([12.7,12.3,11.9,10.6,11.5,11.2])
```

```
X2 = np.array([8.3,8.8,9.3,7.5,9.1])
sigma1 = 0.7746
sigma2 = 0.7071
alpha = 0.05
confidence_level = 1-alpha
#计算第一组数据的样本均值
X1_m = np.mean(X1)
#计算第二组数据的样本均值
X2_m = np.mean(X2)
#计算误差限
delt = norm.isf(alpha/2)*np.sqrt(sigma1**2/len(X1)+ sigma2**2/len(X2))
#计算置信区间下限
low = (X1_m-X2_m-delt) .round(4)
#计算置信区间上限
up = (X1_m-X2_m+delt) t) .round(4)
print('总体均值 u1-u2 的置信水平为',confidence_level,'的置信区间为(',low,',',up,')')
```
输出：

总体均值 u1-u2 的置信水平为 0.95 的置信区间为(2.2235,3.9765)

【例 2-31】 利用例 2-19 的数据，当 σ_1^2 和 σ_2^2 未知，n_1 和 n_2 均大于 50 时，求 $\mu_1 - \mu_2$ 的置信水平为 0.9 的置信区间。

代码：

```
import numpy as np
from scipy.stats import norm
    alpha = 0.1
    confidence_level = 1-alpha
    #第一组样本容量赋值
    X1_num = 75
    #第一组样本均值赋值
    X1_m = 84
    #第一组样本方差赋值
    X1_S2 = 24
    #第二组样本容量赋值
    X2_num = 90
    #第二组样本均值赋值
    X2_m = 81
    #第二组样本方差赋值
    X2_S2 = 19
    #计算误差限
    delt = norm.isf(alpha /2)*np.sqrt(X1_S2/X1_num+X2_S2/X2_num)
```

```
#计算置信区间下限
low = (X1_m-X2_m-delt) .round(4)
#计算置信区间上限
up = (X1_m-X2_m+delt) .round(4)
print('总体均值 u1-u2 的置信水平为',confidence_level,'的置信区间为(',low,',',up,')')
```
输出：
总体均值 u1-u2 的置信水平为 0.9 的置信区间为(1.8013,4.1987)

【例 2-32】利用例 2-20 的数据，当 $\sigma_1^2 = \sigma_2^2 = \sigma^2$，且 σ^2 未知时，求 $\mu_1 - \mu_2$ 的置信水平为 0.9 的置信区间。

代码：
```
import numpy as np
from scipy.stats import t
alpha = 0.1
confidence_level = 1-alpha
#第一组样本容量赋值
X1_num = 5
#第一组样本均值赋值
X1_m = 9
#第一组样本标准差赋值
X1_S = 1.15
#第二组样本容量赋值
X2_num = 7
#第二组样本均值赋值
X2_m = 7
#第二组样本标准差赋值
X2_S = 1.17
#计算 t 分布的自由度
df = X1_num+X2_num-2
SW = np.sqrt(((X1_num-1)*X1_S**2+(X2_num-1)* X2_S**2)/df)
#计算误差限
delt = t(df).isf(alpha /2)*SW*np.sqrt(1/X1_num+1/X2_num)
#计算置信区间下限
low = (X1_m-X2_m-delt) .round(4)
#计算置信区间上限
up = (X1_m-X2_m+delt).round(4)
print('总体均值 u1-u2 的置信水平为',confidence_level,'的置信区间为(',low,',',up,')')
```
输出：
总体均值 u1-u2 的置信水平为 0.9 的置信区间为(0.7668,3.2332)

2.10.3 Python 在正态总体方差置信区间中的应用

【例 2-33】利用例 2-21 的数据，求总体方差 σ^2、总体标准差 σ 的置信水平为 0.95 的置信区间。

代码：

```
import numpy as np
from scipy.stats import chi2
X = np.array([21.1,19.6,21.4,21.5,19.9,20.4,20.3,19.9,19.8,21.0])
#alpha 赋值为 0.05
alpha = 0.05
confidence_level = 1-alpha
#计算样本容量
X_num = len(X)
#计算样本方差
X_S2 = (np.sum((X-np.mean(X))**2))/(X_num-1)
#计算卡方分布的自由度
df = X_num-1
#卡方分布左侧临界点
a1 = chi2(df).isf(1-alpha/2)
#卡方分布右侧临界点
a2 = chi2(df).isf(alpha/2)
#计算总体方差置信区间下限
S2_low = ((X_num-1)*X_S2/a2).round(5)
#计算总体方差置信区间上限
S2_up = ((X_num-1)*X_S2/a1).round(5)
#计算总体标准差置信区间下限
S_low = np.sqrt(S2_low).round(5)
#计算总体标准差置信区间上限
S_up = np.sqrt(S2_up).round(5)
print('总体方差置信水平为',confidence_level,'的置信区间为(',S2_low,',',S2_up,')')
print('总体标准差置信水平为',confidence_level,'的置信区间为(',S_low,',',S_up,')')
```

输出：

总体方差置信水平为 0.95 的置信区间为(0.23598,1.66235)

总体标准差置信水平为 0.95 的置信区间为(0.48578,1.28932)

【例 2-34】利用例 2-22 的数据，求正态总体方差比 $\dfrac{\sigma_1^2}{\sigma_2^2}$ 的置信水平为 0.9 的置信区间。

代码：

```
import numpy as np
```

```python
from scipy.stats import f
alpha = 0.1
confidence_level = 1-alpha
#第一组样本容量赋值
X1_num = 6
#第一组样本方差赋值
X1_S2 = 0.00107
#第二组样本容量赋值
X2_num = 13
#第二组样本方差赋值
X2_S2 = 0.00229
#计算 F 分布第 1 个自由度
df1 = X1_num-1
#计算 F 分布第 2 个自由度
df2 = X2_num-1
#F 分布左侧临界点
a1 = f(df1,df2).isf(1-alpha/2)
#F 分布右侧临界点
a2 = f(df1,df2).isf(alpha/2)
#计算总体方差比置信区间下限
low = (X1_S2/X2_S2/a2).round(5)
#计算总体方差比置信区间上限
up = (X1_S2/X2_S2/a1).round(5)
print('总体方差比置信水平为',confidence_level,'的置信区间为(',low,',',up,')')
```
输出：
总体方差比置信水平为 0.9 的置信区间为(0.15044,2.18565)

2.10.4　Python 在单侧置信区间中的应用

【例 2-35】利用例 2-23 的数据，求总体均值的置信水平为 0.95 的单侧置信下限。

代码：

```python
import numpy as np
from scipy.stats import norm
from scipy.stats import t
X = np.array([1.05,1.10,1.13,1.25,1.28])
#alpha 赋值为 0.05
alpha = 0.05
#置信水平赋值
confidence_level = 1-alpha
```

```
#计算样本均值
X_m = np.mean(X)
#计算样本方差
X_S2 = np.sum((X-np.mean(X))**2)/(len(X)-1)
#计算样本标准差
X_S = np.sqrt(X_S2)
#计算 t 分布的自由度
df = len(X)-1
#计算误差限
delt = t(df).isf(alpha)*X_S/np.sqrt(len(X))
#计算单侧置信下限
low = (X_m-delt).round(4)
print('总体均值 u 的置信水平为',confidence_level,'的单侧置信下限为',low)
```
输出：

总体均值 u 的置信水平为 0.95 的单侧置信下限为 1.0678

【例 2-36】利用例 2-24 的数据，求总体均值的置信水平为 0.9 的单侧置信上限。

代码：

```
import numpy as np
from scipy.stats import norm
from scipy.stats import t
X = np.array([4.28,4.29,4.4,4.36])
#alpha 赋值为 0.1
alpha = 0.1
#置信水平赋值
confidence_level = 1-alpha
#计算样本均值
X_m = np.mean(X)
#计算样本方差
X_S2 = np.sum((X-np.mean(X))**2)/(len(X)-1)
#计算样本标准差
X_S = np.sqrt(X_S2)
#计算 t 分布的自由度
df = len(X)-1
#计算误差限
delt = t(df).isf(alpha)*X_S/np.sqrt(len(X))
#计算单侧置信上限
up = (X_m+delt).round(4)
print('总体均值 u 的置信水平为',confidence_level,'的单侧置信上限为',up)
```
输出：

第2章 参数估计

总体均值 u 的置信水平为 0.9 的单侧置信上限为 4.3795

【例 2-37】利用例 2-25 的数据，求总体方差、总体标准差的置信水平为 0.95 的单侧置信上限。

代码：

```
import numpy as np
from scipy.stats import norm
from scipy.stats import chi2
X = np.array([7.1,6.9,8.0,7.3,6.8,7.4,8.1,7.7])
alpha = 0.05
confidence_level = 1-alpha
#计算样本方差
X_S2 = np.sum((X-np.mean(X))**2)/(len(X)-1)
#计算卡方分布的自由度
df = len(X)-1
#卡方分布左侧临界点
a = chi2(df).isf(1-alpha)
#计算总体方差单侧置信上限
S2_up = ((X_num-1)*X_S2/a).round(5)
#计算总体标准差单侧置信上限
S_up = np.sqrt(S2_up).round(5)
print('总体方差置信水平为',confidence_level,'的单侧置信上限为',S2_up)
print('总体标准差置信水平为',confidence_level,'的单侧置信上限为',S_up)
```

输出：

总体方差置信水平为 0.95 的单侧置信上限为 0.76072

总体标准差置信水平为 0.95 的单侧置信上限为 0.87219

2.10.5　Python 在 (0-1) 分布置信区间中的应用

【例 2-38】利用例 2-26 的数据，求 p 的置信水平为 0.99 的置信区间。

代码：

```
import numpy as np
from scipy.stats import norm
#样本容量赋值
X_num = 100
#事件发生的次数赋值
A = 73
#计算样本均值
X_m = A/X_num
alpha = 0.01
```

confidence_level = 1-alpha
a = X_num+norm.isf(alpha/2)**2
b = -(2*X_num*X_m+norm.isf(alpha/2)**2)
c = X_num*X_m**2
p1 = ((-b-np.sqrt(b**2-4*a*c))/(2*a)).round(3)
p2 = ((-b+np.sqrt(b**2-4*a*c))/(2*a)).round(3)
print('p 的置信水平为',confidence_level,'的置信区间为(',p1,',',p2,')')
输出：
p 的置信水平为 0.99 的置信区间为(0.604,0.827)

知识小结

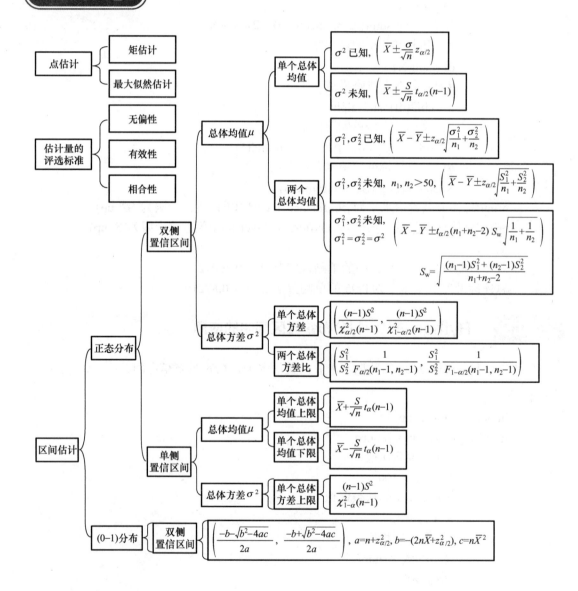

疑难公式的推导与证明

MLE 强相合性的证明

若 $\hat{\theta} = \hat{\theta}(X)$ 是参数 θ 的最大似然估计量,似然函数 $L(\theta;x)$ 在 Θ 上可导,且 $p(\theta;x)$ 是非零可识别的分布函数族,满足 $E[\log(p(\theta;X))] < \infty$,则 $\hat{\theta} \to \theta_0$ $a.s.$。其中,θ_0 是随机变量 X 服从的真实分布 $p(\theta_0;x)$ 中的参数,即 $X \sim p(\theta_0;x)$。

$p(\theta;x)$ 可识别的意思是对于任意不同参数,其对应的分布不能以概率 1 相等。

即 $\forall \theta_1 \neq \theta_2, P\{p(\theta_1;x) = p(\theta_2;x)\} < 1$

用 Kolmogorov 强大数定理证明如下。

由 $\forall \theta_1 \neq \theta_2, P\{p(\theta_1;x) = p(\theta_2;x)\} < 1$ 得到,$\log\left(\dfrac{p(\theta_1;x)}{p(\theta_2;x)}\right)$ 存在且不恒等于 0。

因此,由期望的 Jensen 不等式得到:

$$E\left[\log\left(\frac{p(\theta;X)}{p(\theta_0;X)}\right)\right] < \log\left(E\left[\frac{p(\theta;X)}{p(\theta_0;X)}\right]\right) = \log\left(\int p(\theta;x)\mathrm{d}x\right) = \log(1) = 0$$

由 $E[\log(p(\theta;x))] < \infty$ 得到:

$$E\left[\left|\log\left(\frac{p(\theta;X)}{p(\theta_0;X)}\right)\right|\right] < E\left[|\log p(\theta;X) - \log(p(\theta_0;X))|\right] \leqslant$$

$$E\left[|\log p(\theta;X))|\right] + E\left[|\log(p(\theta_0;X))|\right] < \infty$$

即 $\log\left(\dfrac{p(\theta;X)}{p(\theta_0;X)}\right)$ 的期望存在。

下面证明相合性。

任意取 $\varepsilon > 0$

$$E[\log(p(\theta+\varepsilon;X_i)) - \log(p(\theta_0;X_i))] = E\left[\log\left(\frac{p(\theta+\varepsilon;X_i)}{p(\theta_0;X_i)}\right)\right] < 0$$

由 X_i 独立同分布且 $E\left[\log\left(\dfrac{p(\theta;X)}{p(\theta_0;X)}\right)\right] < \infty$

得到其满足 Kolmogorov 强大数定理的条件,因此:

$$\frac{L(\theta_0+\varepsilon;X) - L(\theta_0;X)}{n} \to E\left[\log\left(\frac{p(\theta_0+\varepsilon;X)}{p(\theta;X)}\right)\right] < 0 \quad a.s.$$

对称地可以得到:

$$\frac{L(\theta_0-\varepsilon;X) - L(\theta_0;X)}{n} \to E\left[\log\left(\frac{p(\theta_0-\varepsilon;X)}{p(\theta;X)}\right)\right] < 0 \quad a.s.$$

由极限的保号性得到：

$\exists N \in N^*$，当 $n \geq N$ 时，

$$L(\theta_0 + \varepsilon; X) - L(\theta_0; X) < 0 \text{ 且 } L(\theta_0 - \varepsilon; X) - L(\theta_0; X) < 0 \ a.s.$$

即

$$L(\theta_0; X) = \sup_{\theta \in [\theta_0 - \varepsilon, \theta_0 + \varepsilon]} \{L(\theta; X)\}$$

由 $L(\theta; X)$ 可导得到，$L(\theta; X)$ 在 $[\theta_0 - \varepsilon, \theta_0 + \varepsilon]$ 上几乎必然存在极大值点 θ_0，由极值点定理得到：

$$\hat{\theta} = \theta_0 \in [\theta_0 - \varepsilon, \theta_0 + \varepsilon] \Rightarrow \left|\hat{\theta} - \theta_0\right| \leq \varepsilon \ a.s.$$

因此，任取一个严格递减且趋向于 0 的有理数序列 $\{\varepsilon_n\}$，且令 $A_{\varepsilon_n} = \left\{\left|\hat{\theta} - \theta_0\right| \leq \varepsilon_n\right\}$，可知：$P(A_{\varepsilon_n}) = 1$，故 $P(A_{\varepsilon 1} \cap A_{\varepsilon 2} \cap \cdots \cap A_{\varepsilon n} \cap \cdots) = 1$。

即 $\hat{\theta} \to \theta_0 \ a.s.$，证毕。

课外读物

第二次世界大战时，盟军发现德军的坦克是从 1 开始连续编号的。为了估计德军的坦克总数，他们把战场上遇到的德军坦克编号记录下来，通过分析，他们非常准确地估计了德军的坦克总数。他们是怎样估计的呢？假设德军的坦克总数为 N，已经出现被记录下的不同坦克编号的个数为 n，其中被记录下的坦克最大编号为 M，再假设样本即 n 个不同的坦克编号是随机的，若令 ξ 为 n 个编号中的最大号码，则显然

$$P\{\xi = k\} = \frac{C_{k-1}^{n-1}}{C_N^n} (k = n, n+1, \cdots, N)$$

于是

$$E\xi = \sum_{k=n}^{N} kP\{\xi = k\} = \sum_{k=n}^{N} \frac{k!/(n-1)!(k-n)!}{C_N^n} = \sum_{k=n}^{N} \frac{nC_k^n}{C_N^n} = \frac{nC_{N+1}^{n+1}}{C_N^n}$$

其中

$$\sum_{k=n}^{N} C_k^n = C_n^n + C_{n+1}^n + C_{n+2}^n + \cdots + C_N^n$$
$$= C_{n+1}^{n+1} + C_{n+1}^n + C_{n+2}^n + \cdots + C_N^n$$
$$= C_{n+2}^{n+1} + C_{n+2}^n + \cdots + C_N^n$$
$$= C_{n+3}^{n+1} + \cdots + C_N^n$$
$$= C_N^{n+1} + C_N^n$$
$$= C_{N+1}^{n+1}$$

根据矩估计的思想，令 $E\xi = \bar{X}$，注意这里对应总体 ξ 的样本就是已记录的最大编码 M。

于是有

$$\frac{nC_{N+1}^{n+1}}{C_N^n} = M$$

即

$$\frac{n(N+1)!}{(n+1)!(N-n)!} = M \frac{N!}{n!(N-n)!}$$

解之得 $\hat{N} = \left(1+\frac{1}{n}\right)M - 1$，这个结果与当时盟军用最小方差无偏估计得到的结果一致。

章节练习

一、选择题

1. 设学生身高服从正态分布，总体均值未知，现随机选 5 名学生，测得他们的身高(单位：m)为 1.67,1.70,1.56,1.75,1.72，则总体均值 μ 的矩估计值为(   )。

　A．1.58　　　　B．1.65　　　　C．1.68　　　　D．1.71

2. 设 X_1, X_2, X_3, X_4 是来自均值为 θ 的指数分布总体的样本，其中 θ 未知。下列哪个估计量是 θ 的较有效无偏估计量？(   )

　A．$T_1 = \frac{1}{3}(X_1 + X_2) + \frac{1}{6}(X_3 + X_4)$　　　　B．$T_2 = \frac{1}{5}(X_1 + 3X_2 - X_3 + 2X_4)$

　C．$T_3 = \frac{1}{2}X_1 + \frac{1}{3}X_2 + \frac{2}{3}X_3 - \frac{1}{2}X_4$　　　　D．$T_4 = \frac{1}{4}(X_1 + X_2 + X_3 + X_4)$

3. 设 $X_1, X_2, \cdots, X_n$ 是取自总体 $N(0, \sigma^2)$ 的样本，则下列可以作为 σ^2 的无偏估计量的是(   )。

　A．$\frac{1}{n}\sum_{i=1}^{n} X_i^2$　　B．$\frac{1}{n-1}\sum_{i=1}^{n} X_i^2$　　C．$\frac{1}{n}\sum_{i=1}^{n} X_i$　　D．$\frac{1}{n-1}\sum_{i=1}^{n} X_i$

4. 设总体 $X \sim N(\mu, \sigma^2)$，σ^2 未知，设总体均值 μ 的置信水平为 $1-\alpha$ 的置信区间长度为 l，那么 l 与 α 的关系是(   )。

　A．α 增大，l 增大　　　　　　　　B．α 增大，l 减小

　C．α 增大，l 不变　　　　　　　　D．α 与 l 关系不确定

5. 设有一大批产品，其废品率为 p $(0 < p < 1)$，现从中随机抽取 80 件产品，监测发现其中有 6 件废品，则 p 的最大似然估计值是(   )。

　A．0.8　　　　B．0.06　　　　C．0.075　　　　D．0.08

二、填空题

1. 设 X 服从泊松分布 $\pi(\lambda)$，随机抽取样本得到其样本均值为 17.6，则参数 λ 的最大似然估计值为_____。

2. 从一批灯泡中随机取 5 只做寿命试验，测得样本均值为 1160，样本方差为 9950，设灯泡寿命服从正态分布，则灯泡寿命均值的置信水平为 0.95 的单侧置信下限为_____。

3. 从一批灯泡中随机取 5 只做寿命稳定性试验，测得样本方差为 562，设灯泡寿命服

从正态分布，则灯泡寿命方差的置信水平为 0.95 的单侧置信上限为_____。

4．设总体 X 的分布函数 $F(x;\theta)$ 含有一个未知参数 θ，给定 $\alpha=0.03$，若反复抽样 500 次，各次得到的样本容量相等，每个样本值确定一个区间 $(\underline{\theta},\overline{\theta})$，按伯努利大数定理，在这些区间中，包含 θ 的真值的区间为_____。

5．设 $X_1,X_2,\cdots,X_n$ 来自总体 $U[\theta,\theta+5]$，测得样本均值为 3.2，则参数 θ 的矩估计值为_____。

三、计算题

1．设总体 X 在 $[0,\theta]$ 上服从均匀分布，其中 θ $(\theta>0)$ 未知，$X_1,X_2,\cdots,X_n$ 是来自 X 的一个样本，求 θ 的矩估计量。

2．设 $X_1,X_2,\cdots,X_n$ 为总体的一个样本。总体的概率密度函数为

$$f(x)=\begin{cases}\sqrt{\theta}x^{\sqrt{\theta}-1},&0\leq x\leq 1\\0,&\text{其他}\end{cases}$$

其中，θ $(\theta>0)$ 为未知参数，求未知参数 θ 的矩估计量和最大似然估计量。

3．设总体 X 具有如下分布律。

X	2	3	4
P	$2\theta(1-\theta)$	$(1-\theta)^2$	θ^2

其中，$\theta(0<\theta<1)$ 为未知参数。现取样本值 $x_1=4$，$x_2=3$，$x_3=4$，求 θ 的矩估计值和最大似然估计值。

4．设 $x_1,x_2,\cdots,x_n$ 是来自密度函数为 $p(x;\theta)=e^{-(x-\theta)}$ $(x>\theta)$ 的样本。求：

① θ 的最大似然估计 $\hat{\theta}_1$，它是不是相合估计？是不是无偏估计？

② θ 的矩估计 $\hat{\theta}_2$，它是不是相合估计？是不是无偏估计？

5．设 $X\sim N(\mu,40^2)$，$n=100$，$\overline{x}=1000$，求总体均值 μ 的置信水平为 0.95 的置信区间。

6．包糖机包装的糖包质量服从正态分布，某日开工包了 12 包糖，称得质量(单位：g)分别为 506,500,495,488,504,486,505,513,521,520,512,485。

① 假设总体标准差为 $\sigma=10$，求糖包平均质量总体均值 μ 的置信水平为 0.9 的置信区间。

② 假设总体标准差未知，求糖包平均质量总体均值 μ 的置信水平为 0.95 的置信区间。

③ 求总体方差 σ^2 的置信水平为 0.95 的置信区间。

④ 求总体标准差 σ 的置信水平为 0.95 的置信区间。

7．金球测定引力常数(单位：$10^{-11}\text{m}^3\cdot\text{kg}^{-1}\cdot\text{s}^{-2}$)，测定值服从 $N(\mu,\sigma^2)$，参数均未知。现随机测定 12 次，样本方差为 0.7，求总体方差的置信水平为 0.95 的置信区间。

8．为试验某种肥料对提高水稻产量(单位：kg)的影响，在条件相同的地域中选定相同面积的小试验田若干块，试验结果表明，施加该种肥料的 6 块试验田产量分别为 12.7,12.3,11.9,10.6,11.5,11.2；另外 5 块未施肥的试验田产量分别为 8.3,8.8,9.3,7.5,9.1。

① 假设施肥试验田产量服从 $N(\mu_1,0.6)$，未施肥试验田产量服从 $N(\mu_2,0.5)$，求 $\mu_1-\mu_2$

的一个置信水平为95%的置信区间。

② 假设施肥试验田产量服从 $N(\mu_1,\sigma_1^2)$，未施肥试验田产量服从 $N(\mu_2,\sigma_2^2)$，且总体方差 $\sigma_1^2=\sigma_2^2$，求 $\mu_1-\mu_2$ 的一个置信水平为95%的置信区间。

9. 某地为了研究农业家庭与非农业家庭的月消费状况，独立随机地调查了100户农业家庭和100户非农业家庭，经计算农业家庭平均每月消费4500元，标准差为530元；非农业家庭平均每月消费5140元，标准差为835元。已知农业家庭人数和非农业家庭人数分别服从 $N(\mu_1,\sigma_1^2)$，$N(\mu_2,\sigma_2^2)$，试求 $\mu_1-\mu_2$ 的一个置信水平为98%的置信区间。

10. 一植物学家研究某种溶剂对花期(单位：d)的影响，将同一品种的花分为两组，A组使用溶剂，B组不使用溶剂，在其他条件相同的情况下，观测两组花期，得到数据表2-4。

表2-4 花期数据统计表

A组花期/月	8	7	8	9	10	7	9	9	10	11	8	9	10	9	8	8	7	9	8	10	9
B组花期/月	7	6	7	8	7	5	6	8	9	7	6	6	7	8	9	8					

经检验两组花期分别来自正态总体 $N(\mu_1,\sigma_1^2)$，$N(\mu_2,\sigma_2^2)$，试求总体方差比的置信水平为0.9的置信区间。

11. 在某电视节目收视率调查中，调查1000家用户，其中有634家用户收看了该电视节目，试求该节目收视率 p 的置信水平为0.98的置信区间。

第3章 假设检验

在总体的分布函数完全未知或只知其形式而不知其参数的情况下，有时为了推断总体的某些性质，需要提出某些关于总体的假设，如：对于正态总体提出数学期望等于 μ_0 的假设，总体服从泊松分布的假设。这时，我们需要通过样本来对假设进行检验，假设检验就是根据样本对所提出的假设作出判断：是接受，还是拒绝。假设检验问题是统计推断的一类重要问题。如何利用样本值对一个具体的假设进行检验，这就是本章要解决的问题。

3.1 假设检验基本概念

假设检验的基本思想与方法

在引入假设检验基本概念之前，我们先看一个简单例子。

【例 3-1】某车间用一台包装机包装茶叶，包得的袋装茶叶质量是一个随机变量，它服从正态分布。当机器正常时，其均值为 200g，标准差为 0.5g。某日开工后为检验包装机是否正常，随机地抽取它所包装的茶叶 10 袋，称得净重为(单位：g)200.5,200.1,199.6,200.0,199.3,199.9,200.4,200.1,199.7,200.2。

问：包装机工作是否正常？

针对这个问题，我们用 μ 和 σ 分别表示这天袋装茶叶的质量总体 X 的均值和标准差。

由长期实践可知，标准差较稳定，设 $\sigma = 0.5$，则 $X \sim N(\mu, 0.5^2)$，其中 μ 未知。判断包装机工作是否正常，需要根据样本值判断 $\mu = 0.5$ 还是 $\mu \neq 0.5$，于是提出两个对立假设 $H_0: \mu = \mu_0 = 0.5$ 和 $H_1: \mu \neq \mu_0$。

接下来，我们将利用已知样本做出判断：是接受假设 H_0 (拒绝假设 H_1)，还是拒绝假设 H_0 (接受假设 H_1)。

如果作出的判断是接受 H_0，则 $\mu = \mu_0$，即认为包装机工作正常；如果作出的判断是拒绝 H_0，接受 H_1，则 $\mu \neq \mu_0$，即认为包装机工作不正常。

由于要检验的假设涉及总体均值，故可借助于样本均值来判断。由第 2 章可知 $\bar{X}$ 是 μ 的无偏估计量，因此 $\bar{X}$ 的观测值 $\bar{x}$ 的大小在一定程度上反映 μ 的大小。若 H_0 为真，则 $|\bar{x} - \mu_0|$ $|\bar{x} - \mu_0|$ 不应太大。若 $|\bar{x} - \mu_0|$ 过分大，则我们就怀疑 H_0 的正确性，从而拒绝 H_0。衡量 $|\bar{x} - \mu_0|$ 的大小可归结为衡量 $\dfrac{|\bar{x} - \mu_0|}{\sigma/\sqrt{n}}$ 的大小。于是可以选定一个适当的正数 k，当观测值 $\bar{x}$ 满足 $\dfrac{|\bar{x} - \mu_0|}{\sigma/\sqrt{n}} \geq k$ 时，拒绝假设 H_0。反之，当观测值 $\bar{x}$ 满足 $\dfrac{|\bar{x} - \mu_0|}{\sigma/\sqrt{n}} < k$ 时，接受假设 H_0。

因为当 H_0 为真时，$Z = \dfrac{\overline{X} - \mu_0}{\sigma/\sqrt{n}} \sim N(0,1)$，由标准正态分布上侧分位点的定义，选取 $k = z_{\alpha/2}$，当 $\left|\dfrac{\overline{x} - \mu_0}{\sigma/\sqrt{n}}\right| \geq z_{\alpha/2}$ 时，拒绝 H_0；当 $\left|\dfrac{\overline{x} - \mu_0}{\sigma/\sqrt{n}}\right| < z_{\alpha/2}$ 时，接受 H_0。

例 3-1 中，若取定 $\alpha = 0.05$，则 $k = z_{\alpha/2} = z_{0.025} = 1.96$。又已知 $n = 10$，$\sigma = 0.5$，由样本算得 $\overline{x} = 199.98$，有 $\left|\dfrac{\overline{x} - \mu_0}{\sigma/\sqrt{n}}\right| = \dfrac{|199.98 - 200|}{0.5/\sqrt{10}} \approx 0.1265 < 1.96$，于是接受假设 H_0，认为包装机工作正常。

以上所采取的检验法是符合实际推断原理的。所谓实际推断原理是指小概率事件在一次试验中几乎是不可能发生的。由于通常 α 总是取得很小，一般取 $\alpha = 0.01$，$\alpha = 0.05$，因而当 H_0 为真时，即 $\mu = \mu_0$ 时，$\left\{\dfrac{\overline{X} - \mu_0}{\sigma/\sqrt{n}} \geq z_{\alpha/2}\right\}$ 是一个小概率事件，根据实际推断原理，就可以认为如果 H_0 为真，由一次试验得到满足不等式 $\left|\dfrac{\overline{x} - \mu_0}{\sigma/\sqrt{n}}\right| \geq z_{\alpha/2}$ 的观测值 $\overline{x}$，几乎是不会发生的。

在一次试验中，如果观测值 $\overline{x}$ 满足不等式 $\left|\dfrac{\overline{x} - \mu_0}{\sigma/\sqrt{n}}\right| \geq z_{\alpha/2}$，则我们有理由怀疑原来的假设 H_0 的正确性，因而拒绝 H_0；若观测值 $\overline{x}$ 满足不等式 $\left|\dfrac{\overline{x} - \mu_0}{\sigma/\sqrt{n}}\right| < z_{\alpha/2}$，则没有理由拒绝假设 H_0，因而接受 H_0。

在上述讨论中，涉及假设检验的一些基本概念。

(1) 检验统计量

统计量 $Z = \dfrac{\overline{X} - \mu_0}{\sigma/\sqrt{n}}$ 称为检验统计量，$z = \dfrac{\overline{x} - \mu_0}{\sigma/\sqrt{n}}$ 称为检验统计量的观测值。

(2) 显著性水平

当样本容量固定时，选定 α 后，k 就可以确定，然后按照检验统计量 $Z = \dfrac{\overline{X} - \mu_0}{\sigma/\sqrt{n}}$ 的观测值的绝对值大于或等于 k 还是小于 k 来做决定。

如果 $|z| = \left|\dfrac{\overline{x} - \mu_0}{\sigma/\sqrt{n}}\right| \geq k$，则称 $\overline{x}$ 与 μ_0 的差异是显著的，则我们拒绝 H_0；反之，如果 $|z| = \left|\dfrac{\overline{x} - \mu_0}{\sigma/\sqrt{n}}\right| < k$，则称 $\overline{x}$ 与 μ_0 的差异是不显著的，则我们接受 H_0，α 称为显著性水平。

上述关于 $\overline{x}$ 与 μ_0 有无显著差异的判断是在显著性水平 α 之下做出的。

(3) 原假设与备择假设

假设检验问题通常叙述为在显著性水平 α 下，检验假设 H_0：$\mu = \mu_0$，H_1：$\mu \neq \mu_0$，或称为在显著性水平 α 下，针对 H_1 检验 H_0，H_0 称为原假设或零假设，H_1 称为备择假设。

(4) 拒绝域与临界点

当检验统计量取某个区域 C 中的值时，我们拒绝原假设 H_0，则称区域 C 为拒绝域，拒绝域的边界点称为临界点。

如例 3-1 中，拒绝域为 $|z| \geq z_{\alpha/2}$，临界点为 $z = -z_{\alpha/2}$，$z = z_{\alpha/2}$。Z 检验的双边检验拒绝域如图 3-1 所示。

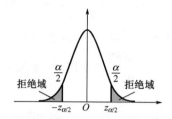

图 3-1 Z 检验的双边检验拒绝域

(5) 两类错误及记号

假设检验的依据是小概率事件在一次试验中很难发生，但很难发生不等于不发生，因而假设检验所作出的结论有可能是错误的。这种错误有以下两类。

① 当原假设 H_0 为真，观测值却落入拒绝域，作出了拒绝 H_0 的判断时，称为第一类错误，又称弃真错误，这类错误是"以真为假"。犯第一类错误的概率是显著性水平 α。

② 当原假设 H_0 不真，观测值却落入接受域，作出了接受 H_0 的判断时，称为第二类错误，又称取伪错误，这类错误是"以假为真"。犯第二类错误的概率记为

$$P\{当 H_0 不真接受 H_0\} 或 P_{\mu \in H_1}\{接受 H_0\}$$

当样本容量 n 一定时，若减小犯第一类错误的概率，则犯第二类错误的概率往往增大。若要使犯两类错误的概率都减小，可以增加样本容量。

(6) 显著性检验

只对犯第一类错误的概率加以控制，而不考虑犯第二类错误的概率的检验，称为显著性检验。

(7) 双边备择假设与双边假设检验

在 H_0: $\mu = \mu_0$，H_1: $\mu \neq \mu_0$ 中，备择假设 H_1 表示 μ 可能大于 μ_0 也可能小于 μ_0，称为双边备择假设，形如 H_0: $\mu = \mu_0$，H_1: $\mu \neq \mu_0$ 的假设检验称为双边假设检验。

(8) 右边检验与左边检验

形如 H_0: $\mu \leq \mu_0$，H_1: $\mu > \mu_0$ 的假设检验称为右边检验。

形如 H_0: $\mu \geq \mu_0$，H_1: $\mu < \mu_0$ 的假设检验称为左边检验。

右边检验与左边检验统称为单边检验。

(9) 单边检验的拒绝域

设总体 $X \sim N(\mu, \sigma^2)$，σ^2 为已知，$X_1, X_2, \cdots, X_n$ 是来自总体 X 的样本，给定显著性水平 α，则

① 右边检验的拒绝域为 $z = \dfrac{\overline{x} - \mu_0}{\sigma/\sqrt{n}} \geq z_\alpha$；

② 左边检验的拒绝域为 $z = \dfrac{\overline{x} - \mu_0}{\sigma/\sqrt{n}} \leq -z_\alpha$。

证明①：右边检验的拒绝域为 $z = \dfrac{\overline{x} - \mu_0}{\sigma/\sqrt{n}} \geq z_\alpha$。

取检验统计量 $Z = \dfrac{\overline{X} - \mu_0}{\sigma/\sqrt{n}}$，因 H_0 中的全部 μ 都比 H_1 中的 μ 要小，当 H_1 为真时，观测值 $\bar{x}$ 往往偏大，因此拒绝域的形式为 $\bar{x} \geqslant k$，k 为待定正常数。

$$P\{H_0 \text{ 为真拒绝 } H_0\} = P_{\mu \in H_0}\{\overline{X} \geqslant k\} = P_{\mu \leqslant \mu_0}\left\{\dfrac{\overline{X} - \mu_0}{\sigma/\sqrt{n}} \geqslant \dfrac{k - \mu_0}{\sigma/\sqrt{n}}\right\}$$

由于 $\mu \leqslant \mu_0$，有

$$\dfrac{\overline{X} - \mu}{\sigma/\sqrt{n}} \geqslant \dfrac{\overline{X} - \mu_0}{\sigma/\sqrt{n}}$$

事件 $\left\{\dfrac{\overline{X} - \mu_0}{\sigma/\sqrt{n}} \geqslant \dfrac{k - \mu_0}{\sigma/\sqrt{n}}\right\} \subset \left\{\dfrac{\overline{X} - \mu}{\sigma/\sqrt{n}} \geqslant \dfrac{k - \mu_0}{\sigma/\sqrt{n}}\right\}$

于是

$$P_{\mu \leqslant \mu_0}\left\{\dfrac{\overline{X} - \mu_0}{\sigma/\sqrt{n}} \geqslant \dfrac{k - \mu_0}{\sigma/\sqrt{n}}\right\} \leqslant P_{\mu \leqslant \mu_0}\left\{\dfrac{\overline{X} - \mu}{\sigma/\sqrt{n}} \geqslant \dfrac{k - \mu_0}{\sigma/\sqrt{n}}\right\}$$

要控制 $P\{H_0 \text{ 为真拒绝 } H_0\} \leqslant \alpha$，只需令

$$P_{\mu \leqslant \mu_0}\left\{\dfrac{\overline{X} - \mu}{\sigma/\sqrt{n}} \geqslant \dfrac{k - \mu_0}{\sigma/\sqrt{n}}\right\} = \alpha$$

因为 $\dfrac{\overline{X} - \mu}{\sigma/\sqrt{n}} \sim N(0,1)$，所以令 $\dfrac{k - \mu_0}{\sigma/\sqrt{n}} = z_\alpha$，$k = \mu_0 + \dfrac{\sigma}{\sqrt{n}} z_\alpha$，故右边检验的拒绝域为 $\bar{x} \geqslant \mu_0 + \dfrac{\sigma}{\sqrt{n}} z_\alpha$，即 $z = \dfrac{\bar{x} - \mu_0}{\sigma/\sqrt{n}} \geqslant z_\alpha$。

Z 检验的右边检验拒绝域如图 3-2 所示。

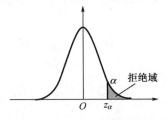

图 3-2　Z 检验的右边检验拒绝域

证明②：左边检验的拒绝域为 $z = \dfrac{\bar{x} - \mu_0}{\sigma/\sqrt{n}} \leqslant -z_\alpha$。

拒绝域的形式为 $z = \dfrac{\bar{x} - \mu_0}{\sigma/\sqrt{n}} \leqslant k$，$k$ 待定。

由 $P\{H_0 \text{ 为真拒绝 } H_0\} = P_{\mu \geqslant \mu_0}\left\{\dfrac{\bar{x} - \mu_0}{\sigma/\sqrt{n}} \leqslant k\right\} = \alpha$，得 $k = -z_\alpha$，故左边检验的拒绝域为 $z = \dfrac{\bar{x} - \mu_0}{\sigma/\sqrt{n}} \leqslant -z_\alpha$。

Z 检验的左边检验拒绝域如图 3-3 所示。

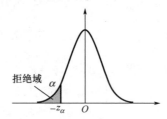

图 3-3　Z 检验的左边检验拒绝域

综上所述，假设检验分为四个步骤。

第一步：根据实际问题的需要，提出原假设 H_0 和备择假设 H_1（一般情况下，备择假设 H_1 刻画的是小概率事件，用 H_1 检验 H_0）。

第二步：选取合适的检验统计量（检验统计量的分布不依赖于未知参数），并根据 H_1 的表达形式确定是双边检验还是单边检验，以此确定拒绝域。

第三步：根据样本观测值，计算检验统计量的观测值，对于给定的显著性水平 α，得到临界点值。

第四步：利用拒绝域形式判断是接受 H_0 还是拒绝 H_0。

3.2　单个正态总体均值的假设检验

3.2.1　当 σ^2 已知时，关于 μ 的检验

单个正态总体参数的假设检验

设总体 $X \sim N(\mu, \sigma^2)$，$X_1, X_2, \cdots, X_n$ 为来自总体 X 的样本，$x_1, x_2, \cdots, x_n$ 为样本观测值，μ_0 为已知常数，对均值 μ 的检验一般有以下三种形式。

① 双边检验。

$$H_0: \mu = \mu_0, \quad H_1: \mu \neq \mu_0$$

② 右边检验。

$$H_0: \mu \leqslant \mu_0, \quad H_1: \mu > \mu_0$$

③ 左边检验。

$$H_0: \mu \geqslant \mu_0, \quad H_1: \mu < \mu_0$$

当 σ^2 已知时，以上三种形式的假设检验拒绝域分别为

$$|z| = \left| \frac{\bar{x} - \mu_0}{\sigma / \sqrt{n}} \right| \geqslant z_{\alpha/2} \tag{3-1}$$

$$z = \frac{\bar{x} - \mu_0}{\sigma / \sqrt{n}} \geqslant z_{\alpha} \tag{3-2}$$

$$z = \frac{\bar{x} - \mu_0}{\sigma / \sqrt{n}} \leqslant -z_{\alpha} \tag{3-3}$$

上述检验统计量 $Z = \dfrac{\overline{X} - \mu_0}{\sigma/\sqrt{n}}$ 服从标准正态分布，故称此假设检验方法为 Z 检验法。

【例 3-2】某车间用一台包装机包装葡萄糖，包得的袋装糖质量是一个随机变量，它服从正态分布。当机器正常时，其均值为 0.5kg，标准差为 0.015kg。某日开工后为检验包装机是否正常，随机地抽取这台机器所包装的糖 9 袋，称得净重为(单位：kg)：0.497,0.506,0.518, 0.524,0.498,0.511,0.520,0.515,0.512。问：机器是否正常工作？取显著性水平为 0.05。

解：H_0：$\mu = \mu_0 = 0.5$，H_0：$\mu = \mu_0$ (双边检验问题)。

拒绝域为 $|z| = \left|\dfrac{\overline{x} - \mu_0}{\sigma/\sqrt{n}}\right| \geq z_{\alpha/2}$，计算检验统计量的观测值 $z = \dfrac{\overline{x} - \mu_0}{\sigma/\sqrt{n}} = \dfrac{0.511 - 0.5}{0.015/\sqrt{9}} = 2.2$，取 $\alpha = 0.05$，$z_{0.05/2} = 1.96$。

由于 $2.2 > 1.96$，判断样本点落在拒绝域内，即在显著性水平为 0.05 的条件下拒绝 H_0，认为包装机工作不正常。

【例 3-3】公司从生产商购买牛奶。公司怀疑生产商在牛奶中掺水以牟利。通过测定牛奶的冰点，可以检验出牛奶是否掺水。天然牛奶的冰点温度近似服从正态分布，总体均值为 -0.545℃，总体标准差为 0.008℃。牛奶掺水可使冰点温度升高而接近于水的冰点温度 0℃。测得生产商提交的 5 批牛奶的冰点温度，其样本均值为 -0.535℃。问：是否可以认为生产商在牛奶中掺了水？取显著性水平为 0.05。

解：H_0：$\mu \leq \mu_0 = -0.545$(即牛奶未掺水)，H_1：$\mu > \mu_0$(即牛奶已掺水)。

拒绝域为 $z = \dfrac{\overline{x} - \mu_0}{\sigma/\sqrt{n}} \geq z_\alpha$，计算检验统计量的观测值 $z = \dfrac{\overline{x} - \mu_0}{\sigma/\sqrt{n}} = \dfrac{-0.535 - (-0.545)}{0.008/\sqrt{5}} \approx 2.7951$，取 $\alpha = 0.05$，$z_{0.05} = 1.645$。

由于 $2.7951 > 1.645$，判断样本点落在拒绝域内，即在显著性水平为 0.05 的条件下拒绝 H_0，认为生产商在牛奶中掺了水。

3.2.2 当 σ^2 未知时，关于 μ 的检验

设总体 $X \sim N(\mu, \sigma^2)$，其中 μ 和 σ^2 未知，显著性水平为 α。

下面讨论双边检验问题 H_0：$\mu = \mu_0$，H_1：$\mu \neq \mu_0$ 的拒绝域。

设 $X_1, X_2, \cdots, X_n$ 为来自总体 X 的样本，因为 σ^2 未知，不能利用 $\dfrac{\overline{x} - \mu_0}{\sigma/\sqrt{n}}$ 来确定拒绝域。因为 S^2 是 σ^2 的无偏估计量，故用 S 来取代 σ，即采用 $T = \dfrac{\overline{X} - \mu_0}{S/\sqrt{n}}$ 作为检验统计量。

当观测值 $|t| = \left|\dfrac{\overline{x} - \mu_0}{S/\sqrt{n}}\right|$ 过分大时就拒绝 H_0，拒绝域的形式为 $|t| = \left|\dfrac{\overline{x} - \mu_0}{S/\sqrt{n}}\right| \geq k$。当 H_0 为真时，$\dfrac{\overline{X} - \mu_0}{S/\sqrt{n}} \sim t(n-1)$。$P\{$当 H_0 为真，拒绝 $H_0\} = P_{\mu_0}\left\{\left|\dfrac{\overline{X} - \mu_0}{S/\sqrt{n}}\right| \geq k\right\} = \alpha$，取 $k = t_{\alpha/2}(n-1)$，故拒绝域为

$$|t| = \left|\frac{\bar{x} - \mu_0}{s/\sqrt{n}}\right| \geq t_{\alpha/2}(n-1) \tag{3-4}$$

上述利用 T 统计量得出的检验法称为 T 检验法。T 检验法的双边检验拒绝域如图 3-4 所示。

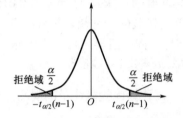

图 3-4　T 检验法的双边检验拒绝域

类似 Z 检验法，同法得到当 σ^2 未知时，总体均值 μ 的右边检验的拒绝域为

$$t = \frac{\bar{x} - \mu_0}{s/\sqrt{n}} \geq t_\alpha(n-1) \tag{3-5}$$

左边检验的拒绝域为

$$t = \frac{\bar{x} - \mu_0}{s/\sqrt{n}} \leq -t_\alpha(n-1) \tag{3-6}$$

当 σ^2 未知时，T 检验法的右边检验拒绝域，T 检验法的左边检验拒绝域如图 3-5 和图 3-6 所示。

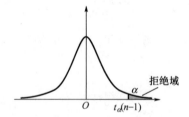 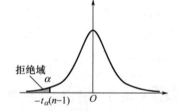

图 3-5　T 检验法的右边检验拒绝域　　　　图 3-6　T 检验法的左边检验拒绝域

在实际中，正态总体的方差常为未知，所以我们常用 T 检验法来解决关于正态总体均值的检验问题。

【例 3-4】某切割机在正常工作时，切割每段金属棒的平均长度为 10cm，今从一批产品中随机抽取 8 段进行测量，其结果(单位：cm)为 10.16,10.21,9.96,9.87,10.05,10.02,9.77,9.89。假定切割的长度服从正态分布，取 $\alpha = 0.05$，试问该切割机工作是否正常？

解：$X \sim N(\mu, \sigma^2)$，其中 σ^2 未知，用 T 检验法进行检验。H_0：$\mu = \mu_0 = 10$，H_1：$\mu \neq 10$。

拒绝域为 $|t| = \left|\dfrac{\bar{x} - \mu_0}{s/\sqrt{n}}\right| \geq t_{\alpha/2}(n-1)$。

计算检验统计量的观测值

$$|t| = \left|\frac{\bar{x} - \mu_0}{s/\sqrt{n}}\right| = \left|\frac{9.99125 - 10}{0.149/\sqrt{8}}\right| \approx 0.166$$

取 $\alpha = 0.05$，$t_{\alpha/2}(n-1) = t_{0.025}(7) = 2.365$。因为 $-2.365 < 0.166 < 2.365$，所以在显著性水平为 0.05 的条件下接受 H_0，认为该切割机切割的金属棒的平均长度为 10cm，工作正常。

【例 3-5】 某种电子元件的寿命 X (单位：h) 服从正态分布，μ 和 σ^2 均为未知。现测得 7 只元件的寿命为 $186, 214, 222, 318, 199, 320, 247$。问：是否有理由认为元件的平均寿命大于 200h？(取 $\alpha = 0.05$)

解：本题需要检验元件的平均寿命是否大于 200h，因此用右边检验。

H_0: $\mu \leq \mu_0 = 200$，H_1: $\mu > 200$，拒绝域为 $t = \dfrac{\bar{x} - \mu_0}{s/\sqrt{n}} \geq t_\alpha(n-1)$。

计算检验统计量的观测值

$$t = \frac{\bar{x} - \mu_0}{s/\sqrt{n}} = \frac{243.7143 - 200}{54.823/\sqrt{7}} \approx 2.1096$$

取 $\alpha = 0.05$，$t_{0.05}(6) = 1.943$。因为 $2.1096 > 1.943$，所以在显著性水平为 0.05 的条件下拒绝 H_0，认为元件的平均寿命大于 200h。

3.3 两个正态总体均值的假设检验

3.3.1 两个独立的正态总体均值差的假设检验

设 $X_1, X_2, \cdots, X_{n_1}$ 为来自正态总体 $N(\mu_1, \sigma_1^2)$ 的样本，$Y_1, Y_2, \cdots, Y_{n_2}$ 为来自正态总体 $N(\mu_2, \sigma_2^2)$ 的样本，且两个样本独立，μ_1，μ_2 均为未知。$\bar{X}$，$\bar{Y}$ 分别是总体的样本均值，S_1^2，S_2^2 是样本方差。

两个正态总体参数的假设检验

(1) 假设 σ_1^2 和 σ_2^2 已知，讨论两个正态总体的均值差问题

① 双边检验问题 H_0: $\mu_1 - \mu_2 = \delta$，H_1: $\mu_1 - \mu_2 \neq \delta$。

因为

$$\frac{(\bar{X} - \bar{Y}) - (\mu_1 - \mu_2)}{\sqrt{\dfrac{\sigma_1^2}{n_1} + \dfrac{\sigma_2^2}{n_2}}} \sim N(0, 1)$$

其拒绝域的形式为

$$\left| \frac{(\bar{X} - \bar{Y}) - \delta}{\sqrt{\dfrac{\sigma_1^2}{n_1} + \dfrac{\sigma_2^2}{n_2}}} \right| \geq k$$

$$P\{H_0 \text{ 为真，拒绝 } H_0\} = P_{\mu_1 = \mu_2} \left\{ \left| \frac{(\bar{X} - \bar{Y}) - \delta}{\sqrt{\dfrac{\sigma_1^2}{n_1} + \dfrac{\sigma_2^2}{n_2}}} \right| \geq k \right\} = \alpha$$

取 $k = z_{\alpha/2}$，得到拒绝域为

$$\left|\frac{(\bar{X}-\bar{Y})-\delta}{\sqrt{\frac{\sigma_1^2}{n_1}+\frac{\sigma_2^2}{n_2}}}\right| \geqslant z_{\alpha/2} \qquad (3\text{-}7)$$

② 右边检验问题 H_0：$\mu_1-\mu_2 \leqslant \delta$，$H_1$：$\mu_1-\mu_2 > \delta$。

同法，右边检验问题的拒绝域为

$$\frac{(\bar{X}-\bar{Y})-\delta}{\sqrt{\frac{\sigma_1^2}{n_1}+\frac{\sigma_2^2}{n_2}}} \geqslant z_{\alpha} \qquad (3\text{-}8)$$

③ 左边检验问题 H_0：$\mu_1-\mu_2 \geqslant \delta$，$H_1$：$\mu_1-\mu_2 < \delta$。

同法，左边检验问题的拒绝域为

$$\frac{(\bar{X}-\bar{Y})-\delta}{\sqrt{\frac{\sigma_1^2}{n_1}+\frac{\sigma_2^2}{n_2}}} \leqslant -z_{\alpha} \qquad (3\text{-}9)$$

(2) 假设两个总体的方差相等，即 $\sigma_1^2 = \sigma_2^2 = \sigma^2$。讨论两个正态总体的均值差问题

① 双边检验问题 H_0：$\mu_1-\mu_2 = \delta$，H_1：$\mu_1-\mu_2 \neq \delta$。

因为

$$T = \frac{(\bar{X}-\bar{Y})-(\mu_1-\mu_2)}{S_w\sqrt{\frac{1}{n_1}+\frac{1}{n_2}}} \sim t(n_1+n_2-2)$$

其中，

$$S_w = \sqrt{\frac{(n_1-1)S_1^2+(n_2-1)S_2^2}{n_1+n_2-2}}$$

其拒绝域的形式为

$$|t| = \left|\frac{(\bar{x}-\bar{y})-\delta}{s_w\sqrt{\frac{1}{n_1}+\frac{1}{n_2}}}\right| \geqslant k$$

$$P\{H_0 \text{ 为真}, 拒绝 H_0\} = P_{\mu_1=\mu_2}\left\{\left|\frac{(\bar{X}-\bar{Y})-\delta}{S_w\sqrt{\frac{1}{n_1}+\frac{1}{n_2}}}\right| \geqslant k\right\} = \alpha$$

取 $k = t_{\alpha/2}(n_1+n_2-2)$，得到拒绝域为

$$|t| = \left|\frac{(\bar{x}-\bar{y})-\delta}{s_w\sqrt{\frac{1}{n_1}+\frac{1}{n_2}}}\right| \geqslant t_{\alpha/2}(n_1+n_2-2) \qquad (3\text{-}10)$$

② 右边检验问题 H_0：$\mu_1-\mu_2 \leqslant \delta$，$H_1$：$\mu_1-\mu_2 > \delta$。

同法，右边检验问题的拒绝域为

$$t = \frac{(\bar{x} - \bar{y}) - \delta}{s_w \sqrt{\dfrac{1}{n_1} + \dfrac{1}{n_2}}} \geq t_\alpha(n_1 + n_2 - 2) \tag{3-11}$$

③ 左边检验问题 H_0：$\mu_1 - \mu_2 \geq \delta$，$H_1$：$\mu_1 - \mu_2 < \delta$。

同法，左边检验问题的拒绝域为

$$t = \frac{(\bar{x} - \bar{y}) - \delta}{s_w \sqrt{\dfrac{1}{n_1} + \dfrac{1}{n_2}}} \leq -t_\alpha(n_1 + n_2 - 2) \tag{3-12}$$

【例 3-6】用两种方法(A 和 B)测定冰自 $-0.72°C$ 转变为 $0°C$ 的水的融化热，数据见表 3-1。

表 3-1　方法 A 和方法 B 融化热数据　　　　　　　　单位：cal/g

方法 A	78.87	80.01	80.15	79.92	80.03	80.05	
方法 B	80.00	79.84	78.98	79.93	79.94	80.03	79.90

设这两个样本相互独立，且分别来自正态总体 $N(\mu_A, \sigma^2)$ 和 $N(\mu_B, \sigma^2)$，μ_A, μ_B, σ^2 均未知。取 $\alpha = 0.05$，试检验假设 H_0：$\mu_A - \mu_B \leq 0$，H_1：$\mu_A - \mu_B > 0$。

解：检验假设 H_0：$\mu_A - \mu_B \leq 0$，H_1：$\mu_A - \mu_B > 0$。拒绝域为

$$t = \frac{(\bar{x} - \bar{y}) - \delta}{s_w \sqrt{\dfrac{1}{n_1} + \dfrac{1}{n_2}}} \geq t_\alpha(n_1 + n_2 - 2)$$

$n_1 = 6$，$\bar{x}_A \approx 79.8383$，$s_A^2 \approx 0.2305$，$n_2 = 7$，$\bar{x}_B \approx 79.8029$，$s_B^2 \approx 0.1356$

$$s_w = \sqrt{\frac{(n_1 - 1)s_A^2 + (n_2 - 1)s_B^2}{n_1 + n_2 - 2}} \approx 0.4227$$

$$t = \frac{\bar{x}_A - \bar{x}_B - 0}{s_w \sqrt{1/n_1 + 1/n_2}} \approx 0.1505$$

取 $\alpha = 0.05$，查附表 4 得 $t_{0.05}(11) = 1.796$。因 $0.1505 < 1.796$，在显著性水平为 0.05 的条件下接受 H_0，认为方法 A 比方法 B 测得的融化热要小。

3.3.2　成对数据的假设检验

有时为了比较两种产品、两种仪器或两种方法的差异，我们常在相同的条件下做对比试验，得到一批成对的观测值，然后分析数据作出推断，这种方法常称为逐对比较法。

已知 $(X_1, Y_1), (X_2, Y_2), \cdots, (X_n, Y_n)$ 为 n 组随机样本，$(x_1, y_1), (x_2, y_2), \cdots, (x_n, y_n)$ 为观测值。设 $d_i = x_i - y_i$ $(i = 1, 2, \cdots, n)$，$d_1, d_2, \cdots, d_n$ 服从正态总体 $N(\mu_d, \sigma^2)$，μ_d 和 σ^2 均为未知，$\bar{d}$ 为样本均值，s_d 为标准差。

成对数据的假设检验问题转化为单个正态总体均值检验问题，由此可得成对数据的双边检验问题 H_0: $\mu_d = \delta$，H_1: $\mu_d \neq \delta$ 的拒绝域为

$$|t| = \left|\frac{\bar{d} - \delta}{s_d / \sqrt{n}}\right| \geq t_{\alpha/2}(n-1) \tag{3-13}$$

成对数据的右边检验问题 H_0: $\mu_d \leq \delta$，H_1: $\mu_d > \delta$ 的拒绝域为

$$t = \frac{\bar{d} - \delta}{s_d / \sqrt{n}} \geq t_{\alpha}(n-1) \tag{3-14}$$

成对数据的左边检验问题 H_0: $\mu_d \geq \delta$，H_1: $\mu_d < \delta$ 的拒绝域为

$$t = \frac{\bar{d} - \delta}{s_d / \sqrt{n}} \leq -t_{\alpha}(n-1) \tag{3-15}$$

【例 3-7】有两种仪器 A 和 B，用来测量水果含糖量，为鉴定它们的测量结果有无显著差异，准备了 10 种水果，现在分别用这两种仪器对每一种水果测量一次，得到 10 对观测值，数据见表 3-2。

表 3-2　仪器 A 和仪器 B 测量水果含糖量数据

x /%	0.23	0.34	0.41	0.52	0.58	0.62	0.72	0.88	0.6	0.66
y /%	0.19	0.31	0.46	0.48	0.51	0.57	0.79	0.79	0.52	0.58
$d = x - y$ /%	0.04	0.03	−0.05	0.04	0.07	0.05	−0.07	0.09	0.08	0.08

两种仪器对同一种水果测出一对数据，而同一对数据中两个数据的差异则可看成是仅由这两种仪器性能的差异所引起的。设 $d_i = x_i - y_i$ ($i = 1, 2, \cdots, 10$) 是来自正态总体 $N(\mu_d, \sigma^2)$ 的样本，μ_d 和 σ^2 均为未知。取 $\alpha = 0.01$，问：能否认为这两种仪器的测量结果无显著差异？

解：检验假设 H_0: $\mu_d = \delta = 0$，H_1: $\mu_d \neq 0$，其拒绝域为 $|t| = \left|\dfrac{\bar{d} - 0}{s_d / \sqrt{n}}\right| \geq t_{\alpha/2}(n-1)$。

由数据 $n = 10$，$\bar{d} = 0.036$，$s \approx 0.0546$，得 $|t| \approx 2.085$。

取 $\alpha = 0.01$，查表得 $t_{\alpha/2}(n) = t_{0.005}(9) = 3.250$。

因 $2.085 < 3.250$，故在显著性水平为 0.01 的条件下接受 H_0，认为这两种仪器的测量结果无显著差异。

【例 3-8】为了研究人对红光或绿光的反应时间是否存在差异，研究员利用一台仪器做试验：当仪器点亮红光或绿光时，启动计时器，受试者见到红光或绿光点亮时，按下按钮切断计时器，从而测得受试者见到红光或绿光的反应时间，测量数据见表 3-3。

表 3-3　人对红光和绿光反应时间数据

红光 x	0.30	0.23	0.41	0.53	0.24	0.36	0.38	0.51
绿光 y	0.43	0.32	0.58	0.46	0.27	0.41	0.38	0.61
$d = x - y$	−0.13	−0.09	−0.17	0.07	−0.03	−0.05	0.00	−0.10

设 $d_i = x_i - y_i$ ($i = 1, 2, \cdots, 8$) 是来自正态总体 $N(\mu_d, \sigma^2)$ 的样本，μ_d 和 σ^2 均为未知。取

$\alpha = 0.05$，试检验假设 H_0：$\mu_d \geq 0$，H_1：$\mu_d < 0$。

解：H_0：$\mu_d \geq 0$，H_1：$\mu_d < 0$，拒绝域为 $t = \dfrac{\overline{d} - \delta}{s_d/\sqrt{n}} \leq -t_\alpha(n-1)$。

$n = 8$，$\overline{d} = -0.0625$，$s_d \approx 0.0765$，$t = \dfrac{\overline{d}}{s_d/\sqrt{n}} \approx -2.311$。

取 $\alpha = 0.05$，查表得 $-t_\alpha(n-1) = -t_{0.05}(7) = -1.895$。因 $-2.311 < -1.895$，故在显著性水平为 0.05 的条件下拒绝 H_0，认为人对红光的反应时间小于对绿光的反应时间，即人对红光的反应要比绿光快。

3.4 单个正态总体方差的假设检验

在工业生产过程中，质量检测部门会定期检验产品的精度是否达到行业标准，例如某自动车床生产的产品尺寸服从正态分布，按规定产品尺寸的方差不得超过 0.2，为检验该自动车床的工作精度，随机取 20 件产品，测得样本均值和样本方差。问：该自动车床生产的产品是否达到所要求的精度？像这样的问题我们将利用总体方差的假设检验方法来解决。

设总体 $X \sim N(\mu, \sigma^2)$，μ 和 σ^2 均为未知，$X_1, X_2, \cdots, X_n$ 为来自总体 X 的样本。

① 双边检验 H_0：$\sigma^2 = \sigma_0^2$，H_1：$\sigma^2 \neq \sigma_0^2$，σ_0 为已知常数。

设显著性水平为 α。由于 S^2 是 σ^2 的无偏估计，因此 S^2 的观测值 s^2 的大小在一定程度上反映 σ^2 的大小。当 H_0 为真时，比值 $\dfrac{s^2}{\sigma_0^2}$ 在 1 附近摆动，不应过分大于 1 或过分小于 1。当 H_0 为真时，$\dfrac{(n-1)S^2}{\sigma_0^2} \sim \chi^2(n-1)$，取 $\chi^2 = \dfrac{(n-1)S^2}{\sigma_0^2}$ 作为检验统计量，$\dfrac{(n-1)s^2}{\sigma_0^2}$ 为检验统计量的观测值。拒绝域的形式为 $\dfrac{(n-1)s^2}{\sigma_0^2} \leq k_1$ 或 $\dfrac{(n-1)s^2}{\sigma_0^2} \geq k_2$。取 $k_1 = \chi^2_{1-\alpha/2}(n-1)$，$k_2 = \chi^2_{\alpha/2}(n-1)$，拒绝域为

$$\dfrac{(n-1)s^2}{\sigma_0^2} \leq \chi^2_{1-\alpha/2}(n-1) \text{ 或 } \dfrac{(n-1)s^2}{\sigma_0^2} \geq \chi^2_{\alpha/2}(n-1) \tag{3-16}$$

χ^2 检验的双边检验拒绝域如图 3-7 所示。

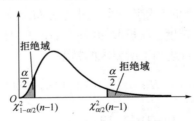

图 3-7 χ^2 检验的双边检验拒绝域

② 单边检验问题的拒绝域

H_0：$\sigma^2 \leq \sigma_0^2$，H_1：$\sigma^2 > \sigma_0^2$。

拒绝域为

$$\chi^2 = \frac{(n-1)s^2}{\sigma_0^2} \geqslant \chi_\alpha^2(n-1) \tag{3-17}$$

H_0: $\sigma^2 \geqslant \sigma_0^2$，$H_1$: $\sigma^2 < \sigma_0^2$。

拒绝域为

$$\chi^2 = \frac{(n-1)s^2}{\sigma_0^2} \leqslant \chi_{1-\alpha}^2(n-1) \tag{3-18}$$

χ^2 检验的右边检验拒绝域、χ^2 检验的左边检验拒绝域如图 3-8 和图 3-9 所示。

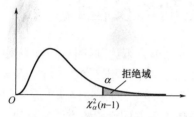

图 3-8　χ^2 检验的右边检验拒绝域

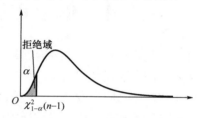

图 3-9　χ^2 检验的左边检验拒绝域

【例 3-9】某班学生成绩长期以来服从方差 $\sigma^2 = 18$(分^2)的正态分布，某次月考后随机抽取 30 份成绩，计算其样本方差 $s^2 = 32$(分^2)。取 $\alpha = 0.02$，问：根据样本数据能否推断这次月考成绩的波动性较以往有显著的变化？

解：H_0: $\sigma^2 = 18$，H_1: $\sigma^2 \neq 18$。

拒绝域为 $\dfrac{(n-1)s^2}{\sigma_0^2} \leqslant \chi_{1-\alpha/2}^2(n-1)$ 或 $\dfrac{(n-1)s^2}{\sigma_0^2} \geqslant \chi_{\alpha/2}^2(n-1)$。

现 $\chi^2 = \dfrac{(n-1)s^2}{\sigma_0^2} = \dfrac{29 \times 32}{18} \approx 51.556$，取 $\alpha = 0.02$，查卡方分布表(附表 3)得

$$\chi_{1-\alpha/2}^2(n-1) = \chi_{0.99}^2(29) = 14.256$$
$$\chi_{\alpha/2}^2(n-1) = \chi_{0.01}^2(29) = 49.588$$

因 $51.556 > 49.588$，故在显著性水平为 0.02 的条件下拒绝 H_0，认为这次月考成绩的波动性较以往有显著的变化。

【例 3-10】某自动车床生产的产品尺寸服从正态分布，按规定产品尺寸的方差不得超过 0.1，为检验该自动车床的工作精度，随机取 20 件产品，测得样本方差为 0.18，取 $\alpha = 0.05$。问：该自动车床生产的产品是否达到了所要求的精度？

解：检验假设 H_0: $\sigma^2 \leqslant 0.1$，H_1: $\sigma^2 > 0.1$。拒绝域为 $\chi^2 = \dfrac{(n-1)s^2}{\sigma_0^2} \geqslant \chi_\alpha^2(n-1)$。

$$\frac{(n-1)s^2}{\sigma_0^2} = \frac{19 \times 0.18}{0.1} = 34.2$$

取 $\alpha = 0.05$，$\chi_{0.05}^2(19) = 30.144$。因为 $34.2 > 30.144$，所以在显著性水平为 0.05 的条件下拒绝 H_0，认为该自动车床生产的产品没有达到所要求的精度。

3.5 两个正态总体方差的假设检验

设 $X_1, X_2, \cdots, X_{n_1}$ 为来自正态总体 $N(\mu_1, \sigma_1^2)$ 的样本，$Y_1, Y_2, \cdots, Y_{n_2}$ 为来自正态总体 $N(\mu_2, \sigma_2^2)$ 的样本，μ_1、μ_2、σ_1^2、σ_2^2 均未知，两个样本独立，其样本方差分别为 S_1^2、S_2^2。

① 检验 H_0：$\sigma_1^2 = \sigma_2^2$，H_1：$\sigma_1^2 \neq \sigma_2^2$。

当 H_0 为真时，$E(S_1^2) = \sigma_1^2 = \sigma_2^2 = E(S_2^2)$。

当 H_1 为真时，$E(S_1^2) = \sigma_1^2 \neq \sigma_2^2 = E(S_2^2)$。

当 H_1 为真时，观测值 $\dfrac{s_1^2}{s_2^2}$ 有偏小或偏大的趋势。

于是拒绝域的形式为 $\dfrac{s_1^2}{s_2^2} \leq k_2$ 或 $\dfrac{s_1^2}{s_2^2} \geq k_1$。

因 $\dfrac{S_1^2/S_2^2}{\sigma_1^2/\sigma_2^2} \sim F(n_1-1, n_2-1)$，取 $k_1 = F_{1-\alpha/2}(n_1-1, n_2-1)$，$k_2 = F_{\alpha/2}(n_1-1, n_2-1)$。故拒绝域为

$$F = \frac{s_1^2}{s_2^2} \leq F_{1-\alpha/2}(n_1-1, n_2-1) \text{ 或 } \frac{s_1^2}{s_2^2} \geq F_{\alpha/2}(n_1-1, n_2-1) \tag{3-19}$$

F 检验的双边检验拒绝域如图 3-10 所示。

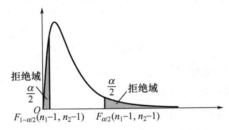

图 3-10 F 检验的双边检验拒绝域

② H_0：$\sigma_1^2 \leq \sigma_2^2$，$H_1$：$\sigma_1^2 > \sigma_2^2$。

拒绝域为

$$\frac{s_1^2}{s_2^2} \geq F_\alpha(n_1-1, n_2-1) \tag{3-20}$$

③ H_0：$\sigma_1^2 \geq \sigma_2^2$，$H_1$：$\sigma_1^2 < \sigma_2^2$。

拒绝域为

$$\frac{s_1^2}{s_2^2} \leq F_{1-\alpha}(n_1-1, n_2-1) \tag{3-21}$$

F 检验的右边检验拒绝域、F 检验的左边检验拒绝域如图 3-11 和图 3-12 所示。

【例 3-11】 用两种方法(A 和 B)测定冰自-0.72℃转变为 0℃的水的融化热，数据见表 3-4。

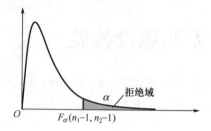
图 3-11 F 检验法的右边检验拒绝域

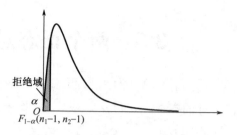
图 3-12 F 检验法的左边检验拒绝域

表 3-4 方法 A 和方法 B 融化热数据   单位：cal/g

方法 A	78.87	80.01	80.15	79.92	80.03	80.05	
方法 B	80.00	79.84	78.98	79.93	79.94	80.03	79.90

设这两个样本相互独立，且分别来自正态总体 $N(\mu_A, \sigma_A^2)$ 和 $N(\mu_B, \sigma_B^2)$。取 $\alpha = 0.01$，试检验 H_0：$\sigma_A^2 = \sigma_B^2$，H_1：$\sigma_A^2 \neq \sigma_B^2$。

解：H_0：$\sigma_A^2 = \sigma_B^2$，H_1：$\sigma_A^2 \neq \sigma_B^2$。

拒绝域 $\dfrac{s_A^2}{s_B^2} \leq F_{1-\alpha/2}(n_1-1,\ n_2-1)$ 或 $\dfrac{s_A^2}{s_B^2} \geq F_{\alpha/2}(n_1-1,\ n_2-1)$。

现 $s_A^2 \approx 0.2305$，$s_B^2 \approx 0.1356$，得 $\dfrac{s_A^2}{s_B^2} \approx 1.7$。

取 $\alpha = 0.01$，$n_1 = 6$，$n_2 = 7$，$F_{0.005}(5,6) = 11.46$。

$$F_{1-0.005}(5,6) = \dfrac{1}{F_{0.005}(6,5)} = \dfrac{1}{14.51} \approx 0.07$$

因 $0.07 < 1.7 < 11.46$，故在显著性水平为 0.01 的条件下接受 H_0，认为两总体方差相等。两总体方差相等也称两总体具有方差齐性。

【例 3-12】考评两个服务窗口的服务质量，服务窗口 A 随机选取 7 名顾客评分，服务窗口 B 随机选取 9 名顾客评分，数据见表 3-5。

表 3-5 服务窗口 A 和服务窗口 B 顾客评分数据

| A | 9.5 | 9.4 | 9.2 | 8.7 | 9 | 9.2 | 9.4 | | |
| B | 9.1 | 9.2 | 8.7 | 8.9 | 9.5 | 9.4 | 9.6 | 9.3 | 9.4 |

设两组数据分别来自正态总体 $N(\mu_1, \sigma_1^2)$，$N(\mu_2, \sigma_2^2)$，μ_1、μ_2、σ_1^2、σ_2^2 均未知，两样本独立，取 $\alpha = 0.05$，试检验两个窗口的服务质量有无显著性差异。

解：首先检验 H_0：$\sigma^2 = \sigma_0^2$，H_1：$\sigma^2 \neq \sigma_0^2$。

由已知数据计算得到 $s_1^2 \approx 0.077$，$s_2^2 \approx 0.085$，得统计量 $\dfrac{s_1^2}{s_2^2} \approx 0.9$。

取 $\alpha = 0.05$，有 $F_{0.025}(6,8) = 4.65$，$F_{0.975}(6,8) = \dfrac{1}{F_{0.025}(8,6)} = \dfrac{1}{5.6} \approx 0.18$。

因 $0.18 < 0.9 < 4.65$，故 $\sigma_1^2 = \sigma_2^2$，说明满足方差齐性。

再检验 H_0: $\mu = \mu_0$, H_1: $\mu \neq \mu_0$。

经计算得到 $s_w = \sqrt{\dfrac{(n_1-1)s_1^2 + (n_2-1)s_2^2}{n_1 + n_2 - 2}} \approx 0.286$。

统计量的观测值 $t = \dfrac{\bar{x}_1 - \bar{x}_2}{s_w\sqrt{\dfrac{1}{n_1}+\dfrac{1}{n_2}}} = \dfrac{9.2 - 9.23}{0.286 \times 0.5} \approx -0.2$。

由 $t_{0.025}(14) = 2.145$，因 $|t| < 2.145$，故在显著性水平为 0.05 的条件下接受 H_0，认为两个服务窗口质量没有显著性差异。

3.6 分布拟合检验

前几节介绍的各种检验法都是在假设总体服从正态分布的前提下进行讨论。但在实际问题中，获取的数据往往不知道总体服从什么类型的分布，这时就需要根据样本来检验关于分布的假设。本节介绍的皮尔逊拟合检验(χ^2 拟合检验)，可以用来检验总体是否服从某一个指定的分布。

设总体 X 的分布未知，$x_1, x_2, \cdots, x_n$ 是来自 X 的样本值。检验假设 H_0：总体 X 的分布函数为 $F(x) = F_0(x)$。

若总体 X 为离散型，检验假设可表述为

H_0：总体 X 的分布律为 $P\{X = x_i\} = p_i (i = 1, 2, \cdots)$。

若总体 X 为连续型，检验假设可表述为

H_0：总体 X 的概率密度为 $f(x)$。

下面介绍 χ^2 拟合检验。它的基本思想是将总体 X 的随机变量可能取值的全体 Ω 分成互不相交的子集 $A_1, A_2, \cdots, A_k$，样本观测值 $x_1, x_2, \cdots, x_n$ 中落在 A_i 的频数记为 $f_i (i = 1, 2, \cdots, k)$，这表示事件 $A_i = \{X$ 的值落在子集 A_i 内$\}$ 在 n 次独立试验中发生了 f_i 次，于是在这 n 次试验中事件 A_i 发生的频率为 f_i / n。当 H_0 为真时，事件 A_i 发生的概率为 p_i（p_i 也称为理论频率）。当然，频率 f_i / n 与概率 p_i 会有一定的差异，不过，当 H_0 为真且试验的次数 n 充分大时，由伯努利大数定律可知，这个差异不应太大，因此 $\left(\dfrac{f_i}{n} - p_i\right)^2$ 不应太大。若 $\left(\dfrac{f_i}{n} - p_i\right)^2$ 比较大，很自然会认为 H_0 不真。根据这个想法，皮尔逊构造了一个检验统计量。

$$\chi^2 = \sum_{i=1}^{k} \dfrac{n}{p_i}\left(\dfrac{f_i}{n} - p_i\right)^2 = \sum_{i=1}^{k} \dfrac{f_i^2}{np_i} - n \tag{3-22}$$

其中，np_i 为理论频数。

皮尔逊在 1900 年证明了下面的定理。

定理：当 H_0 为真时，若 n 充分大（$n \geq 50$），式(3-22)中的统计量近似服从 $\chi^2(k-1)$ 分布，其中 k 表示子集 $A_1, A_2, \cdots, A_k$ 的个数。

当 H_0 为真时，式(3-22)中的 χ^2 不应太大，如 χ^2 过分大就拒绝 H_0。对于给定的显著性水平 α，结合上述定理，当样本观测值使式(3-22)中的 χ^2 值有：

$$\chi^2 \geq \chi_\alpha^2(k-1) \tag{3-23}$$

则在显著性水平 α 下拒绝 H_0；否则就接受 H_0。这种检验假设分布的方法称为 χ^2 拟合检验。

关于 χ^2 拟合检验用于多项分布数据的拟合优度检验，以及 $k=2$ 情形的证明，请参见本章末的"疑难公式的推导与证明"。

如果分布中含 r 个未知参数 $\theta_1, \theta_2, \cdots, \theta_r$，需先利用样本求出未知参数的最大似然估计值 $\hat{\theta}_1, \hat{\theta}_2, \cdots, \hat{\theta}_r$（在 H_0 下），以估计值作为参数值，求出 p_i 的估计值 $\hat{p}_i(\hat{\theta}_1, \hat{\theta}_2, \cdots, \hat{\theta}_r)$，在式(3-22)中以 $\hat{p}_i$ 代 p_i，取

$$\chi^2 = \sum_{i=1}^{k} \frac{f_i^2}{n\hat{p}_i} - n \tag{3-24}$$

作为检验假设 H_0 的统计量。

费歇尔在 1924 年证明了以下结果。

检验假设 H_0：总体 X 的分布函数为 $F(x) = F_0(x; \theta_1, \theta_2, \cdots, \theta_r)$。在 H_0 为真时，$\hat{\theta}_1, \hat{\theta}_2, \cdots, \hat{\theta}_r$ 是 $\theta_1, \theta_2, \cdots, \theta_r$ 的最大似然估计值，那么在 $p_i(\theta_1, \theta_2, \cdots, \theta_r)$ $(i=1,2,\cdots,k)$ 满足某些条件时，有

$$\chi^2 = \sum_{i=1}^{k} \frac{f_i^2}{n\hat{p}_i} - n \sim \chi_\alpha^2(k-r-1) \tag{3-25}$$

其拒绝域为

$$\chi^2 \geqslant \chi_\alpha^2(k-r-1) \tag{3-26}$$

其中，k 表示子集 $A_1, A_2, \cdots, A_k$ 的个数，r 表示被估计的参数的个数。

χ^2 拟合检验是基于皮尔逊-费歇尔定理得到的，所以使用时必须注意 n 不能小于 50；np_i 不能太小，应满足 $np_i \geqslant 5$；否则应适当合并 A_i。

综合上述 χ^2 拟合检验的思想和方法，检验总体是否服从某一指定分布有七个步骤。

第一步：写出 H_0，即 X 服从某分布，或写出该分布的分布律或者概率密度。

第二步：分割 Ω，得 $A_1, A_2, \cdots, A_k$。

第三步：统计 A_i 的频数 f_i。

第四步：根据 H_0 假设的分布函数求出 p_i，如果有未知参数，则利用最大似然估计法估计出参数，并计算出 $\hat{p}_i$。如果 $np_i < 5$ 或 $n\hat{p}_i < 5$，则回到第二步适当合并 A_i。

第五步：计算 f_i^2/np_i 或 $f_i^2/n\hat{p}_i$，从而算出 $\chi^2 = \sum_{i=1}^{k} \frac{f_i^2}{np_i} - n$ 或 $\chi^2 = \sum_{i=1}^{k} \frac{f_i^2}{n\hat{p}_i} - n$。

第六步：取显著性水平，得到 $\chi_\alpha^2(k-r-1)$。

第七步：如果 $\chi^2 \geqslant \chi_\alpha^2(k-r-1)$，则拒绝 H_0。

【例 3-13】 表 3-6 列出了某地区在夏季的一个月中由 100 个气象站报告的雷暴雨次数。

表 3-6 雷暴雨次数统计表

i/次	0	1	2	3	4	5	$\geqslant 6$
f_i	22	37	20	13	6	2	0
A_i	A_0	A_1	A_2	A_3	A_4	A_5	A_6

f_i 是报告雷暴雨次数为 i 的气象站数，试用 χ^2 拟合检验，检验雷暴雨的次数 X 是否服从均值 $\lambda=1$ 的泊松分布 ($\alpha=0.05$)。

解：由题意，检验假设 H_0：总体 X 服从泊松分布，其分布律为

$$P\{X=i\} = \frac{e^{-\lambda}\lambda^i}{i!} = \frac{e^{-1}}{i!} (i=0,1,2,\cdots)$$

其中，$\lambda=1$

$$p_0 = P\{X=0\} = \frac{e^{-1}}{0!} = e^{-1} = 0.36788$$

$$p_1 = P\{X=1\} = \frac{e^{-1}}{1!} = e^{-1} = 0.36788$$

$$p_2 = P\{X=2\} = \frac{e^{-1}}{2!} = 0.18394$$

……

有关概率值的计算，可以借助 Excel 处理数据，其中 $x!$ 的口令为 FACT(x)。

分割 Ω，有 $A_0, A_2, \cdots, A_6$，利用分布律计算出 $\hat{p}_i$，$n\hat{p}_i$，$f_i^2/n\hat{p}_i$，$i=0,\cdots,6$，得到拟合检验统计表，见表 3-7。

表 3-7 拟合检验统计表

A_i	f_i	$\hat{p}_i$	$n\hat{p}_i$	$n\hat{p}_i$ 修订	$f_i^2/n\hat{p}_i$
$A_0:\{X=0\}$	22	0.36788	36.788	36.788	13.156
$A_1:\{X=1\}$	37	0.36788	36.788	36.788	37.213
$A_2:\{X=2\}$	20	0.18394	18.394	18.394	21.746
$A_3:\{X=3\}$	13	0.06131	6.131	8.030	54.918
$A_4:\{X=4\}$	6	0.01533	1.533		
$A_5:\{X=5\}$	2	0.00307	0.307		
$A_6:\{X\geq 6\}$	0	0.00059	0.059		
					$\sum=127.034$

表 3-7 中 $n\hat{p}_4, n\hat{p}_5, n\hat{p}_6 < 5$，合并 A_3, A_4, A_5, A_6，此时 $k=4$；又因为本题没有未知参数，故 $r=0$，χ^2 自由度为 $4-1=3$，$\chi^2_\alpha(k-1) = \chi^2_{0.05}(3) = 7.815$。

因 $\chi^2 = 127.034 - 100 = 27.034 > 7.815$，故在显著性水平为 0.05 的条件下拒绝 H_0，认为样本不是来自均值 $\lambda=1$ 的泊松分布。

【**例 3-14**】利用例 3-13 的数据，取 $\alpha=0.05$，试用 χ^2 拟合检验，检验雷暴雨的次数 X 是否服从均值为 λ 的泊松分布。

解：本例没有指明参数 λ 的具体数值，因此，该总体含一个未知参数 λ。

H_0 为真时，总体 X 服从泊松分布，未知参数 λ 的最大似然估计为

$$\hat{\lambda} = \bar{x} = \frac{0 \times 22 + 1 \times 37 + \cdots + 6 \times 0}{100} = 1.5$$

检验假设 $P\{X = i\} = \frac{e^{-\lambda}\lambda^i}{i!} = \frac{e^{-1.5} \times 1.5^i}{i!}$，$i = 0, 1, 2, \cdots\cdots$

利用分布律求出 $\hat{p}_i$，$n\hat{p}_i$，$f_i^2/n\hat{p}_i$，$i = 0, \cdots, 6$，得到拟合检验统计表(表 3-8)。

表 3-8 拟合检验统计表

A_i	f_i	$\hat{p}_i$	$n\hat{p}_i$	$n\hat{p}_i$ 修订	$f_i^2/n\hat{p}_i$
$A_0: \{X=0\}$	22	0.22313	22.313	22.313	21.691
$A_1: \{X=1\}$	37	0.33470	33.470	33.470	40.903
$A_2: \{X=2\}$	20	0.25102	25.102	25.102	15.935
$A_3: \{X=3\}$	13	0.12551	12.551	12.551	13.465
$A_4: \{X=4\}$	6	0.04707	4.707	6.564	9.750
$A_5: \{X=5\}$	2	0.01412	1.412		
$A_6: \{X \geqslant 6\}$	0	0.00445	0.445		
					$\sum$=101.744

表 3-8 中的 $n\hat{p}_4, n\hat{p}_5, n\hat{p}_6 < 5$，合并 A_4, A_5, A_6，此时 $k = 5$，本题有一个未知参数，$r = 1$，χ^2 自由度为 $5-1-1 = 3$，$\chi_\alpha^2(k-1) = \chi_{0.05}^2(3) = 7.815$。而 $\chi^2 = 101.74 - 100 = 1.74$，因 $1.74 < 7.815$，故在显著性水平为 0.05 的条件下接受 H_0，认为样本数据服从均值 $\lambda = 1.5$ 的泊松分布。

【例 3-15】自 1965 年 1 月 1 日至 1971 年 2 月 9 日共 2231 天中，全世界记录到里氏震级 4 级和 4 级以上地震共 162 次，数据记录见表 3-9。

表 3-9 地震数据统计表

相继两次地震间隔天数 X/天	0~4	5~9	10~14	15~19	20~24	25~29	30~34	35~39	$\geqslant 40$
出现的频数/次	50	31	26	17	10	8	6	6	8

取 $\alpha = 0.05$，试检验相继两次地震间隔天数 X 服从指数分布。

解：所求问题为在显著性水平为 0.05 的条件下检验假设 H_0：X 的概率密度为

$$f(x) = \begin{cases} \frac{1}{\theta}e^{-\frac{x}{\theta}}, & x > 0 \\ 0, & x \leqslant 0 \end{cases}$$

由于在 H_0 中 θ 为未知参数，由最大似然估计得 $\hat{\theta} = \bar{x} = \frac{2231}{162} \approx 13.77$。

在 H_0 为真的前提下，X 的分布函数的估计为

$$\hat{F}(x) = \begin{cases} 1 - e^{-\frac{x}{13.77}}, & x > 0 \\ 0, & x \leqslant 0 \end{cases}$$

$$\hat{p}_i = \hat{P}(A_i) = \hat{P}\{a_i \leqslant X < a_{i+1}\} = \hat{F}(a_{i+1}) - \hat{F}(a_i)$$

将 X 的可能取值区间 $[0,+\infty)$ 分为 $k=9$ 个互不重叠的子区间，依次计算 $\hat{p}_i$，$n\hat{p}_i$，$f_i^2/n\hat{p}_i$，$i=1,\cdots,9$，得到拟合检验统计表(表 3-10)。

表 3-10 拟合检验统计表

A_i	f_i	$\hat{p}_i$	$n\hat{p}_i$	$n\hat{p}_i$ 修订	$f_i^2/n\hat{p}_i$
$A_1: 0 \leqslant x \leqslant 4.5$	50	0.27874	45.1563	45.1563	55.3632
$A_2: 4.5 < x \leqslant 9.5$	31	0.21959	35.5742	35.5742	27.0140
$A_3: 9.5 < x \leqslant 14.5$	26	0.15274	24.7433	24.7433	27.3206
$A_4: 14.5 < x \leqslant 19.5$	17	0.10623	17.2100	17.2100	16.7926
$A_5: 19.5 < x \leqslant 24.5$	10	0.07389	11.9702	11.9702	8.3541
$A_6: 24.5 < x \leqslant 29.5$	8	0.05139	8.3258	8.3258	7.6870
$A_7: 29.5 < x \leqslant 34.5$	6	0.03575	5.7909	5.7909	6.2166
$A_8: 34.5 < x \leqslant 39.5$	6	0.02486	4.0278	13.2294	14.8155
$A_9: 39.5 < x < \infty$	8	0.05681	9.2016		
					$\sum$=163.5636

$\chi^2 = 163.5633 - 162 = 1.5633$，$k=8$，$r=1$，$\chi_\alpha^2(k-r-1) = \chi_{0.05}^2(6) = 12.592$，因 $12.592 > 1.5633$，故在显著性水平为 0.05 的条件下接受 H_0，认为样本数据服从参数为 13.77 的指数分布。

3.7 假设检验问题的 p 检验法

前面讨论的假设检验方法称为临界值法。临界值法是在给定的显著性水平 α 下，要么接受原假设 H_0，要么拒绝原假设 H_0。然而在同一个检验问题的同一样本下，对于不同的显著性水平 α，却可能得到不同的结论。如，在例 3-5 中，若取显著性水平 $\alpha = 0.05$，临界值 $t_{0.05}(6) = 1.943$，而检验统计量观测值 $t = 2.1096 > 1.943$，则拒绝 H_0；若取显著性水平 $\alpha = 0.025$，临界值 $t_{0.025}(6) = 2.447$，而 $t = 2.1096 < 2.447$，则接受 H_0。如果这时有一个人主张显著性水平 $\alpha = 0.05$，而另一个人主张显著性水平 $\alpha = 0.025$，那么两个人的结论就完全相反，我们该如何对待此类问题呢？

事实上，α 越大，则临界值越小，同一样本下的检验统计量观测值很可能因大于临界值而拒绝 H_0。这时，我们不妨用检验统计量观测值 $t = 2.1096$ 作为临界值，计算 $t > 2.1096$ 的概率值，这个概率值则是拒绝 H_0 的最小显著性水平，称为 p 值。

【例 3-16】设总体 $X \sim N(\mu, \sigma^2)$，μ 未知，$\sigma^2 = 12$，现有样本 $x_1, x_2, \cdots, x_{20}$，算得 $\bar{x} = 77.4$。现在来检验假设

$$H_0: \mu \leqslant \mu_0 = 76, \quad H_1: \mu > 76$$

采用 Z 检验法，检验统计量为

$$Z = \frac{\bar{X} - \mu_0}{\sigma/\sqrt{n}} \sim N(0,1)$$

将数据代入，得 Z 的观测值为

$$z_0 = \frac{77.4-76}{\sqrt{12}/\sqrt{20}} \approx 1.81$$

概率 $P\{Z \geq z_0\} = P\{Z \geq 1.81\} = 1 - \Phi(1.81) = 0.0352$

此概率为标准正态曲线下位于 z_0 右边的尾部面积，称为 Z 检验法的右边检验的 p 值。记为

$$P\{Z \geq z_0\} = p \text{ 值} (p = 0.0352)$$

若显著性水平 $\alpha \geq p = 0.0352$，则对应的临界值 $z_\alpha \leq z_0 = 1.81$，这表示观测值 $z_0 = 1.81$ 落在拒绝域内[图 3-13(a)]，因而拒绝 H_0；又若显著性水平 $\alpha < p = 0.0352$，则对应的临界值 $z_\alpha > z_0 = 1.81$，这表示观测值 $z_0 = 1.81$ 不落在拒绝域内[图 3-13(b)]，因而接受 H_0。

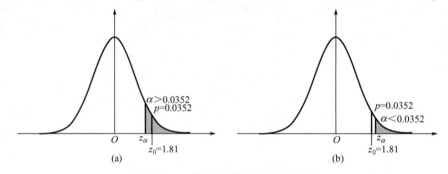

图 3-13　Z 检验法的右边检验拒绝域

据此，p 值 $= P\{Z \geq z_0\} = 0.0352$ 是原假设 H_0 可被拒绝的最小显著性水平。

定义：假设检验问题的 p 值是由检验统计量的观测值得出的原假设 H_0 可被拒绝的最小显著性水平。

假设总体服从 $N(\mu, \sigma^2)$，当 σ 已知时，若想检验总体均值 μ，可用检验统计量 $Z = \dfrac{\bar{X} - \mu_0}{\sigma/\sqrt{n}}$ 检验问题：

① $H_0: \mu \leq \mu_0$，$H_1: \mu > \mu_0$，p 值 $= P\{Z \geq z_0\} = 1 - \Phi(z_0)$，$z_0 > 0$，$p$ 检验法的右边检验拒绝域为右侧尾部区域，如图 3-14 所示。

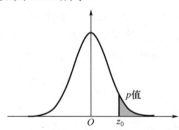

图 3-14　p 检验法的右边检验拒绝域

② $H_0: \mu \geq \mu_0$，$H_1: \mu < \mu_0$，p 值 $= P\{Z \leq z_0\} = \Phi(z_0)$，$z_0 < 0$，$p$ 检验法的左边检验拒绝域为左侧尾部区域，如图 3-15 所示。

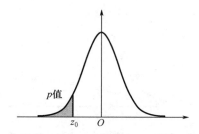

图 3-15 p 检验法的左边检验拒绝域

③ H_0: $\mu = \mu_0$，H_1: $\mu \neq \mu_0$，p 值 $=P\{|Z| \geqslant z_0\} = 1 - P\{|Z| \leqslant z_0\} = 1 - [2\Phi(z_0) - 1] = 2[1 - \Phi(z_0)]$，$z_0 > 0$，一般地，$p$ 值 $= 2[1 - \Phi(|z_0|)]$，p 检验法的双边检验拒绝域为双侧尾部区域，如图 3-16 所示。

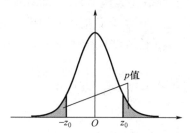

图 3-16 p 检验法的双边检验拒绝域

假设总体服从 $N(\mu, \sigma^2)$，当 σ 未知时，若想检验总体均值 μ，可用检验统计量 $T = \dfrac{\bar{X} - \mu_0}{S/\sqrt{n}}$ 检验如下问题。

① H_0: $\mu \leqslant \mu_0$，H_1: $\mu > \mu_0$，p 值 $= P\{T \geqslant t_0\}$，$t_0 > 0$，p 检验法的右边检验拒绝域为右侧尾部区域，如图 3-17 所示。

② H_0: $\mu \geqslant \mu_0$，H_1: $\mu < \mu_0$，p 值 $= P\{T \leqslant t_0\}$，$t_0 < 0$，p 检验法的左边检验拒绝域为左侧尾部区域，如图 3-18 所示。

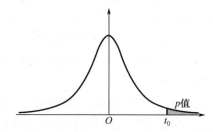

图 3-17 p 检验法的右边检验拒绝域

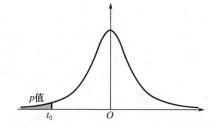

图 3-18 p 检验法的左边检验拒绝域

③ H_0: $\mu = \mu_0$，H_1: $\mu \neq \mu_0$，当 $t_0 > 0$ 时，p 值 $= P\{|T| \geqslant t_0\} = P\{T \leqslant -t_0\} \cup P\{T \geqslant t_0\} = 2 \times (t_0$ 右侧尾部面积$)$；当 $t_0 < 0$ 时，p 值 $= P\{|T| \geqslant -t_0\} = P\{T \leqslant t_0\} \cup P\{T \geqslant -t_0\} = 2 \times (t_0$ 左侧尾部面积$)$。

p 检验法的双边检验拒绝域为双侧尾部区域，如图 3-19 所示。

依据 p 值的定义，对于任意指定的显著性水平 α，p 检验法下有以下结论。

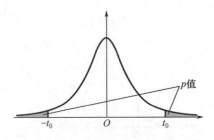

图 3-19　p 检验法的双边检验拒绝域

若 p 值 $\leq \alpha$，则在显著性水平为 α 的条件下，拒绝 H_0；若 p 值 $> \alpha$，则在显著性水平为 α 的条件下，接受 H_0。

若用临界值法来确定 H_0 的拒绝域，当取 $\alpha = 0.05$ 时，拒绝 H_0；当取 $\alpha = 0.01$ 时，依然拒绝 H_0；但不能知道将 α 降低到何值还会拒绝 H_0。而 p 检验法给出了拒绝 H_0 的最小显著性水平。因此 p 检验法比临界值法给出了有关拒绝域的更多信息。

【例 3-17】分别用临界值法和 p 检验法检验例 3-3 的检验问题。

解一(临界值法)：

H_0：$\mu \leq \mu_0 = -0.545$ (即设牛奶未掺水)，H_1：$\mu > \mu_0$

已知 $\alpha = 0.05$，查表得临界值 $z_\alpha = 1.645$。

因为

$$z = \frac{-0.535 - (-0.545)}{0.008/\sqrt{5}} \approx 2.7951 > 1.645$$

所以在显著性水平为 0.05 的条件下拒绝 H_0，认为生产商在牛奶中掺了水。

解二(p 检验法)：

H_0：$\mu \leq \mu_0 = -0.545$ (即设牛奶未掺水)，H_1：$\mu > \mu_0$

算得检验统计量 $Z = \dfrac{\bar{X} - \mu_0}{\sigma_0/\sqrt{n}}$ 的观测值为 $z_0 \approx 2.7951$。

p 值 $= P\{Z \geq 2.7951\} = 1 - \Phi(2.7951) = 1 - 0.9974 = 0.0026$

因 p 值 $< \alpha = 0.05$，故拒绝 H_0，认为生产商在牛奶中掺了水。

例 3-17 中计算标准正态分布上侧 α 分位点 z_α 可用 Excel 的命令 NORMSINV$(1-\alpha)$，计算标准正态分布函数 $\Phi(x)$ 可用 Excel 的命令 NORMSDIST(x)。如 $z_{0.05}$ 的命令是 NORMSINV(0.95)，得到 1.645；$\Phi(0)$ 的命令是 NORMSDIST(0)，得到 0.5。

对于检验统计量服从 $t(n)$ 的 p 检验，计算 $P\{T \geq x\}$ 可用 Excel 的命令 TDIST$(x, n,$ 尾数$)$，其中尾数为 1 表示单边检验，尾数为 2 表示双边检验。如已知检验统计量服从 $t(4)$，$P\{T \geq 2.132\}$ 的命令是 TDIST(2.132,4,1)，得到 0.05。

对于检验统计量服从 $\chi^2(n)$ 的 p 检验，计算 $P\{\chi^2 \geq x\}$ 可用 Excel 的命令 CHIDIST(x, n)。如已知检验统计量服从 $\chi^2(7)$，$P\{\chi^2 \geq 16.013\}$ 的命令是 CHIDIST(16.013,7)，得到 0.025。

对于检验统计量服从 $F(n_1, n_2)$ 的 p 检验，计算 $P\{F \geq x\}$ 可用 Excel 的命令 FDIST(x, n_1, n_2)。如已知检验统计量服从 $F(12,20)$，$P\{F \geq 1.89\}$ 的命令是 FDIST(1.89,12,20)，得到 0.1。

p 值表示拒绝 H_0 的依据的强度，p 值越小，拒绝 H_0 的依据越强。例如：某个检验问题的检验统计量的观测值的 p 值 = 0.0001，p 值如此小，在 H_0 为真时几乎不可能出现这个观测值；$P\{z \geqslant z_0\} = 0.007$，$p$ 值 = 0.007，这说明拒绝 H_0 的理由很强，于是拒绝 H_0。

一般而言：

若 p 值 $\leqslant 0.01$，称推断拒绝 H_0 的依据很强或称检验是高度显著的；若 $0.01 < p$ 值 $\leqslant 0.05$，称推断拒绝 H_0 的依据是强的或称检验是显著的；若 p 值 > 0.1，一般来说没有理由拒绝 H_0。

3.8 Python 在假设检验中的应用

3.8.1 Python 在正态总体均值的假设检验中的应用

【例 3-18】利用例 3-1 的数据，当总体方差已知时，做单个正态总体均值的假设检验。

代码：

```
import numpy as np
from scipy.stats import norm
X = np.array([200.5,200.1,199.6,200,199.3,199.9,200.4,200.1,199.7,200.2])
#已知总体标准差
sigma0 = 0.5
#需要检验的总体均值
mu0 = 200
#给定的显著性水平
alpha = 0.05
#计算 Z 检验统计量
Z = (np.mean(X) - mu0)/sigma0 * np.sqrt(len(X))
print('Z = ',Z)
print('Za/2 = ',norm.isf(alpha/2))
if abs(Z) > norm.isf(alpha/2):
    print('拒绝原假设，认为包装机工作不正常。')
else:
    print('接受原假设，认为包装机工作正常。')
```

输出：

Z = -0.12649110640662015

Za/2 = 1.9599639845400545

接受原假设，认为包装机工作正常。

【例 3-19】利用例 3-5 的数据，当总体方差未知时，做单个正态总体均值的假设检验。

代码：

```
import numpy as np
from scipy.stats import t
    X = np.array([186,214,222,318,199,320,247])
    X_m = np. mean(X)
    mu0 = 200
    alpha = 0.05
    #计算样本标准差
    s = np.sqrt(len(X)/(len(X) -1)) * np.std(X)
    #计算 t 检验统计量
    T = (X_m-mu0)/s * np.sqrt(len(X))
#打印 t 值
print('T = {:.3F}'.format(T))
#根据显著性水平计算 t 分位数
print('分位数:{:3f}'.format(t.isf(alpha,len(X) -1)))
if T > t.isf(alpha,len(X) -1):
    #作出决策
    print('拒绝原假设，认为元件的平均寿命大于 200 小时。')
else:
    print('接受原假设，认为元件的平均寿命小于或等于 200 小时。')
```

输出：

T = 2.110

分位数：1.943180

拒绝原假设，认为元件的平均寿命大于 200 小时。

【例 3-20】 利用例 3-6 的数据，做两个独立正态总体均值差的假设检验。

代码：

```
import numpy as np
from scipy.stats import t
    X1 = np.array([78.87,80.01,80.15,79.92,80.03,80.05])
    X2 = np.array([80,79.84,78.98,79.93,79.94,80.03,79.90])
    alpha = 0.05
    #第一组样本容量
    X1_num = len(X1)
    #第一组样本均值
    X1_m = np.mean(X1)
    #第一组样本方差
    X1_S2 = (np.sum((X1-X1_m)**2))/(X1_num -1)
    #第二组样本容量
    X2_num = len(X2)
```

```
                #第二组样本均值
                X2_m = np.mean(X2)
                #第二组样本方差
                X2_S2 = (np.sum((X2-X2_m)**2))/(X2_num -1)
                #计算 t 分布的自由度
                df = X1_num+X2_num-2
                SW = np.sqrt(((X1_num-1)*X1_S2+(X2_num -1)* X2_S2)/df)
                #计算 t 检验统计量
                t0 = (X1_m-X2_m)/SW/np.sqrt(1/X1_num+1/X2_num)
        if t0 > t(df).isf(alpha):
                print('拒绝原假设，认为方法 1 比方法 2 的均值大。')
        else:
                print('接受原假设，认为方法 1 比方法 2 的均值小。')
        输出：
        接受原假设，认为方法 1 比方法 2 的均值小。
```

【例 3-21】利用例 3-8 的数据，做成对数据的假设检验。

代码：

```
        import numpy as np
        from scipy.stats import t
                X1 = np.array([0.3,0.23,0.41,0.53,0.24,0.36,0.38,0.51])
                X2 = np.array([0.43,0.32,0.58,0.46,0.27,0.41,0.38,0.61])
                alpha = 0.05
                d = X1-X2
                #样本容量
                d_num = len(d)
                #样本均值
                d_m = np.mean(d)
                #样本方差
                d_S2 = (np.sum((d-d_m)**2))/(d_num -1)
                #样本标准差
                d_S = np.sqrt(d_S2)
                #计算 t 分布的自由度
                df = len(d) -1
                #计算 t 检验统计量
                t0 = d_m/d_S*np.sqrt(len(d))
                t2 = - t(df).isf(alpha)
        if t0 < t2:
                print('拒绝原假设，认为两组成对数据均值差小于 0。')
        else:
```

print('接受原假设,认为两组成对数据均值差大于或等于 0。')

输出:

拒绝原假设,认为两组成对数据均值差小于 0。

3.8.2　Python 在正态总体方差的假设检验中的应用

【例 3-22】利用例 3-10 的数据,做单个正态总体方差 σ^2 的假设检验。

代码:

```
import numpy as np
from scipy.stats import chi2
        sigma2 = 0.1
        alpha = 0.05
        X_num = 20
        X_S2 = 0.18
        #计算卡方分布的自由度
        Df = X_num-1
        #卡方分布右边临界点
        a0 = chi2(df).isf(alpha)
        X_chi = (X_num-1)*X_S2/sigma2
if X_chi > chi2(df).isf(alpha):
        print('拒绝原假设,认为方差大于',sigma2,'。')
else:
        print('接受原假设,认为方差小于或等于',sigma2,'。')
```

输出:

拒绝原假设,认为方差大于 0.1。

【例 3-23】利用例 3-11 的数据,做两个正态总体方差比 $\dfrac{\sigma_1^2}{\sigma_2^2}$ 的假设检验。

代码:

```
import numpy as np
from scipy.stats import f
        X1 = np.array([78.87,80.01,80.15,79.92,80.03,80.05])
        X2 = np.array([80.00,79.84,78.98,79.93,79.94,80.03,79.90])
        alpha = 0.01
        #第一组样本容量
        X1_num = len(X1)
        #第一组样本均值
        X1_m = np.mean(X1)
        #第一组样本方差
        X1_S2 = (np.sum((X1-X1_m)**2))/(X1_num -1)
```

```
#第二组样本容量
X2_num = len(X2)
#第二组样本均值
X2_m = np.mean(X2)
#第二组样本方差
X2_S2 = (np.sum((X2-X2_m)**2))/(X2_num -1)
#计算 F 分布的第一个自由度
df1 = X1_num -1
#计算 F 分布的第二个自由度
df2 = X2_num -1
#计算 F 检验统计量
F = X1_S2/X2_S2
if f(df1,df2).isf(1-alpha/2)< F < f(df1,df2).isf(alpha/2):
    print('接受原假设,认为方法 1 的方差等于方法 2 的方差。')
else:
    print('拒绝原假设,认为方法 1 的方差不等于方法 2 的方差。')
```

输出:

接受原假设,认为方法 1 的方差等于方法 2 的方差。

【例 3-24】利用例 3-12 的数据,综合运用 F 检验法、T 检验法、p 检验法,判断两个服务窗口质量是否存在显著性差异。

代码:

```
from scipy import stats
import pandas as pd
import numpy as np
    alpha = np.array([0.025,0.05,0.1,0.9,0.975])
    u = stats.norm.ppf(alpha);u
    x1 = pd.Series([9.5,9.4,9.2,8.7,9.0,9.2,9.4])
    x2 = pd.Series([9.1,9.2,8.7,8.9,9.5,9.4,9.6,9.3,9.4])
    n = len(x1)
    m = len(x2)
    x1.var(ddof = 1)
    x2.var(ddof = 1)
    F = x1.var(ddof = 1)/x2.var(ddof = 1)
    p = round(stats.f(dfn = n-1,dfd = m-1).cdf(F),5)+round(1-stats.f(dfn = m-1,dfd
        = n-1).cdf(1/F),5)
    print("总体方差比 F = ",F,"\n","总体方差比的 p 值: ",p)
    sw_2 = ((n-1)*x1.var(ddof = 1)+(m-1)*x2.var(ddof = 1))/(n+m-2)
    t = (x1.mean()-x2.mean())/(np.sqrt(sw_2)*np.sqrt(1/n+1/m))
    mean_x1,std_x1 = x1.mean(),x1.std(ddof = 1)
```

```
mean_x2,std_x2 = x2.mean(),x2.std(ddof = 1)
ssx_1 = (((x1-mean_x1)**2).mean())*(n/(n-1));ssx_1
ssx_2 = (((x2-mean_x2)**2).mean())*(n/(n-1));ssx_2
p = round(stats.t(df = n-1+m-1).cdf(t),5)*2;p
```
print("总体均值差 t = ",t,"\n","总体均值差的 p 值：",p)

输出：

总体方差比 F= 0.9019607843137264

总体方差比的 p 值：0.92592

总体均值差 t = -0.2317931624863693

总体均值差的 p 值：0.82006

分析：因总体方差比的 p 值为 0.92592，说明两组数据满足方差齐性；因总体均值差的 p 值为 0.82006，说明两个服务窗口质量没有显著性差异。

3.8.3　Python 在总体分布的假设检验中的应用

【例 3-25】已知数据 0.3, 0.23, 0.41, 0.53, 0.24, 0.36, 0.38, 0.51, 0.43, 0.32, 0.58, 0.46, 0.27, 0.41, 0.38, 0.61，检验其是否服从正态分布。

代码：

```
import numpy as np
from scipy.stats import kstest
    X = np.array([0.3,0.23,0.41,0.53,0.24,0.36,0.38,0.51,0.43,0.32,0.58,0.46,0.27,
        0.41,0.38,0.61])
#进行 KS 检验，即正态分布检验
stats.kstest(X,'norm',args = (X.mean(),X.std()))
```

输出：

KstestResult(statistic = 0.0938388117326131, pvalue = 0.9989485263656784)

分析：当 $p > 0.05$ 时，接受原假设，认为数据服从正态分布。

【例 3-26】检验两组数据是否来自同一个分布。

代码：

```
from numpy.random import randn
from numpy.random import lognormal
from scipy.stats import ks_2samp
        #生成 100 个随机数
        data1 = randn(100)
        #生成均值为 0，标准差为 1, 100 个对数正态分布随机数
        data2 = lognormal(0,1,100)
#执行 KS 检验，判断两个样本是否来自同一个分布
ks_2samp(data1, data2)
```

输出：

Ks_2sampResult(statistic = 0.56, pvalue = 1.426802117171872e-14)

分析：因为 p 小于 0.05，认为两组数据不是来自同一个分布。

【例 3-27】 检验数据是否服从指数分布。

代码：

```python
import numpy as np
from scipy.stats import ks_2samp
from scipy.stats import expon
import matplotlib.pyplot as plt
import seaborn as sns
import xlrd
#读取数据
data = xlrd.open_workbook(r'C:\Users\Administrator\Desktop\applied mathmatical statistics\data\3-27.xlsx')
#读取第一个 sheet 表
table = data.sheets()[0]
#读取第一列数据
data1 = table.col_values(0)
data1_mean = np.mean(data1)
#用 data1 样本均值估计指数参数，并生成 100 个服从指数分布的随机数
data2 = np.random.exponential(data1_mean,100)
#使用 scipy 库中的 expon.fit()函数拟合指数分布
loc,scale = expon.fit(data1,floc = 0)
#绘制原始数据直方图
plt.hist(data1, bins = 15,density = True,alpha = 0.5,label = 'original Data ')
x = np.linspace(0,np.max(data1),100)
#绘制拟合曲线
plt.plot(x,expon.pdf(x,loc = loc,scale = scale),'r', label = 'Exponential Fit ')
sns.set_style('white')
plt.show()
print('参数为',data1_mean)
#执行 KS 检验，判断数据是否服从指数分布
ks_2samp(data1, data2)
```

输出：

指数分布检验如图 3-20 所示。

参数为 13.006172839506172

Ks_2sampResult(statistic = 0.12123456790123455, pvalue = 0.30407698661467414)

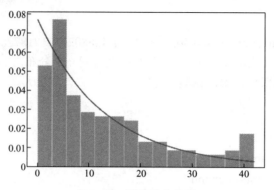

图 3-20 指数分布检验

分析：因为 p 大于 0.05，参数为 13，所以认为数据服从参数为 13 的指数分布。

【例 3-28】表 3-11 为某学校学生借阅书籍情况统计表，试研究借阅书籍是否与性别有关（取 $\alpha = 0.05$）。

表 3-11 学生借阅书籍情况统计表

性别	男生	女生
借阅书籍量/本	3420	5311
未借阅书籍量/本	85	232

解：检验假设 H_0：借阅书籍量与性别无关，H_1：借阅书籍量与性别无关。

代码：

```
import numpy as np
from scipy. stats import chi2_contingency
from scipy.stats import chi2
table = [[3420,5311],[85,232]]
#stat 卡方统计值，p:P_value, df 自由度, expected 理论频率分布
stat,p,df,expected = chi2_contingency(table)
#选取 95%置信度
prob = 0.95
#显著性水平
alpha = 1 - prob
#计算临界阈值
critical = chi2.ppf(prob,df)
#方法一：临界值法
if stat > critical:
    print('临界值法：拒绝 H0，认为借阅书籍量与性别有关。')
else:
    print('临界值法：接受 H0，认为借阅书籍量与性别无关。')
#方法二：p 检验法
print('alpha = % .3f, p = %.3f' % (alpha,p))
```

```
if p < alpha:
    print('p 检验法：拒绝 H0，认为借阅书籍量与性别有关。')
else:
    print('p 检验法：接受 H0，认为借阅书籍量与性别无关。')
```

输出：

临界值法：拒绝 H0，认为借阅书籍量与性别有关。

alpha = 0.050 , p = 0.000

p 检验法：拒绝 H0，认为借阅书籍量与性别有关。

知识小结

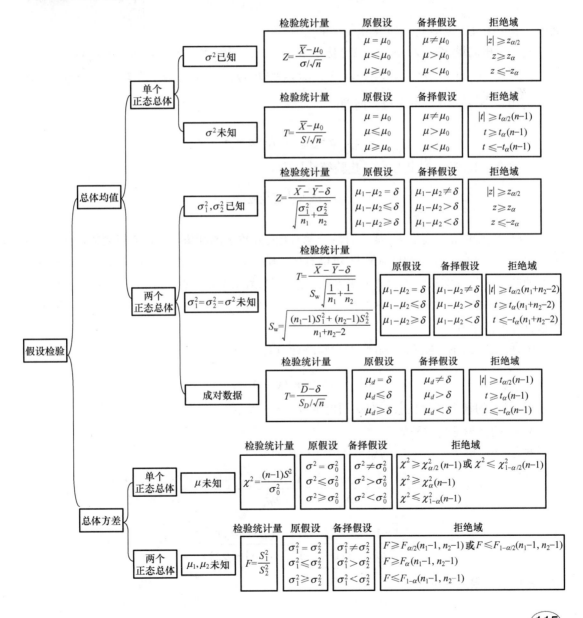

疑难公式的推导与证明

χ^2 拟合检验用于多项分布数据的拟合优度检验

定义：如果一个随机向量 $\boldsymbol{X} = (X_1, X_2, \cdots, X_k)$ 满足下列条件：

① $X_i \geq 0$ $(1 \leq i \leq k)$，且 $X_1 + X_2 + \cdots + X_k = n$；

② 设 $f_1, f_2, \cdots, f_k$ 为任意非负整数，且 $f_1 + f_2 + \cdots + f_k = n$。

则事件 $\{X_1 = f_1, X_2 = f_2, \cdots, X_k = f_k\}$ 的概率为

$$P\{X_1 = f_1, X_2 = f_2, \cdots, X_k = f_k\} = \frac{n!}{f_1! f_2! \cdots f_k!} p_1^{f_1} p_2^{f_2} \cdots p_k^{f_k}$$

其中，$p_i \geq 0$ $(1 \leq i \leq k)$，$p_1 + p_2 + \cdots + p_k = 1$。

则称随机向量 $\boldsymbol{X} = (X_1, X_2, \cdots, X_k)$ 服从多项分布，记作 $\boldsymbol{X} \sim P_n(n, p_1, p_2, \cdots, p_k)$。

设 $\boldsymbol{X} \sim P_n(n, \boldsymbol{p})$，$\boldsymbol{p} = (p_1, p_2, \cdots, p_k)$。记 $\boldsymbol{p}_0 = (p_{01}, p_{02}, \cdots, p_{0k})$ 为一个给定的向量，且满足 $p_{0i} \geq 0$，$\sum_{i=1}^{k} p_{0i} = 1$。考虑检验问题：

$$H_0: \boldsymbol{p} = \boldsymbol{p}_0, \quad H_1: \boldsymbol{p} \neq \boldsymbol{p}_0$$

1900 年，K. Pearson 提出卡方检验统计量为

$$\chi^2 = \sum_{i=1}^{k} \frac{(f_i - np_{0i})^2}{np_{0i}} \tag{3-27}$$

式(3-27)中的 np_{0i} 是当 H_0 成立时落在第 i 类的频数 f_i 的期望，称为期望频数，也称为理论频数，有 $E_p(f_i) = np_{0i}$。从式(3-27)可以看出，K. Pearson 卡方检验统计量是实际观测到的每类的频数 f_i 与其期望频数的离差平方除以期望频数的加和。显然如果 H_0 成立，f_i 与相对应类中发生个数的期望频数距离不会太远，卡方统计量 χ^2 的值不会太大。反之，χ^2 的值越大越有理由拒绝 H_0。

定理：在 H_0 下，K. Pearson 卡方检验统计量有

$$\chi^2 \xrightarrow{L} \chi^2(k-1)$$

拒绝 H_0 的渐进显著性水平为 α 的拒绝域为 $\{\chi^2 \geq \chi^2_{1-\alpha}(k-1)\}$。

$k = 2$ 的情形证明过程如下：

若 $k = 2$，则 $f_1 + f_2 = n$，$p_{01} + p_{02} = 1$，从而有

$$\chi^2 = \frac{(f_1 - np_{01})^2}{np_{01}} + \frac{(f_2 - np_{02})^2}{np_{02}} = \frac{(f_1 - np_{01})^2}{np_{01}} + \frac{[(n - f_1) - n(1 - p_{01})]^2}{n(1 - p_{01})}$$

$$= (f_1 - np_{01})^2 \left[\frac{1}{np_{01}} + \frac{1}{n(1 - p_{01})} \right] = \frac{(f_1 - np_{01})^2}{np_{01}(1 - p_{01})}$$

由中心极限定理可知

$$\frac{f_1 - np_{01}}{\sqrt{np_{01}(1-p_{01})}} \xrightarrow{L} N(0,1)$$

而标准正态随机变量的平方服从自由度为 1 的卡方分布。故当 $k=2$ 时，卡方检验统计量服从自由度为 1 的卡方分布。

课外读物

质量控制是质量管理的重要组成部分，是用统计的方法检查和控制产品的质量。通常其分为工序控制和验收控制。工序控制的目的是在生产过程中通过检查产品的质量以便及时发现问题，及时采取措施，保证生产正常进行。这是一种积极的、预告性的质量控制。验收控制主要是讨论如何制订较为合理、经济的抽样检查方案，其目的是在生产出一批产品后，制定抽样检查方案，对产品质量进行检查鉴定，合格的允许出厂，不合格的作为废品或次品处理，并采取措施改进生产。这是一种鉴定性的、把关性的质量控制。

由于产品的质量指标有三种不同的表现形式，即计量(如尺寸长度等)、计件(如次品件数)与计点(如一件或一批产品上的疵点数)，所以产品的质量指标就有三种典型分布(即正态分布、二项分布和泊松分布)，从而工序控制可分为计量控制、计件控制与计点控制三种类型。验收控制(即抽样检查方案的制订)也可分为计量控制、计件控制、计点控制三种类型。

产品在出厂之前，一般要进行检查，以断定整批产品的质量。检查产品的质量需要花费时间、人力和物力，由于种种原因一般不对整批产品逐件进行检查，而是从中随机抽查 n 件。n 太大，会造成浪费；n 太小，抽查的结果又不那么可靠。因此在做抽查之前应确定出样本容量 n 的大小。又因为一般厂方只给出产品质量指标的合格与不合格标准，且不对产品逐一检查，自然会提出如下的问题：什么情况下允许整批产品出厂？或什么情况下拒绝整批产品出厂？这个实际问题就是我们常常遇到的抽样检查方案的制订问题。

在质量控制实际工作中，有这样的抽样检查方案的制订案例：某厂要验收一批水泥砂浆，如果这种水泥砂浆劈裂强度为 8.5MPa，则验收者希望 100 次试验中有 95 次被"接收"。如果劈裂强度为 7.4MPa，则验收者希望 100 次试验中只有 3 次被"接收"。已知劈裂强度服从正态分布 $N(\mu, 0.5^2)$，验收者需要制定一套抽样检查方案。

由经验知，劈裂强度 $X \sim N(\mu, 0.5^2)$，μ 为未知参数，σ 为 0.5，需要对如下的假设进行检验：H_0：$\mu \geq \mu_0$，$\mu_0 = 8.5$，H_1：$\mu \leq \mu_1$，$\mu_1 = 7.4$，这个假设检验犯第一类错误(H_0 为真，但拒绝 H_0)的概率为 $\alpha = 1 - \frac{95}{100} = 0.05$，犯第二类错误($H_1$ 为真，但拒绝 H_1)的概率为 $\beta = \frac{3}{100} = 0.03$，于是有 $P\left\{\frac{\bar{x} - \mu_0}{\sigma/\sqrt{n}} \leq -z_\alpha\right\} = \alpha$，得到 $\frac{\bar{x} - 8.5}{0.5/\sqrt{n}} = -1.645$；$P\left\{\frac{\bar{x} - \mu_1}{\sigma/\sqrt{n}} \geq z_\beta\right\} = \beta$，得到 $\frac{\bar{x} - 7.4}{0.5/\sqrt{n}} = 1.88$，从而计算得到 $\bar{x} \approx 7.99$，$n \approx 3$。根据计算结果，验收者制订的抽样检查方案为：在每批待检的成品中只需要随机抽取 3 件进行检验，如果这 3 件水泥砂浆劈裂强度平均值超过 8 MPa，则接受这批产品，否则拒绝这批产品。

上文介绍了抽样检查方案的制订案例，有关计量控制、计件控制、计点控制的相关知识可参见孙荣恒主编的《应用数理统计》。

章节练习

一、选择题

1. 测定某钢丝折断力的稳定性，按照要求其标准差不得超过 0.006，现随机抽取 5 个样本值，得到 $s=0.007$，设总体服从 $N(\mu,\sigma^2)$，σ^2 未知，在显著性水平为 $\alpha=0.02$ 的条件下，检验这批钢丝折断力的标准差是否显著偏大的假设检验方法是( )。

   A. χ^2 双边检验　　B. χ^2 左边检验　　C. χ^2 右边检验　　D. F 检验

2. 设总体 $X \sim N(\mu,\sigma^2)$，σ^2 未知，通过样本 $X_1, X_2, \cdots, X_n$ 检验假设 $H_0: \mu=\mu_0$，$H_1: \mu \neq \mu_0$，此检验的拒绝域为( )。

   A. $\left|\dfrac{\overline{X}-\mu_0}{S/\sqrt{n}}\right| \geq t_{\alpha/2}(n-1)$　　　　B. $\dfrac{\overline{X}-\mu_0}{S/\sqrt{n}} \leq -t_\alpha(n-1)$

   C. $\dfrac{\overline{X}-\mu_0}{S/\sqrt{n}} \geq t_{\alpha/2}(n-1)$　　　　D. $\dfrac{\overline{X}-\mu_0}{S/\sqrt{n}} \geq t_\alpha(n-1)$

3. 某种元件寿命 X 服从正态分布 $N(\mu,36)$，μ 未知，随机抽取 9 个元件，测得样本均值为 3964 小时，如果用假设检验的方法判断元件平均寿命是否大于 3800 小时，则其检验统计量为( )。

   A. 164　　　　　　　　　　　　　　B. 82
   C. 1982　　　　　　　　　　　　　D. 1900

4. 某批矿砂镍含量服从 $N(\mu,3.1)$，在显著性水平为 $\alpha=0.02$ 的条件下，检验这批矿砂镍含量均值为 3.23% 的假设检验方法是( )。

   A. Z 检验法　　　　　　　　　　　B. T 检验法
   C. χ^2 检验法　　　　　　　　　　D. F 检验法

5. 设 $X_1, X_2, \cdots, X_{16}$ 是来自总体 $N(\mu,\sigma^2)$ 的简单随机样本，测得样本均值为 16.8，样本标准差为 3.4，在显著性水平为 $\alpha=0.05$ 的条件下检验总体均值是否小于 μ_0，其拒绝域可以表示为( )。

   A. $\dfrac{16.8-\mu_0}{3.4/\sqrt{16}} \leq -t_{0.025}(16)$　　　　B. $\dfrac{16.8-\mu_0}{3.4/\sqrt{16}} \leq -t_{0.05}(16)$

   C. $\dfrac{16.8-\mu_0}{3.4/\sqrt{16}} \leq -t_{0.025}(15)$　　　　D. $\dfrac{16.8-\mu_0}{3.4/\sqrt{16}} \leq -t_{0.05}(15)$

二、填空题

1. H_0 称为_____，H_1 称为_____。

2. 当原假设 H_0 为真，观测值却落入拒绝域，而做出了拒绝 H_0 的判断时，称作_____错误，又称_____，这类错误是_____。犯第一类错误的概率是显著性水平 α。当原

假设 H_0 不真，而观测值却落入接受域，而做出了接受 H_0 的判断，称作_____错误，又称_____，这类错误是_____。

3．单个总体 $N(\mu,\sigma^2)$ 检验方差用_____检验法，两个总体检验方差比用_____检验法。

4．假设检验问题的 p 值是由检验统计量的观测值得出的原假设 H_0 可被拒绝的_____显著性水平。对于任意指定的显著性水平 α，若 p 值$\leqslant\alpha$，则在显著性水平 α 下，_____H_0；若 p 值$>\alpha$，则在显著性水平 α 下，_____H_0。

5．以 X 表示生长了 15 天的肿块的直径(单位：mm)，设 $X\sim N(\mu,\sigma^2)$，μ 和 σ^2 均未知。现随机取 9 个肿块样本，测得 $\bar{x}=4.3$，$s=1.2$，试取 $\alpha=0.05$，用 p 检验法检验假设 H_0：$\mu=4.0$，H_1：$\mu\neq 4.0$，则 $p=$_____。

三、计算题

1．一台包装机装洗衣粉，额定标准质量为 500 g，根据以往经验，包装机的实际装袋质量服从正态分布，其中标准差为 15，为检验包装机工作是否正常，随机抽取 9 袋，称得洗衣粉净质量(单位：g)数据如下：497,506,518,524,488,517,510,515,516，若取显著性水平为 0.01，问：这个包装机工作是否正常？

2．某工厂生产的固体燃料推进器的燃烧率服从正态分布 $N(\mu,\sigma^2)$，$\mu=40\text{cm/s}$，$\sigma=2\text{cm/s}$，现用新方法生产了一批推进器，随机取 $n=25$ 只，测得燃烧率的样本均值为 $\bar{x}=41.25\text{cm/s}$。设在新方法下总体标准差仍为 2。取显著性水平 $\alpha=0.05$，问：用新方法生产的推进器的燃烧率是否较以往生产的推进器的燃烧率有显著的提高？

3．要求一种元件平均使用寿命不得低于 3 万小时，生产者从这批元件中随机抽取 10 件，测得其寿命的平均值为 2.87 万小时。已知该种元件寿命服从标准差为 $\sigma=0.079$ 的正态分布。试在显著性水平为 $\alpha=0.05$ 的条件下判断这批元件是否合格。

4．在平炉上进行一项试验以确定改变操作方法的建议是否会增加炼钢得率，试验在同一个平炉上进行，每炼一炉钢，除操作方法外，其他条件都尽可能做到相同。先采用标准方法炼一炉，然后用建议的新方法炼一炉，以后交替进行，各炼 10 炉，其炼钢得率见表 3-12。

表 3-12 炼钢得率

标准方法/%	78.1	72.4	76.2	74.3	77.4	78.4	76.0	75.5	76.7	77.3
新方法/%	79.1	81.0	77.3	79.1	80.0	78.1	79.1	77.3	80.2	82.1

设这两个样本相互独立且分别来自正态总体 $N(\mu_1,\sigma^2)$ 和 $N(\mu_2,\sigma^2)$，μ_1、μ_2、σ^2 均未知。取 $\alpha=0.05$，问：建议的新方法能否提高炼钢得率？

5．学校评价某一门公共课的教学质量，分别在 A 专业和 B 专业各抽取 10 名学生对该门课进行评分，学评教分数见表 3-13。

表 3-13 学评教分数 单位：分

A 专业	10	8	9	9	9	10	8	7	9	8
B 专业	8	7	8	10	9	8	7	6	8	9

设两个专业学评教分数分别来自正态总体，且两总体的方差相等，但参数均未知。两样本独立，分别以 μ_1、μ_2 代表 A 专业和 B 专业的总体均值，取 $\alpha = 0.1$，试检验假设 H_0：$\mu_1 - \mu_2 \leq 0$，H_1：$\mu_1 - \mu_2 > 0$。

6. 有甲、乙两台机床加工相同的产品，从这两台机床加工的产品中随机地抽取若干件，测得产品直径的数据见表 3-14。

表 3-14 直径数据   单位：mm

机床甲	20.5	19.8	19.7	20.4	20.1	20.0	19.0	19.9
机床乙	19.7	20.8	20.5	19.8	19.4	20.6	19.2	

假定两台机床加工的产品直径都服从正态分布，且总体方差相等。取 $\alpha = 0.05$，试比较甲、乙两台机床加工的产品直径有无显著差异？

7. 为了比较女子右手和左手的握力指数，选取 15 人，测得她们的右手和左手的握力指数，得到数据见表 3-15。

表 3-15 握力指数   单位：kg

女子	1	2	3	4	5	6	7	8	9	10	11	12	13	14	15
右手 Y_i	27	29	33	36	38	27	29	28	30	35	31	35	28	21	25
左手 X_i	25	26	31	32	40	24	27	28	31	30	29	29	30	22	24

设 $D_i = X_i - Y_i$ $(i=1,2,\cdots,15)$ 是来自正态总体 $N(\mu_D, \sigma_D^2)$ 的样本，μ_D, σ_D^2 均未知。取 $\alpha = 0.05$，问：是否可以认为右手的握力指数大于左手的握力指数？

8. 某厂生产的铜丝的折断力指标服从正态分布，现随机抽取 9 根，检查其折断力，测得数据(单位：kg)：289,268,285,284,286,285,286,298,292。取 $\alpha = 0.05$，问：是否可相信该厂生产的铜丝的折断力的方差为 20？

9. 一款机械手表，时间误差的标准差为 $\sigma_0 = 10s$，改进工艺后随机抽取 10 只同款手表，测得它们的时间误差(单位：s)为 9,11,8,9,4,5,6,7,7,5。设手表时间误差服从 $N(\mu, \sigma^2)$。取 $\alpha = 0.01$，考察工艺改进后时间误差的波动性是否比原手表的波动性小？

10. 某种钢板，要求其厚度的标准差不超过 0.05mm，现从压制的一批钢板中取样品 9 块，测得 $s = 0.06$，设总体为正态分布，参数均未知。问：在显著性水平为 $\alpha = 0.05$ 的条件下能否认为这批钢板的标准差显著地偏大？

11. 两台车床加工同一零件，分别取 6 件和 9 件测量直径，得 $s_x^2 = 0.345$，$s_y^2 = 0.357$，假定零件直径服从正态分布，取 $\alpha = 0.05$，能否据此断定 $\sigma_x^2 = \sigma_y^2$？

12. 设小麦品种株高服从正态分布，现抽取 A 种小麦 10 株，测得株高的样本方差为 $s_A^2 = 0.034$；B 种小麦 13 株，测得株高的样本方差为 $s_B^2 = 0.031$。这两个样本相互独立，分别来自正态总体 $N(\mu_A, \sigma_A^2)$ 和 $N(\mu_B, \sigma_B^2)$。取 $\alpha = 0.01$，检验两种小麦株高是否一样整齐。

13. 随机抽取两种谷物每单位产量数据，通过分布拟合检验得知产量分别来自正态总体 $N(\mu_1, \sigma_1^2)$，$N(\mu_2, \sigma_2^2)$，μ_1、μ_2、σ_1^2、σ_2^2 均未知，两样本独立。利用统计软件做初步的描述性统计，数据见表 3-16。

表 3-16 两种谷物数据统计表

参数	A 种谷物	B 种谷物
样本容量	8	10
平均值	2.31	2.05
标准差	0.20	0.18

① 取 $\alpha = 0.05$，检验假设 H_0：$\sigma_1^2 = \sigma_2^2$，H_1：$\sigma_1^2 \neq \sigma_2^2$。

② 根据①的结论，若能接受 H_0，接着检验假设 H_0：$\mu_1 = \mu_2$，H_1：$\mu_1 \neq \mu_2$。

③ 根据②的结论，两种谷物每单位产量之间有无显著差异，如果有显著差异，请利用变异系数指出哪种谷物每单位产量离散程度较低。

14．分别用两个不同的计算机系统检索 10 个资料，测得平均检索时间及方差(单位：s)分别为 $\bar{x} = 3.097$，$\bar{y} = 3.179$，$s_x^2 = 2.67$，$s_y^2 = 1.21$，假定检索时间服从正态分布，取 $\alpha = 0.05$，问：这两个系统检索资料有无明显差别？

15．一农场 10 年前在一鱼塘里按比例 20∶15∶40∶25 投放了四种鱼：鲑鱼、鲈鱼、竹荚鱼和鲢鱼的鱼苗。现在鱼塘里获得鱼类数量如下：鲑鱼 132 条、鲈鱼 100 条、竹荚鱼 200 条、鲢鱼 168 条，共 600 条。取 $\alpha = 0.05$，检验各鱼类数量的比例较 10 年前是否有显著改变。

16．在一批元件中抽取 100 只做寿命检验，其结果见表 3-17。

表 3-17 元件寿命

寿命 t/h	$0 \leqslant t \leqslant 100$	$100 < t \leqslant 200$	$200 < t \leqslant 300$	$t > 300$
元件数/只	43	29	17	11

取 $\alpha = 0.05$，试检验假设 H_0，灯泡寿命服从如下指数分布：

$$f(t) = \begin{cases} 0.005\mathrm{e}^{-0.005t}, & t \geqslant 0 \\ 0, & t < 0 \end{cases}$$

第4章 方差分析

方差分析是在20世纪20年代发展起来的一种统计方法,由英国统计学家费希尔在进行实验设计时为解释实验数据而引入的。目前,方差分析广泛应用于对心理学、生物学、工程和医药的实验数据的分析方面。本章主要介绍方差分析的基本原理、单因素试验方差分析和双因素方差分析。

4.1 单因素试验方差分析

4.1.1 基本概念

方差分析是分析各类别自变量对因变量影响的一种统计方法。自变量对因变量的影响也称为自变量效应,其大小则体现为因变量的误差里有多少是由自变量造成的。因此,方差分析是通过对数据误差的分析来检验自变量效应是否显著。

在试验中,我们要考察的指标称为试验指标,影响试验指标的条件称为因素。因素可分为两类,一类是人们可以控制的,称为可控因素;另一类是人们难以控制的。例如溶液浓度、反应温度、土壤微量元素的配比等是可以控制的,但测量误差、气象条件等一般是难以控制的。以下我们所说的因素都是可控因素。因素所处的状态称为该因素的水平。如果在一项试验过程中,只有一个因素在改变,则称为单因素试验;如果两个及两个以上的因素在改变,则称为多因素试验。

【**例 4-1**】设有三台机器,用来生产规格相同的铝合金薄板。取样测量薄板的厚度,数据见表4-1。

表 4-1 铝合金薄板的厚度　　　　　　　　　　单位:cm

机器 I	机器 II	机器 III
0.251	0.260	0.258
0.250	0.263	0.254
0.258	0.257	0.259
0.254	0.254	0.261
0.252	0.259	0.256

问:各台机器对薄板的厚度有无显著影响?

例 4-1 中的试验指标是薄板的厚度。机器为因素,三台机器就是这个因素的三个不同的水平。我们假定除机器这一因素外,材料的规格、操作人员的水平等其他条件都相同,那么这个试验就是一个单因素试验。试验的目的是考察各台机器所生产的薄板的厚度有无显著的差异,即考察机器这一因素对薄板的厚度有无显著的影响。如果薄板的厚度有显著差异,就表明机器这一因素对其的影响是显著的。

【例 4-2】化工过程在 3 种浓度(记为 A)、4 种温度(记为 B)下重复测取 2 个得率数据,数据见表 4-2。分析在显著性水平为 $\alpha = 0.05$ 的条件下浓度、温度对得率有无显著的影响。

表 4-2 得率统计表

		温度因素 B			
		10℃	24℃	38℃	52℃
浓度因素 A	2%	6	8	13	15
		7	9	13	15
	4%	7	9	15	14
		8	8	14	17
	6%	9	11	15	18
		10	13	17	20

例 4-2 中的试验指标是得率。浓度和温度是两个因素,浓度这个因素有 3 个不同的水平,温度这个因素有 4 个不同的水平。这个试验是一个多因素试验。试验的目的是考察温度、浓度对得率有无显著性影响。如果浓度(温度)在不同水平下得率有显著性差异,则表明浓度(温度)这一因素对得率的影响是显著的。

本节内容讨论单因素试验。在例 4-1 中,第一列数据为机器 Ⅰ 生产薄板的厚度,机器 Ⅱ 生产薄板的厚度得到第二列数据,机器 Ⅲ 生产薄板的厚度得到第三列数据。三列数据可看成来自三个不同总体的样本值。我们将各个总体的均值依次记为 μ_1, μ_2, μ_3,按题意讨论的问题是这些总体均值是否相等,如果相等则意味着这个因素的三个水平没有差异,换言之,机器对薄板厚度没有显著的影响;如果 μ_1, μ_2, μ_3 不全相等,则认为机器对薄板厚度有显著的影响。因此,这个例题需要检验假设 $H_0: \mu_1 = \mu_2 = \mu_3$,$H_1: \mu_1, \mu_2, \mu_3$ 不全等。

假设各总体均服从正态分布,且各总体的方差相等,如何判断各总体均值之间是否相等呢?在此,我们介绍一种统计方法:方差分析法。

一般情况下,设因素 A 有 s 个水平 $A_1, A_2, \cdots, A_s$,考虑这 s 个水平对于某总体 X 的效应。设在每个水平 A_j $(j = 1, 2, \cdots, s)$ 下,进行 n_j $(n_j \geq 2)$ 次独立试验,得到单因素试验数据表 4-3。

表 4-3 单因素试验数据表

A_1	A_2	……	A_j	……	A_s
X_{11}	X_{12}	……	X_{1j}	……	X_{1s}
X_{21}	X_{22}	……	X_{2j}	……	X_{2s}
……	……	……	……	……	……
X_{i1}	X_{i2}	……	X_{ij}	……	X_{is}

续表

	A_1	A_2	……	A_j	……	A_s	
	……	……	……	……	……	……	
	$X_{n_1 1}$	$X_{n_2 2}$	……	$X_{n_j j}$	……	$X_{n_s s}$	
样本容量	n_1	n_2	……	n_j	……	n_s	n
样本总和	$T_{\cdot 1}$	$T_{\cdot 2}$	……	$T_{\cdot j}$	……	$T_{\cdot s}$	$T_{\cdot\cdot}$
样本均值	$\bar{X}_{\cdot 1}$	$\bar{X}_{\cdot 2}$	……	$\bar{X}_{\cdot j}$	……	$\bar{X}_{\cdot s}$	$\bar{X}$
总体均值	μ_1	μ_2	……	μ_j	……	μ_s	μ

表 4-3 中，A_1 水平下观测的第一个数记为 X_{11}，第二个数记为 $X_{21},\cdots$。A_1 水平这组数据样本容量为 n_1。同样地，A_2 水平下观测的第一个数记为 X_{12}，第二个数记为 $X_{22},\cdots$。A_2 水平这组数据样本容量为 n_2。样本总容量记为 $n=\sum_{j=1}^{s}n_j$。

我们把 A_1 的观测值全加起来，称为样本总和，记为 $T_{\cdot 1}=\sum_{i=1}^{n_1}X_{i1}$，同样，$A_2,\cdots,A_s$ 的样本总和分别记为 $T_{\cdot 2},\cdots,T_{\cdot s}$。$T_{\cdot\cdot}=\sum_{j=1}^{s}T_{\cdot j}$ 称为总和。

我们把 A_1 的样本总和除以 A_1 的样本容量得到的值称为 A_1 的样本均值，记为 $\bar{X}_{\cdot 1}$。同样，A_j 的样本均值记为 $\bar{X}_{\cdot j}$，$\bar{X}_{\cdot j}=\frac{1}{n_j}\sum_{i=1}^{n_j}X_{ij}$。$\bar{X}=\frac{1}{n}\sum_{j=1}^{s}\sum_{i=1}^{n_j}X_{ij}$ 称为数据总平均。

总体均值依次记为 $\mu_1,\mu_2,\cdots,\mu_s$，它们的加权平均值记为 $\mu=\frac{1}{n}\sum_{j=1}^{s}n_j\mu_j$，又称为总平均值。

4.1.2 数学模型

假设各个水平 A_j $(j=1,2,\cdots,s)$ 下的样本 $X_{1j},X_{2j},\cdots,X_{n_j j}$ 来自具有相同方差 σ^2，均值分别为 μ_j $(j=1,2,\cdots,s)$ 的正态总体 $N(\mu_j,\sigma^2)$，μ_j 与 σ^2 未知。又设不同水平 A_j 下的样本之间相互独立。下面用线性模型加以研究。

由于 $X_{ij}\sim N(\mu_j,\sigma^2)$ $(i=1,\cdots,n_j;1\leqslant j\leqslant s)$，所以 $X_{ij}-\mu_j\sim N(0,\sigma^2)$，$X_{ij}-\mu_j=\varepsilon_{ij}$ 称作随机误差。X_{ij} 可以写为

$$\left.\begin{array}{r}X_{ij}=\mu_j+\varepsilon_{ij}\\ \varepsilon_{ij}\sim N(0,\sigma^2)\\ i=1,2,\cdots n_j;j=1,2,\cdots,s\end{array}\right\} \quad (4\text{-}1)$$

其中，ε_{ij} 是相互独立的随机变量列，常称为不可观测随机变量，μ_j 与 σ^2 为未知参数。式(4-1)称为单因素试验方差分析的数学模型。

方差分析有两大任务。

一是检验 s 个总体的均值是否相等，即

H_0：$\mu_1 = \mu_2 = \cdots = \mu_s$，$H_1$：$\mu_1, \mu_2, \cdots, \mu_s$ 不全相等。

二是作出未知参数 μ_1，μ_2，...，μ_s，σ^2 的估计。

要检验 H_0，若 H_0 为真，则 $\mu_1 = \mu_2 = \cdots = \mu_s = \mu$，$\mu_1 - \mu = \mu_2 - \mu = \cdots = \mu_s - \mu = 0$。若 H_0 不真，则 $\mu_1 - \mu$，$\mu_2 - \mu$，...，$\mu_s - \mu$ 中至少有一个不为 0。因此，很自然地引出 $\delta_j = \mu_j - \mu$，δ_j 表示水平 A_j 下的总体均值与总平均值的差异，称 δ_j 为水平 A_j 的效应，它反映因素在第 j 个水平下对试验指标的"纯"作用大小。我们可以推导出：

$$\sum_{j=1}^{s} n_j \delta_j = \sum_{j=1}^{s} n_j (\mu_j - \mu) = n\mu - n\mu = 0 \tag{4-2}$$

于是式(4-1)可改写为

$$\left.\begin{array}{l} X_{ij} = \mu + \delta_j + \varepsilon_{ij} \\ \varepsilon_{ij} \sim N(0, \sigma^2)，各 \varepsilon_{ij} 相互独立 \\ \displaystyle\sum_{j=1}^{s} n_j \delta_j = 0 \\ i = 1, 2, \cdots n_j；j = 1, 2, \cdots, s \end{array}\right\} \tag{4-3}$$

原检验假设等价于检验假设。

H_0：$\delta_1 = \delta_2 = \cdots = \delta_s = 0$，$H_1$：$\delta_1, \delta_2, \cdots, \delta_s$ 不全为 0。

4.1.3 平方和分解式

在上一章，我们学习假设检验有四个步骤：第一步由题意写出 H_0，H_1；第二步根据已知条件和要解决的问题，判断用什么检验方法，统计量是什么，拒绝域在哪里；第三步计算统计量，查表得临界点；第四步得出结论。

为了找到这个假设检验的统计量和相应的拒绝域，下面我们从平方和的分解着手，引入总离差平方和公式。

定义：设 $S_T = \displaystyle\sum_{j=1}^{s}\sum_{i=1}^{n_j}(X_{ij} - \bar{X})^2$，称为总变差，又称为总离差平方和，它反映了全部试验数据之间的差异。

$$S_T = \sum_{j=1}^{s}\sum_{i=1}^{n_j}(X_{ij} - \bar{X})^2 = \sum_{j=1}^{s}\sum_{i=1}^{n_j}[(X_{ij} - \bar{X}_{\cdot j}) + (\bar{X}_{\cdot j} - \bar{X})]^2$$

$$= \sum_{j=1}^{s}\sum_{i=1}^{n_j}\left[(X_{ij} - \bar{X}_{\cdot j})^2 + 2(X_{ij} - \bar{X}_{\cdot j})(\bar{X}_{\cdot j} - \bar{X}) + (\bar{X}_{\cdot j} - \bar{X})^2\right]$$

$$= \sum_{j=1}^{s}\sum_{i=1}^{n_j}(X_{ij} - \bar{X}_{\cdot j})^2 + 2\sum_{j=1}^{s}\sum_{i=1}^{n_j}(X_{ij} - \bar{X}_{\cdot j})(\bar{X}_{\cdot j} - \bar{X}) + \sum_{j=1}^{s}\sum_{i=1}^{n_j}(\bar{X}_{\cdot j} - \bar{X})^2$$

$$\sum_{j=1}^{s}\sum_{i=1}^{n_j}(X_{ij}-\overline{X}_{\cdot j})(\overline{X}_{\cdot j}-\overline{X})=\sum_{j=1}^{s}(\overline{X}_{\cdot j}-\overline{X})\sum_{i=1}^{n_j}(X_{ij}-\overline{X}_{\cdot j})$$

$$=\sum_{j=1}^{s}(\overline{X}_{\cdot j}-\overline{X})(\sum_{i=1}^{n_j}X_{ij}-n_j\overline{X}_{\cdot j})$$

$$=0$$

令

$$S_E=\sum_{j=1}^{s}\sum_{i=1}^{n_j}(X_{ij}-\overline{X}_{\cdot j})^2 \tag{4-4}$$

$$S_A=\sum_{j=1}^{s}\sum_{i=1}^{n_j}(\overline{X}_{\cdot j}-\overline{X})^2 \tag{4-5}$$

则

$$S_T=S_E+S_A \tag{4-6}$$

式(4-6)称为单因素试验平方和分解式。

定义：S_E 称为误差平方和，它反映了样本内部随机误差，又称为样本组内平方和。它指样本观测值与样本均值的差异，是由随机误差引起的。S_A 称为效应平方和，它反映样本之间差异，又称为样本组间平方和，它指 A_j 水平下的样本均值与数据总平均的差异，是由水平 A_j 的效应差异和随机误差引起的。

4.1.4 假设检验

利用第一章抽样分布的知识，我们可以推导出 $\dfrac{S_E}{\sigma^2}\sim\chi^2(n-s)$，当 H_0 成立时，$\dfrac{S_A}{\sigma^2}\sim\chi^2(s-1)$。具体证明过程见本章末"疑难公式的推导与证明"。

当 H_0 为真时，由 F 分布定义，有

$$F=\dfrac{\dfrac{S_A}{(s-1)\sigma^2}}{\dfrac{S_E}{(n-s)\sigma^2}}=\dfrac{S_A/s-1}{S_E/n-s}\sim F(s-1,n-s)$$

S_E 是组内平方和，不论 H_0 是否为真，误差平方和的均方 $\dfrac{S_E}{n-s}$ 的数学期望总是 σ^2。S_A 是组间平方和，它反映了样本之间的差异。若 H_0 为真，则效应平方和的均方 $\dfrac{S_A}{s-1}$ 的数学期望是 σ^2；若 H_0 不真，那 $\dfrac{S_A}{s-1}$ 的取值有偏大的趋势。$\dfrac{S_A/(s-1)}{S_E/(n-s)}$ 大到什么程度就拒绝 H_0 呢？

当 $P\left\{\dfrac{S_A/(s-1)}{S_E/(n-s)}>k\right\}=\alpha$，$k$ 就是拒绝 H_0 的临界点。由 F 检验法知，对已给的显著性水平 α，

取 k 为上侧 α 分位点 $F_\alpha(s-1, n-s)$，使得 $P_{H_0}\{F > F_\alpha(s-1, n-s)\} = \alpha$，故得拒绝 H_0 的区域为

$$F = \frac{S_A/(s-1)}{S_E/(n-s)} > F_\alpha(s-1, n-s) \tag{4-7}$$

将上述分析的结果写成表的形式，称为单因素方差分析表，见表 4-4。

表 4-4 单因素方差分析表

方差来源	平方和	自由度	均方	F 比
因素 A	S_A	$s-1$	$\bar{S}_A = \dfrac{S_A}{s-1}$	$F = \bar{S}_A / \bar{S}_E$
误差	S_E	$n-s$	$\bar{S}_E = \dfrac{S_E}{n-s}$	
总和	S_T	$n-1$		

单因素试验方差分析的重要步骤如下。

第一步：根据题意准确写出检验假设。
H_0：$\delta_1 = \delta_2 = \cdots = \delta_s = 0$，$H_1$：$\delta_1, \delta_2, \cdots, \delta_s$ 不全为 0。

第二步：由原始数据计算出 S_A，S_E，S_T，完成方差分析表。

通常情况，我们会利用 Excel 数据分析库中的方差分析功能：单因素方差分析，快速处理数据，得到方差分析表，扫描右侧二维码见具体操作。

第三步：利用临界值法，由拒绝域 $F > F_\alpha(s-1, n-s)$ 判断是接受 H_0 还是拒绝 H_0，或者利用 p 检验法进行判断。

单因素方差分析Excel的操作步骤

【例 4-3】利用单因素方差分析法解决例 4-1 的问题，取显著性水平 $\alpha = 0.05$。

解：由题意需要检验 H_0：$\mu_1 = \mu_2 = \mu_3$，H_1：μ_1, μ_2, μ_3 不全相等。

已知机器这个因素有 3 个水平，于是有 $s = 3$，每个机器各抓取 5 个数据，于是有 $n_1 = n_2 = n_3 = 5$，样本数据的总容量为 $n = 15$。

由式(4-4)～式(4-6)，分别计算出 $S_E = 0.000114$，$S_A = 0.000089$，$S_T = 0.000203$，得到本例的单因素方差分析表(表 4-5)。

表 4-5 例 4-3 的单因素方差分析表

方差来源	平方和	自由度	均方	F 比	p 值	临界值
因素 A	0.000089	2	0.0000446	4.678	0.0315	3.885
误差	0.000114	12	0.0000095			
总和	0.000203	14				

利用临界值法，因为 $F = 4.678 > F_{0.05}(2,12) = 3.885$，故在显著性水平为 0.05 的条件下拒绝 H_0；利用 p 检验法，因为 $p = 0.0315 < 0.05$，故在显著性水平为 0.05 的条件下拒绝 H_0，认为各机器生产的薄板厚度有显著差异，说明机器这个因素对薄板厚度存在显著性的影响。

例 4-3 拒绝 H_0，接受 H_1，μ_1、μ_2、μ_3 不全相等，意味着至少有两个总体均值不相等。如果遇到这样的情况，我们可以依次检验 $\mu_1-\mu_2$、$\mu_1-\mu_3$、$\mu_2-\mu_3$ 是否为零，来判断哪些总体均值不相等。

4.1.5 未知参数的估计

方差分析有两个任务，一是检验均值，二是估计未知参数。在这里我们用参数估计中无偏估计的结论来完成方差分析的第二个任务。

不管 H_0 是否为真，σ^2 的无偏估计为

$$\hat{\sigma}^2 = \frac{S_E}{n-s} = \overline{S}_E \tag{4-8}$$

μ，μ_j 的无偏估计分别为

$$\hat{\mu} = \overline{X}, \quad \hat{\mu}_j = \overline{X}_{\cdot j} \tag{4-9}$$

δ_j 的无偏估计为

$$\hat{\delta}_j = \overline{X}_{\cdot j} - \overline{X} \tag{4-10}$$

当拒绝 H_0 时，常常需要对两个总体 $N(\mu_j, \sigma^2)$ 和 $N(\mu_k, \sigma^2)(j \neq k)$ 的均值差 $\mu_j - \mu_k = \delta_j - \delta_k$ 做区间估计。

由于

$$E(\overline{X}_{\cdot j} - \overline{X}_{\cdot k}) = \mu_j - \mu_k$$

$$D(\overline{X}_{\cdot j} - \overline{X}_{\cdot k}) = \sigma^2 \left(\frac{1}{n_j} + \frac{1}{n_k} \right)$$

其中，$\overline{X}_{\cdot j} - \overline{X}_{\cdot k}$ 与 $\hat{\sigma}^2 = S_E/(n-s)$ 相互独立，于是

$$\frac{(\overline{X}_{\cdot j} - \overline{X}_{\cdot k}) - (\mu_j - \mu_k)}{\sqrt{\overline{S}_E \left(\frac{1}{n_j} + \frac{1}{n_k} \right)}} = \frac{(\overline{X}_{\cdot j} - \overline{X}_{\cdot k}) - (\mu_j - \mu_k)}{\sigma \sqrt{1/n_j + 1/n_k}} \bigg/ \sqrt{\frac{S_E}{\sigma^2}/(n-s)} \sim t(n-s)$$

故均值差 $\mu_j - \mu_k = \delta_j - \delta_k$ 的置信水平为 $1-\alpha$ 的置信区间为

$$\left(\overline{X}_{\cdot j} - \overline{X}_{\cdot k} \pm t_{\alpha/2}(n-s) \sqrt{\overline{S}_E \left(\frac{1}{n_j} + \frac{1}{n_k} \right)} \right) \tag{4-11}$$

【例 4-4】求例 4-3 的未知参数 σ^2，μ_j，δ_j $(j=1,2,3)$ 的点估计及均值差的置信水平为 0.95 的置信区间。

解：$\hat{\sigma}^2 = \dfrac{S_E}{n-s} = 0.0000095$，$\hat{\mu}_1 = \overline{x}_{\cdot 1} = 0.2530$，$\hat{\mu}_2 = \overline{x}_{\cdot 2} = 0.2586$，$\hat{\mu}_3 = \overline{x}_{\cdot 3} = 0.2576$，

$\hat{\mu} = \bar{x} = 0.2564$，$\hat{\delta}_1 = \bar{x}_{\cdot 1} - \bar{x} = -0.0034$，$\hat{\delta}_2 = \bar{x}_{\cdot 2} - \bar{x} = 0.0022$，$\hat{\delta}_3 = \bar{x}_{\cdot 3} - \bar{x} = 0.0012$。

均值差的区间估计如下：

$$t_{0.025}(n-s) = t_{0.025}(12) = 2.179$$

$$t_{0.025}(12)\sqrt{\bar{S}_E\left(\frac{1}{n_j} + \frac{1}{n_k}\right)} = 2.179 \times \sqrt{0.0000095 \times \frac{2}{5}} \approx 0.0042$$

故 $\mu_1 - \mu_2$、$\mu_1 - \mu_3$、$\mu_2 - \mu_3$ 的置信水平为 0.95 的置信区间分别为

$$(0.2530 - 0.2586 \pm 0.0042) = (-0.0098, -0.0014)$$

$$(0.2530 - 0.2576 \pm 0.0042) = (-0.0088, -0.0004)$$

$$(0.2586 - 0.2576 \pm 0.0042) = (-0.0032, 0.0052)$$

4.2 双因素试验方差分析

4.2.1 双因素等重复试验方差分析

在例 4-2 中，我们看到有一些试验会考虑两个因素，且两个因素的每一种组合会抓取相同数量的试验数据，这种试验称为双因素等重复试验。

设有两个因素 A 和 B 作用于试验的指标，因素 A 有水平 $A_1, \cdots, A_r$，因素 B 有水平 $B_1, \cdots, B_s$，对每组 $(A_i, B_j)(i=1,2,\cdots,r,\ j=1,2,\cdots,s)$，做 $t(\geqslant 2)$ 次重复试验得表 4-6。

表 4-6 双因素等重复试验数据表

	B_1	B_2	……	B_j	……	B_s
A_1	$X_{111}, X_{112},$ $\cdots, X_{11t}$	$X_{121}, X_{122},$ $\cdots, X_{12t}$	……	……	……	$X_{1s1}, X_{1s2},$ $\cdots, X_{1st}$
A_2	$X_{211}, X_{212},$ $\cdots, X_{21t}$	$X_{221}, X_{222},$ $\cdots, X_{22t}$	……	……	……	$X_{2s1}, X_{2s2},$ $\cdots, X_{2st}$
……	……	……	……	……	……	……
A_i	……	……	……	$X_{ij1}, X_{ij2}, \cdots,$ $X_{ijk}, \cdots, X_{ijt}$	……	……
……	……	……	……	……	……	……
A_r	$X_{r11}, X_{r12},$ $\cdots, X_{r1t}$	$X_{r21}, X_{r22},$ $\cdots, X_{r2t}$	……	……	……	$X_{rs1}, X_{rs2},$ $\cdots, X_{rst}$

设 $X_{ijk} \sim N(\mu_{ij}, \sigma^2)(i=1,2,\cdots,r;\ j=1,2,\cdots,s;\ k=1,2,\cdots,t)$；各 X_{ijk} 独立，μ_{ij} 指对水平 A_i、B_j 做 t 次试验得到的总体均值，是未知参数。σ^2 指总体方差，也是未知参数。X_{ijk} 可写成

$$\left.\begin{array}{l}X_{ijk} = \mu_{ij} + \varepsilon_{ijk}\\ \varepsilon_{ijk} \sim N(0,\sigma^2),\ 各\varepsilon_{ijk}独立\\ i=1,2,\cdots,r\ ;\ j=1,2,\cdots,s\ ;\ k=1,2,\cdots,t\end{array}\right\} \quad (4\text{-}12)$$

引入记号:

$\mu = \dfrac{1}{rs}\sum\limits_{i=1}^{r}\sum\limits_{j=1}^{s}\mu_{ij}$,称$\mu$为总平均。

$\mu_{i\cdot} = \dfrac{1}{s}\sum\limits_{j=1}^{s}\mu_{ij}(i=1,2,\cdots,r)$,称$\mu_{i\cdot}$为$A_i$与$B$的每个水平搭配后的总体期望平均值。

$\mu_{\cdot j} = \dfrac{1}{r}\sum\limits_{i=1}^{r}\mu_{ij}(j=1,2,\cdots,s)$,称$\mu_{\cdot j}$为$B_j$与$A$的每个水平搭配后的总体期望平均值。

$\alpha_i = \mu_{i\cdot} - \mu(i=1,2,\cdots,r)$,称$\alpha_i$为$A_i$的效应。

$\beta_j = \mu_{\cdot j} - \mu(j=1,2,\cdots,s)$,称$\beta_j$为$B_j$的效应。

$\sum\limits_{i=1}^{r}\alpha_i = \sum\limits_{j=1}^{s}\beta_j = 0$,可将$\mu_{ij}$表示为

$$\mu_{ij} = \mu + \alpha_i + \beta_j + (\mu_{ij} - \mu_{i\cdot} - \mu_{\cdot j} + \mu)$$

记$\gamma_{ij} = \mu_{ij} - \mu_{i\cdot} - \mu_{\cdot j} + \mu(i=1,2,\cdots,r\ ;\ j=1,2,\cdots,s)$,称$\gamma_{ij}$为水平$A_i$和水平$B_j$的交互效应,这是由$A_i$,$B_j$联合起作用而引起的。

此时,$\mu_{ij} = \mu + \alpha_i + \beta_j + \gamma_{ij}$。

显然:

$$\sum_{i=1}^{r}\gamma_{ij} = \sum_{i=1}^{r}(\mu_{ij} - \mu - \alpha_i - \beta_j)$$
$$= \sum_{i=1}^{r}\mu_{ij} - r\mu - \sum_{i=1}^{r}\alpha_i - r\beta_j = r\mu_{\cdot j} - r\mu - 0 - r\beta_j = r\beta_j - r\beta_j = 0$$

$$\sum_{j=1}^{s}\gamma_{ij} = \sum_{j=1}^{s}(\mu_{ij} - \mu - \alpha_i - \beta_j)$$
$$= \sum_{j=1}^{s}\mu_{ij} - s\mu - s\alpha_i - \sum_{j=1}^{s}\beta_j = s\mu_{i\cdot} - s\mu - s\alpha_i - 0 = s\alpha_i - s\alpha_i = 0$$

于是式(4-12)可写成

$$\left.\begin{array}{l}X_{ijk} = \mu + \alpha_i + \beta_j + \gamma_{ij} + \varepsilon_{ijk}\\ \varepsilon_{ijk} \sim N(0,\sigma^2),各\varepsilon_{ijk}独立\\ i=1,2,\cdots,r\ ;\ j=1,2,\cdots,s\ ;\ k=1,2,\cdots,t\\ \sum\limits_{i=1}^{r}\alpha_i = 0, \sum\limits_{j=1}^{s}\beta_j = 0, \sum\limits_{i=1}^{r}\gamma_{ij} = 0, \sum\limits_{j=1}^{s}\gamma_{ij} = 0\end{array}\right\} \quad (4\text{-}13)$$

其中,μ、α_i、β_j、γ_{ij}、σ^2都是未知参数。

式(4-13)称为双因素等重复试验方差分析的数学模型。对于这一模型我们要检验以下三个假设。

① H_{01}: $\alpha_1 = \alpha_2 = \cdots = \alpha_r = 0$, H_{11}: $\alpha_1, \alpha_2, \cdots, \alpha_r$ 不全为零。
② H_{02}: $\beta_1 = \beta_2 = \cdots = \beta_s = 0$, H_{12}: $\beta_1, \beta_2, \cdots, \beta_s$ 不全为零。
③ H_{03}: $\gamma_{11} = \gamma_{12} = \cdots = \gamma_{rs} = 0$, H_{13}: $\gamma_{11}, \gamma_{12}, \cdots, \gamma_{rs}$ 不全为零。

与单因素试验检验方法情况类似,对这些问题的检验方法仍建立在平方和的分解上。引入以下记号:

$$\overline{X} = \frac{1}{rst} \sum_{i=1}^{r} \sum_{j=1}^{s} \sum_{k=1}^{t} X_{ijk} \tag{4-14}$$

$$\overline{X}_{ij\bullet} = \frac{1}{t} \sum_{k=1}^{t} X_{ijk} \tag{4-15}$$

$$\overline{X}_{i\bullet\bullet} = \frac{1}{st} \sum_{j=1}^{s} \sum_{k=1}^{t} X_{ijk} \tag{4-16}$$

$$\overline{X}_{\bullet j\bullet} = \frac{1}{rt} \sum_{i=1}^{r} \sum_{k=1}^{t} X_{ijk} \ (i=1,2,\cdots,r; j=1,2,\cdots,s; k=1,2,\cdots,t) \tag{4-17}$$

总离差平方和(称为总变差)

$$S_T = \sum_{i=1}^{r} \sum_{j=1}^{s} \sum_{k=1}^{t} (X_{ijk} - \overline{X})^2 \tag{4-18}$$

$$S_T = \sum_{i=1}^{r} \sum_{j=1}^{s} \sum_{k=1}^{t} [(X_{ijk} - \overline{X}_{ij\bullet}) + (\overline{X}_{i\bullet\bullet} - \overline{X}) + (\overline{X}_{\bullet j\bullet} - \overline{X}) + (\overline{X}_{ij\bullet} - \overline{X}_{i\bullet\bullet} - \overline{X}_{\bullet j\bullet} + \overline{X})]^2$$

$$= \sum_{i=1}^{r} \sum_{j=1}^{s} \sum_{k=1}^{t} (X_{ijk} - \overline{X}_{ij\bullet})^2 + st \sum_{i=1}^{r} (\overline{X}_{i\bullet\bullet} - \overline{X})^2 + rt \sum_{j=1}^{s} (\overline{X}_{\bullet j\bullet} - \overline{X})^2 + t \sum_{i=1}^{r} \sum_{j=1}^{s} (\overline{X}_{ij\bullet} - \overline{X}_{i\bullet\bullet} - \overline{X}_{\bullet j\bullet} + \overline{X})^2$$

令:

$$S_E = \sum_{i=1}^{r} \sum_{j=1}^{s} \sum_{k=1}^{t} (X_{ijk} - \overline{X}_{ij\bullet})^2 \tag{4-19}$$

$$S_A = st \sum_{i=1}^{r} (\overline{X}_{i\bullet\bullet} - \overline{X})^2 \tag{4-20}$$

$$S_B = rt \sum_{j=1}^{s} (\overline{X}_{\bullet j\bullet} - \overline{X})^2 \tag{4-21}$$

$$S_{A \times B} = t \sum_{i=1}^{r} \sum_{j=1}^{s} (\overline{X}_{ij\bullet} - \overline{X}_{i\bullet\bullet} - \overline{X}_{\bullet j\bullet} + \overline{X})^2 \tag{4-22}$$

于是有
$$S_T = S_E + S_A + S_B + S_{A \times B} \tag{4-23}$$

式(4-22)称为双因素等重复试验平方和分解式。S_E 称为误差平方和，S_A、S_B 分别称为因素 A、因素 B 的效应平方和，$S_{A \times B}$ 称为 A、B 交互效应平方和。

和单因素试验方差分析的推导类似，这里有

当 H_{01} 成立时，$F_A = \dfrac{S_A/(r-1)}{S_E/rs(t-1)} \sim F(r-1, rs(t-1))$。

故 H_{01} 拒绝域为
$$F_A \geqslant F_\alpha(r-1, rs(t-1)) \tag{4-24}$$

同理，H_{02} 拒绝域为
$$F_B = \dfrac{S_B/(s-1)}{S_E/rs(t-1)} \geqslant F_\alpha(s-1, rs(t-1)) \tag{4-25}$$

同理，H_{03} 拒绝域为
$$F_{A \times B} = \dfrac{S_{A \times B}/(r-1)(s-1)}{S_E/rs(t-1)} \geqslant F_\alpha((r-1)(s-1), rs(t-1)) \tag{4-26}$$

上述结果可汇总成下列的双因素等重复方差分析表 4-7。

表 4-7 双因素等重复方差分析表

方差来源	平方和	自由度	均方	F 比
因素 A	S_A	$r-1$	$\overline{S}_A = \dfrac{S_A}{r-1}$	$F_A = \dfrac{\overline{S}_A}{\overline{S}_E}$
因素 B	S_B	$s-1$	$\overline{S}_B = \dfrac{S_B}{s-1}$	$F_B = \dfrac{\overline{S}_B}{\overline{S}_E}$
交互效应	$S_{A \times B}$	$(r-1)(s-1)$	$\overline{S}_{A \times B} = \dfrac{S_{A \times B}}{(r-1)(s-1)}$	$F_{A \times B} = \dfrac{\overline{S}_{A \times B}}{\overline{S}_E}$
误差	S_E	$rs(t-1)$	$\overline{S}_E = \dfrac{S_E}{rs(t-1)}$	
总和	S_T	$rst-1$		

双因素等重复试验方差分析有三个重要步骤。

第一步：根据题意写出检验假设；

第二步：利用公式计算 $S_E, S_A, S_B, S_{A \times B}, S_T$，得到方差分析表；

第三步：利用临界值法或 p 检验法判别是接受还是拒绝原假设。

【例 4-5】利用双因素等重复方差分析法解决例 4-2 的问题。

解：H_{01}: $\alpha_1 = \alpha_2 = \alpha_3 = \alpha_4 = 0$，$H_{11}$: $\alpha_1, \alpha_2, \alpha_3, \alpha_4$ 不全为零。

H_{02}: $\beta_1 = \beta_2 = \beta_3 = 0$，$H_{12}$: $\beta_1, \beta_2, \beta_3$ 不全为零。

H_{03}: $\gamma_{11} = \gamma_{12} = \cdots = \gamma_{43} = 0$，$H_{13}$: $\gamma_{11}, \gamma_{12}, \cdots, \gamma_{43}$ 不全为零。

利用式(4-18)~式(4-22)，以及表 4-7 得到本例的方差分析表(表 4-8)。

表 4-8　例 4-5 的双因素等重复方差分析表

方差来源	平方和	自由度	均方	F 比	p 值	临界值
浓度	50.25	2	25.125	22.333	9.02E-05	3.8853
温度	295.46	3	98.487	87.544	2E-08	3.4903
交互效应	3.42	6	0.567	0.504	0.792563	2.9961
误差	13.50	12	1.125			
总和	362.63	23				

利用临界值法，因 22.333 > 3.8853，故在显著性水平为 0.05 的条件下拒绝 H_{01}；利用 p 检验法，因 p_A=9.02×10^{-5} < 0.05，故拒绝 H_{01}。两种方法均说明浓度这个因素的 3 个水平之间存在显著性差异，进一步表明浓度对得率有显著的影响。

同上，因 87.544 > 3.4903，$p_B = 2×10^{-8}$ < 0.05，故拒绝 H_{02}。两种方法均说明温度这个因素的 4 个水平之间存在显著性差异，进一步表明温度对得率有显著的影响。

同上，因 0.504 < 2.996，$p_{A×B} = 0.792563 > 0.05$，故接受 H_{03}。两种方法均说明浓度和温度组合之间没有显著性差异，进一步表明两者的交互作用对得率无显著的影响。

在解决实际问题时，我们可以利用 Excel 的双因素等重复试验方差分析功能得到相应的数据，扫描右侧二维码，查看例 4-5 的 Excel 的操作步骤。

4.2.2　双因素无重复试验方差分析

检验两个因素的交互效应，对两个因素的每一组合至少要做两次试验。如果已知不存在交互效应，或已知交互效应对试验的指标影响很小，则可以不考虑交互效应。对两个因素的每一组合只做一次试验，也可以对各因素的交互效应进行分析，这种分析称为双因素无重复试验方差分析。

双因素等重复试验方差分析 Excel 的操作步骤

设对总体 X 影响的有 A 和 B 两个因素，因素 A 有水平 $A_1,\cdots,A_r$，B 有水平 $B_1,\cdots,B_s$。对每组 (A_i, B_j) $(i=1,\cdots,r;j=1,\cdots,s)$，做试验可得观测值 x_{ij}，共 rs 个数据，双因素无重复试验数据见表 4-9。

表 4-9　双因素无重复试验数据表

	B_1	B_2	……	B_j	……	B_s
A_1	X_{11}	X_{12}	……	……	……	X_{1s}
A_2	X_{21}	X_{22}	……	……	……	X_{2s}
……	……	……	……	……	……	……
A_i	X_{i1}	X_{i2}	……	X_{ij}	……	X_{is}
……	……	……	……	……	……	……
A_r	X_{r1}	X_{r2}				X_{rs}

设它们相互独立，假定 $X_{ij} \sim N(\mu_{ij}, \sigma^2)(i=1,\cdots,r;\ j=1,\cdots,s)$，$\mu_{ij}$、$\sigma^2$ 均为未知参数。并且 $X_{ij} = \mu_{ij} + \varepsilon_{ij}(i=1,\cdots,r;\ j=1,\cdots,s)$，$\varepsilon_{ij} \sim N(0, \sigma^2)$，各 ε_{ij} 相互独立。此处假定两因素 A

和 B 无交互作用，$\gamma_{ij}=0$，$\mu_{ij}=\mu+\alpha_i+\beta_j$，由式(4-13)可以得到

$$\left.\begin{aligned} & X_{ij}=\mu+\alpha_i+\beta_j+\varepsilon_{ij} \\ & \varepsilon_{ij}\sim N(0,\sigma^2),\text{各}\varepsilon_{ij}\text{相互独立} \\ & i=1,2,\cdots,r;\ j=1,2,\cdots,s \\ & \sum_{i=1}^{r}\alpha_i=0,\sum_{j=1}^{s}\beta_j=0 \end{aligned}\right\} \tag{4-27}$$

其中，α_i 表示 A 因素的各个水平的差异，β_j 表示 B 因素的各个水平的差异。

式(4-27)称为双因素无重复方差分析模型。对这个模型，我们所要检验的假设为

$$H_{01}:\ \alpha_1=\alpha_2=\cdots=\alpha_r=0,\quad H_{02}:\ \beta_1=\beta_2=\cdots=\beta_s=0$$

H_{01}、H_{02} 分别表明因素 A、B 各个水平之间无差异。

与双因素等重复试验方差分析类似，设

总平方和

$$S_T=\sum_{i=1}^{r}\sum_{j=1}^{s}(X_{ij}-\bar{X})^2 \tag{4-28}$$

因素 A 的效应平方和

$$S_A=s\sum_{i=1}^{r}(\bar{X}_{i\cdot}-\bar{X})^2 \tag{4-29}$$

因素 B 的效应平方和

$$S_B=r\sum_{j=1}^{s}(\bar{X}_{\cdot j}-\bar{X})^2 \tag{4-30}$$

误差平方和

$$S_E=\sum_{i=1}^{r}\sum_{j=1}^{s}(X_{ij}-\bar{X}_{i\cdot}-\bar{X}_{\cdot j}+\bar{X})^2 \tag{4-31}$$

双因素无重复试验平方和分解式为

$$S_T=S_E+S_A+S_B \tag{4-32}$$

对已给的显著性水平 α，H_{01} 的拒绝域为 $F_A=\dfrac{S_A/(r-1)}{S_E/(r-1)(s-1)}\geqslant F_\alpha(r-1,(r-1)(s-1))$，$H_{02}$ 的拒绝域为 $F_B=\dfrac{S_B/(s-1)}{S_E/(r-1)(s-1)}\geqslant F_\alpha(s-1,(r-1)(s-1))$。

其方差分析表见表 4-10。

表 4-10 双因素无重复方差分析表

方差来源	平方和	自由度	均方	F 比
因素 A	S_A	$r-1$	$\bar{S}_A=\dfrac{S_A}{r-1}$	$F_A=\dfrac{\bar{S}_A}{\bar{S}_E}$

续表

方差来源	平方和	自由度	均方	F 比
因素 B	S_B	$s-1$	$\bar{S}_B = \dfrac{S_B}{s-1}$	$F_B = \dfrac{\bar{S}_B}{\bar{S}_E}$
误差	S_E	$(r-1)(s-1)$	$\bar{S}_E = \dfrac{S_E}{(r-1)(s-1)}$	
总和	S_T	$rs-1$		

【例 4-6】为了研究某种农作物产量的影响因素，设计 4 种不同的土壤(因素 A)和 3 种不同的光照时长(因素 B)，在同一条件下测每个试验田所得农作物产量(单位：t)，具体数据见表 4-11。判断在显著性水平为 $\alpha = 0.05$ 的条件下，两个因素对该农作物产量有无显著的影响。

表 4-11　农作物产量统计表　　　　　　　　　　　　　单位：t

	B_1	B_2	B_3
A_1	1.3	1.4	1.5
A_2	1.33	1.41	1.6
A_3	1.6	1.5	1.7
A_4	1.7	1.8	1.9

解：H_{01}：$\alpha_1 = \alpha_2 = \alpha_3 = \alpha_4 = 0$，$H_{02}$：$\beta_1 = \beta_2 = \beta_3 = 0$。

利用式(4-28)～式(4-31)，以及表 4-10，运用 Excel 得到本例的双因素无重复方差分析表 (表 4-12)。

表 4-12　例 4-6 的双因素无重复方差分析表

方差来源	平方和	自由度	均方	F 比	p 值	临界值
土壤	0.2929	3	0.09763	33.764	0.00037	4.757
光照时长	0.0811	2	0.04055	14.026	0.00547	5.143
误差	0.0174	6	0.00289			
总和	0.3914	11				

利用临界值法，因 $33.764 > 4.757$，故在显著性水平为 0.05 的条件下拒绝 H_{01}；利用 p 检验法，因 $p_A = 0.00037 < 0.05$，故在显著性水平为 0.05 的条件下拒绝 H_{01}。这两种方法均说明土壤(因素 A)对农作物产量有显著的影响。

利用临界值法，因 $14.026 > 5.143$，故在显著性水平为 0.05 的条件下拒绝 H_{02}；利用 p 检验法，因 $p_B = 0.00547 < 0.05$，故在显著性水平为 0.05 的条件下拒绝 H_{02}。这两种方法均说明光照时长(因素 B)对农作物产量有显著的影响。

4.3　Python 在方差分析中的应用

4.3.1　Python 在单因素试验中的应用

【例 4-7】利用例 4-1 的数据，做单因素试验方差分析。

代码 1：F 检验法

```
from scipy import stats
    group1 = [0.251,0.25,0.258,0.254,0.252]
    group2 = [0.26,0.263,0.257,0.254,0.259]
    group3 = [0.258,0.254,0.259,0.261,0.256]
    F,p = stats.f_oneway(group1,group2,group3)
    F_test = stats.f.ppf((1-0.05),2,12)
    print( 'F 值是%.2f， p 值是%.9f'% (F,p))
    print( 'F_test 的值是%.2f' % (F_test))
    if F >= F_test:
        print( '拒绝原假设，u1、u2、u3 不全相等。')
    else:
        print('接受原假设，u1 = u2 = u3。' )
```

输出：
F 值是 4.68，p 值是 0.031469476
F_test 的值是 3.89
拒绝原假设，u1、u2、u3 不全相等。

代码 2：方差分析法

```
import statsmodels.api as sm
import pandas as pd
from statsmodels.formula.api import ols
    group1 = [0.251,0.25,0.258,0.254,0.252]
    group2 = [0.26,0.263,0.257,0.254,0.259]
    group3 = [0.258,0.254,0.259,0.261,0.256]
    num = sorted([ 'g1','g2 ','g3']*5)
    data = group1 + group2 + group3
    df = pd.DataFrame({'num': num,'data': data})
    mod = ols( 'data ~ num ' , data = df).fit()
    ano_table = sm.stats.anova_lm(mod)
print(ano_table)
```

输出：

	df	sum_sq	mean_sq	F	PR(>F)
num	2.0	0.000089	0.000045	4.678322	0.031469
Residual	12.0	0.000114	0.000010	NaN	NaN

4.3.2　Python 在双因素等重复试验中的应用

【例 4-8】利用例 4-2 的数据，做双因素等重复试验方差分析。

代码：

```
import pandas as pd
from statsmodels.formula.api import ols
from statsmodels.stats.anova import anova_lm
    #读取数据
    X = pd.read_csv("C://Users/Administrator/Desktop/applied
        mathmatical statistics/data/4-8.csv")
    y = X.x
    model = ols('y~A+B+A:B',X).fit()
    aov_table = anova_lm(model)
print(aov_table)
```

例4-8数据

输出：

	df	sum_sq	mean_sq	F	PR(>F)
A	2.0	50.250000	25.125000	22.333333	9.018234e-05
B	3.0	295.458333	98.486111	87.543210	2.002478e-08
A:B	6.0	3.416667	0.569444	0.506173	7.925629e-01
Residual	12.0	13.500000	1.125000	NaN	NaN

4.3.3　Python 在双因素无重复试验中的应用

【例 4-9】利用例 4-6 的数据，做双因素无重复试验方差分析。

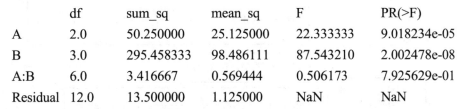

例4-9数据

代码：

```
import pandas as pd
from statsmodels.formula.api import ols
from statsmodels.stats.anova import anova_lm
        X = pd.read_csv("C://Users/Administrator/Desktop/applied mathmatical
            statistics/data/4-9.csv")
        y = X.x
        model = ols('y~A+B',X).fit()
        aov_table = anova_lm(model)
    print(aov_table)
```

输出：

	df	sum_sq	mean_sq	F	PR(>F)
A	3.0	0.292900	0.097633	33.763689	0.000374
B	2.0	0.081117	0.040558	14.025937	0.005471
Residual	6.0	0.017350	0.002892	NaN	NaN

知识小结

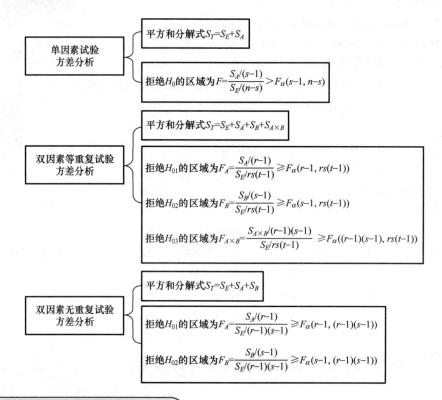

疑难公式的推导与证明

① S_E 的统计特性。

$$S_E = \sum_{j=1}^{s}\sum_{i=1}^{n_j}(X_{ij}-\bar{X}_{\cdot j})^2 = \sum_{i=1}^{n_1}(X_{\cdot 1}-\bar{X}_{\cdot 1})^2 + \cdots + (X_{\cdot s}-\bar{X}_{\cdot s})^2 \quad (4\text{-}33)$$

注意到 $\sum_{i=1}^{n_j}(X_{ij}-\bar{X}_{\cdot j})^2$ 是总体 $N(\mu_j,\sigma^2)$ 的样本方差的 n_j-1 倍，于是有

$$\frac{\sum_{i=1}^{n_j}(X_{ij}-\bar{X}_{\cdot j})^2}{\sigma^2} \sim \chi^2(n_j-1)$$

因各 X_{ij} 相互独立，故式(4-33)中各平方和相互独立，由 χ^2 分布的可加性知

$$\frac{S_E}{\sigma^2} \sim \chi^2\left(\sum_{j=1}^{s}(n_j-1)\right)$$

即

$$\frac{S_E}{\sigma^2} \sim \chi^2(n-s) \quad (4\text{-}34)$$

这里 $n = \sum_{j=1}^{s} n_j$，由式(4-34)还可知 S_E 的自由度为 $n-s$，且有

$$E(S_E) = (n-s)\sigma^2 \tag{4-35}$$

② S_A 的统计特性。

S_A 是 s 个变量 $\sqrt{n_j}(\bar{X}_{\cdot j} - \bar{X})(j = 1, 2, \cdots, s)$ 的平方和，它们之间仅有一个线性约束条件

$$\sum_{j=1}^{s} \sqrt{n_j}\left[\sqrt{n_j}(\bar{X}_{\cdot j} - \bar{X})\right] = \sum_{j=1}^{s} n_j(\bar{X}_{\cdot j} - \bar{X}) = \sum_{j=1}^{s}\sum_{i=1}^{n_j} X_{ij} - n\bar{X} = 0 \tag{4-36}$$

式(4-36)说明 s 个变量 $\sqrt{n_j}(\bar{X}_{\cdot j} - \bar{X})$ 线性相关，因此 S_A 的自由度是 $s-1$。

由第1章定理一的结论 $\bar{X} \sim N(\mu, \frac{\sigma^2}{n})$ 可知

$$E(S_A) = E\left[\sum_{j=1}^{s} n_j \bar{X}_{\cdot j}^2 - n\bar{X}^2\right]$$

$$= \sum_{j=1}^{s} n_j E(\bar{X}_{\cdot j}^2) - nE(\bar{X}^2)$$

$$= \sum_{j=1}^{s} n_j \left[\frac{\sigma^2}{n_j} + (\mu + \delta_j)^2\right] - n\left(\frac{\sigma^2}{n} + \mu^2\right)$$

$$= (s-1)\sigma^2 + 2\mu\sum_{j=1}^{s} n_j \delta_j + n\mu^2 + \sum_{j=1}^{s} n_j \delta_j^2 - n\mu^2$$

又因为 $\sum_{j=1}^{s} n_j \delta_j = 0$，故有

$$E(S_A) = (S-1)\sigma^2 + \sum_{j=1}^{s} n_j \delta_j^2$$

S_E 是 $S_1^2, S_2^2, \cdots, S_s^2$ 的函数，S_A 是 $\bar{X}_1^2, \bar{X}_2^2, \cdots, \bar{X}_k^2$ 的函数，由第1章定理二结论知 S^2 与 $\bar{X}$ 相互独立，从而 S_A 与 S_E 相互独立。

又因为 $\frac{S_T}{\sigma^2} \sim \chi^2(n-1)$，$\frac{S_E}{\sigma^2} \sim \chi^2(n-s)$，由 χ^2 的分布可加性可知，当 H_0 为真时：

$$\frac{S_A}{\sigma^2} \sim \chi^2(s-1)$$

课外读物

方差分析的前提可概括为正态性、独立性和方差齐性。以考虑交互效应的双因素方差分析为例，设因子组合水平 A_i, B_j 下的第 k 次指标观测值为：

$$X_{ijk} \sim N(\mu_{ij}, \sigma^2)(i=1,2,\cdots,r; \ j=1,2,\cdots,s; \ k=1,2,\cdots,t)$$

$$X_{ijk} = \mu_{ij} + \varepsilon_{ijk}$$

其中，ε_{ijk} 服从正态分布，相互独立且方差相等，$\varepsilon_{ijk} \sim N(0, \sigma^2)$。

于是，考虑交互效应的双因素方差分析的模型为

$$X_{ijk} = \mu + \alpha_i + \beta_j + \gamma_{ij} + \varepsilon_{ijk}, \quad \varepsilon_{ijk} \sim N(0, \sigma^2)$$

这个模型表明影响指标取值的因素共有 4 个，即因子水平 A_i 的效应、B_j 的效应、组合水平 (A_i, B_j) 的交互效应及随机因素，除此之外没有其他的因素，或者说其他因素对指标的影响都是可以忽略的。然而，在实际应用中，影响一个指标的因素往往很多，有些因素甚至是不能控制的。比如，研究不同药品、不同剂量下降压药物的降压效果。显然，降压效果除与药品及剂量有关外，还与患者自身的身体状况有关。要排除患者自身身体状况的差异，就需要找身体状况相同的患者进行试验，这显然是不可能办到的，即患者的身体状况是一个不可控的因素。那么这种情况下如何进行方差分析呢？我们可以引入一个新的变量，称之为协变量。用协变量来表示这个不可控的因素，然后用回归的方法剔除协变量对指标值的影响，从而进行方差分析，这种引入协变量的方差分析称协方差分析，它是对本章方差分析的推广。

协方差分析的数学模型为

$$X_{ijk} = \mu + \alpha_i + \beta_j + \gamma_{ij} + \tau z_{ijk} + \varepsilon_{ijk}$$

其中，z_{ijk} 为协变量 z 在组合水平 (A_i, B_j) 下的第 k 次观测值，τ 为回归系数。

从方法原理上看，协方差分析是介于方差分析与线性回归分析之间的一种统计分析方法。协方差分析将那些人为很难控制的因素作为协变量，并在排除协变量对因变量影响的条件下，分析可控制因素对因变量的作用，从而更加准确地对控制因素进行评价。

章节练习

一、选择题

1. 设有 4 种型号的仪器，用来测量空气中的 $PM_{2.5}$，数据见表 4-13，则该试验因素的效应平方和的自由度为(　　)。

表 4-13　$PM_{2.5}$ 统计值　　　　　　　　　　　　　　单位：μm

型号 A	型号 B	型号 C	型号 D
36	41	39	38
38	40	39	36
34	41	37	37

A. 12　　　　　　　B. 4　　　　　　　C. 3　　　　　　　D. 2

2. 在某种金属材料生产过程中，在 2 种时间水平(因素 A)和 3 种热处理温度水平(因素 B)下各重复 2 次测定产品强度。已知产品强度服从正态分布且方差相同，各样本相互独立。各因素的效应平方和数据见表 4-14，则 S_E 的均方为(　　)。

表 4-14 产品强度各因素效应平方和数据表

方差来源	效应平方和
因素 A	184.08
因素 B	166.17
交互效应	36.17
误差	
总和	398.92

A．184.08　　　　B．83.09　　　　C．12.50　　　　D．2.08

3．设有 3 台不同的机器，用来生产规格相同的铝合金薄板。取样测量铝合金薄板的厚度，假定除机器这一因素外，其他条件相同，试验目的是考察机器这一因素对铝合金薄板厚度有无显著的影响。针对该试验，下列说法正确的是(　　)。(多选题)

A．这个试验是单因素试验
B．试验指标是铝合金薄板的厚度
C．机器是本试验考虑的唯一因素，它有 3 个水平
D．运用方差分析法可以判断机器是否影响薄板厚度

4．一火箭使用 4 种燃料，3 种推进器做射程试验。用每种燃料与每种推进器的组合各发射火箭 2 次，测得射程。试验的目的是检测不同的燃料、推进器，以及燃料和推进器交互作用对射程有无显著影响。针对该试验，下列说法正确的是(　　)。(多选题)

A．这是一个双因素等重复试验
B．该试验的样本容量为 12
C．因素 A (燃料)和因素 B (推进器)交互作用的效应平方和可用符号 $S_{A\times B}$ 表示
D．如果因素 A (燃料)和因素 B (推进器)交互作用的概率 p 值小于显著性水平 0.05，那么说明交互作用对射程没有显著的影响

5．下列表述正确的是(　　)。(多选题)

A．单因素试验方差分析中的平方和分解式可表示为 $S_A = S_T + S_E$
B．双因素等重复试验方差分析中的平方和分解式可表示为 $S_T = S_E + S_A + S_B$
C．双因素等重复试验方差分析中的平方和分解式可表示为 $S_T = S_E + S_A + S_B + S_{A\times B}$
D．双因素无重复试验方差分析中的平方和分解式可表示为 $S_T = S_E + S_A + S_B$

二、填空题

1．双因素等重复试验方差分析中的平方和分解式可表示为_____。
2．双因素无重复试验方差分析中的平方和分解式可表示为_____。
3．单因素试验方差分析中的平方和分解式为 $S_T = S_E + S_A$，其中 S_A 称为_____。

三、案例分析题

1．某防治站对 4 个林场的松毛虫密度进行调查，每个林场调查 5 块地，得到相应的松毛虫密度，请写出这个试验的原假设和备择假设，填补下列方差分析表(表 4-15)，分别用临界值法和 p 检验法判断在显著性水平为 $\alpha = 0.05$ 的条件下，地点对松毛虫密度有无显著的影响。

表 4-15 松毛虫密度方差分析表

方差来源	平方和	自由度	均方	F 比	p 值	临界值
组间					0.032	3.24
组内			35.7			
总和	974.55					

2．设有 3 台机器，用来生产规格相同的铝合金薄板。每台机器随机抽取 5 个样本，测量薄板的厚度，计算出部分数据结果 $S_T = 0.00124533$，$S_A = 0.00105333$。现检验假设 $H_0: \mu_1 = \mu_2 = \mu_3$，$H_1: \mu_1, \mu_2, \mu_3$ 不全相等。请补充方差分析表 4-16，取 $\alpha = 0.05$，判断是否接受 H_0，机器对薄板厚度有没有显著的影响。

表 4-16 铝合金薄板方差分析表

方差来源	平方和	自由度	均方	F 比
因素				
误差				
总和				

3．为了研究某种金属管防腐功能，考虑 3 种不同的涂料图层(因素 A)，将金属管埋设在 4 种不同性质的土壤中(因素 B)，经历一定时间后，测得金属管腐蚀的最大深度。请写出这个试验的原假设和备择假设，并填补下列方差分析表(表 4-17)，分别用临界值法和 p 检验法判断在显著性水平为 $\alpha = 0.05$ 的条件下，两个因素对金属管防腐有无显著的影响。

表 4-17 金属管防腐方差分析表

方差来源	平方和	自由度	均方	F 比	p 值	临界值
因素 A		2	0.2490		6.18E-09	3.89
因素 B	0.085		0.0283		0.000209	3.49
交互效应	0.189	6			3.24E-05	3.00
误差	0.022	12	0.0018			
总和						

4．在某种金属材料生产过程中，在 2 种时间水平(因素 A)和 3 种热处理温度水平(因素 B)下各重复 2 次测定产品强度，数据见表 4-18。已知产品强度服从正态分布且方差相同，各样本独立。分析在显著性水平为 $\alpha = 0.05$ 的条件下，时间、温度、交互效应对产品强度有无显著的影响。

表 4-18 产品强度数据统计表

		因素 B		
		B_1	B_2	B_3
因素 A	A_1	35	39	40
		36	37	41
	A_2	40	47	50
		37	48	53

5. 某种化工过程考虑温度和浓度两个因素，其中 3 种温度水平(因素 A)、2 种浓度水平(因素 B)在同一条件下每个试验重复 2 次，得率数据见表 4-19。设各水平搭配下得率的总体服从正态分布且方差相同，各样本独立。现取显著性水平 $\alpha = 0.05$，讨论温度水平和浓度水平以及两者的交互效应对得率的平均值是否有显著的影响。

① 请根据题意写出原假设和备择假设；
② 请根据方差分析表写出 $S_T, S_A, S_B, S_{A\times B}, S_E$ 数值；
③ 分别用临界值法和 p 检验法判断是否拒绝原假设，并用文字阐述其意义。

表 4-19 得率数据统计表

	B_1	B_2
A_1	11	14
	10	11
A_2	6	9
	8	10
A_3	10	13
	11	14

6. 表 4-20 给出了在某 5 个不同时间(因素 A)、不同地点(因素 B)空气中的颗粒状物的含量的数据。

表 4-20 空气颗粒状物含量数据表　　　单位：mg/m³

		因素 B				
		成都	上海	北京	重庆	武汉
因素 A	1 月	76	67	81	56	51
	4 月	82	69	96	59	70
	7 月	68	59	67	54	42
	10 月	63	56	64	58	37

取 $\alpha = 0.05$，分析时间和地点对空气中的颗粒状物的含量有无显著的影响。

第5章 回归分析

在商品生产和科学实验中,经常用到一些变量,这些变量客观上存在着一定的关系,这种相互关系一般可分为两类。

一类是确定性关系,变量之间的关系可以用函数关系来表达,如电路中的欧姆定律 $U = IR$;匀加速运动中的关系式 $s = v_0 t + \frac{1}{2} at^2$($v_0, a$ 均已知);理想气体体积 V、压强 p 与绝对温度 T 之间有关系式 $pV = CT$(C 为常数)。

另一类是非确定性关系,比如:人的身高与体重之间的关系,一般来说,人高一些,体重要重一些,但同样身高的人,体重往往不相同;人的年龄与血压之间的关系;晶体三极管的放大倍数与电路输出电压之间的关系;输出电流与温度之间的关系;等等。这类关系中涉及的变量是随机变量,变量之间的关系是非确定性的。

回归分析是研究变量之间的相关关系的数学方法,是最常用的数理统计方法。它能帮助我们从一个变量取得的值去估计另一个变量所取得的值。回归分析分为线性回归分析和非线性回归分析,线性回归分析分为一元线性回归分析和多元线性回归分析。

5.1 一元线性回归分析

5.1.1 一元线性回归模型

一元线性回归实际上就是生产(或工程、科研)中常遇到的配直线的问题。设随机变量 Y 与普通变量 x 之间存在一定的相关关系,希望通过观察(或测量)数据去找出两者之间的经验公式。

由于 Y 是随机变量,对于 x 的确定值,Y 有它的分布,如图 5-1 所示。

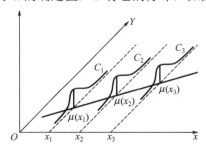

图 5-1 Y 分布图

图中 C_1, C_2 分别是 x_1, x_2 处 Y 的概率密度曲线。我们用 $F(y|x)$ 表示当 x 取确定的值时，所对应的 Y 的分布函数。由于 Y 是随机变量，要完全掌握 Y 与 x 之间的关系是比较复杂的，因此，考虑 Y 的数学期望，若 Y 的数学期望 $E(Y)$ 存在，且是 x 的函数，则其值随 x 的取值而定，我们把它记为 $\mu(x)$，即 $E(Y) = \mu(x)$，称 $\mu(x)$ 为 Y 关于 x 的回归函数。我们要把讨论 Y 与 x 的相关关系的问题转换为讨论 $\mu(x)$ 与 x 的函数关系。

若 η 是一个随机变量，当 $c = E(\eta)$ 时，$E[(\eta-c)^2]$ 可以达到最小。这表明在一切 x 的函数中以回归函数 $\mu(x)$ 作为 Y 的近似，其均方误差 $E[(\eta-c)^2]$ 为最小。因此，为了研究 Y 与 x 的关系转而近似地研究 $\mu(x)$ 与 x 的关系是合适的。

实际问题中的 $\mu(x)$ 一般未知。回归分析的任务一般有以下四个：

① 根据试验数据估计回归函数；
② 讨论回归函数中参数的点估计、区间估计；
③ 对回归函数中的参数或者回归函数本身进行假设检验；
④ 利用回归函数进行预测与控制，特别是对随机变量 Y 的观测值作出点预测和区间预测。

对 x 的一组不完全相同的值 $x_1, x_2, \cdots, x_n$，设 $Y_1, Y_2, \cdots, Y_n$ 分别是在 $x_1, x_2, \cdots, x_n$ 处对 Y 的独立观察结果。称 $(x_1, Y_1), (x_2, Y_2), \cdots, (x_n, Y_n)$ 是一个样本。对应的观测值记为 $(x_1, y_1), (x_2, y_2), \cdots, (x_n, y_n)$。

我们要利用样本估计 Y 关于 x 的回归函数 $\mu(x)$。首先将每对观测值 (x_i, y_i) 在直角坐标系中描出相应的点，这种图称为散点图。利用散点图初步推测 $\mu(x)$ 的形式。为了更清晰地了解回归分析的思想，我们用一个例题来引入一元线性回归分析。

【例 5-1】在商品销量与广告投入的研究中，设广告投入为自变量 x（单位：万元），商品销量为随机变量 Y（单位：万件），它们的数据见表 5-1。

表 5-1 广告投入与商品销量数据统计表

广告投入 x/万元	5	6	7	8	9	10	11	12
商品销量 Y/万件	7	8.3	9.8	11	12.4	14	15.1	16

画出广告投入与商品销量的散点图，如图 5-2 所示。

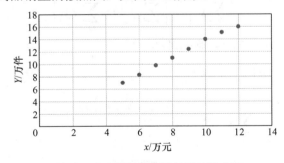

图 5-2 广告投入与商品销量的散点图

观察图 5-2，样本点似乎在一条直线上，呈现出线性函数 $a + bx$ 的形式。因此，不妨设 $\mu(x) = a + bx$。$\mu(x)$ 的表达式中只涉及一个自变量，且自变量 x 的指数为 1，我们称 $\mu(x)$ 具有一元线性函数形式，例 5-1 的问题为一元线性回归问题。

定义：假设对于 x 的每一个值有 $Y \sim N(a+bx, \sigma^2)$，a, b, σ^2 都是不依赖于 x 的未知参数。记 $\varepsilon = Y - (a+bx)$，那么

$$\left. \begin{aligned} Y &= a + bx + \varepsilon \\ \varepsilon &\sim N(0, \sigma^2) \end{aligned} \right\} \tag{5-1}$$

式(5-1)称为一元线性回归模型，$a+bx$ 称为 x 的回归函数，b 称为回归系数，ε 称为随机误差。

5.1.2 未知参数的估计

取 x 的 n 个不全相同的值 $x_1, x_2, \cdots, x_n$ 做独立试验，得样本 $(x_1, Y_1), (x_2, Y_2), \cdots, (x_n, Y_n)$，于是 $Y_i = a + bx_i + \varepsilon_i$，$\varepsilon_i \sim N(0, \sigma^2)$ 相互独立，$Y_i \sim N(a+bx_i, \sigma^2)(i=1, 2, \cdots, n)$。由 $Y_1, Y_2, \cdots, Y_n$ 的独立性，知 $Y_1, Y_2, \cdots, Y_n$ 的联合密度函数为

$$L = \prod_{i=1}^{n} \frac{1}{\sigma\sqrt{2\pi}} \exp\left[-\frac{1}{2\sigma^2}(y_i - a - bx_i)^2\right] = \left(\frac{1}{\sigma\sqrt{2\pi}}\right)^n \exp\left[-\frac{1}{2\sigma^2}\sum_{i=1}^{n}(y_i - a - bx_i)^2\right]$$

我们用最大似然估计法去估计未知参数 a、b。显然，欲使 L 取最大值，只要 $Q(a,b) = \sum_{i=1}^{n}(y_i - a - bx_i)^2$ 取最小值即可，其必要条件为

$$\left. \begin{aligned} \frac{\partial Q}{\partial a} &= -2\sum_{i=1}^{n}(y_i - a - bx_i) = 0 \\ \frac{\partial Q}{\partial b} &= -2\sum_{i=1}^{n}(y_i - a - bx_i)x_i = 0 \end{aligned} \right\} \tag{5-2}$$

或

$$\left. \begin{aligned} na + \left(\sum_{i=1}^{n} x_i\right) b &= \sum_{i=1}^{n} y_i \\ \left(\sum_{i=1}^{n} x_i\right) a + \left(\sum_{i=1}^{n} x_i^2\right) b &= \sum_{i=1}^{n} x_i y_i \end{aligned} \right\} \tag{5-3}$$

由于 x_i 不全相同，方程组的系数行列式：

$$\begin{vmatrix} n & \sum_{i=1}^{n} x_i \\ \sum_{i=1}^{n} x_i & \sum_{i=1}^{n} x_i^2 \end{vmatrix} = n\sum_{i=1}^{n} x_i^2 - \left(\sum_{i=1}^{n} x_i\right)^2$$

$$= n\sum_{i=1}^{n} x_i^2 - n^2\left(\frac{1}{n}\sum_{i=1}^{n} x_i\right)^2$$

$$= n\sum_{i=1}^{n} x_i^2 - n^2 \overline{x}^2$$

$$= n\left(\sum_{i=1}^{n} x_i^2 - n\bar{x}^2\right)$$

$$= n\sum_{i=1}^{n} (x_i - \bar{x})^2$$

$$\neq 0$$

由克莱姆法则，可以得到方程组(5-3)有唯一的解。记 $\bar{x} = \dfrac{1}{n}\sum_{i=1}^{n} x_i$，$\bar{y} = \dfrac{1}{n}\sum_{i=1}^{n} y_i$，则有

$$\hat{b} = \frac{n\sum_{i=1}^{n} x_i y_i - \left(\sum_{i=1}^{n} x_i\right)\left(\sum_{i=1}^{n} y_i\right)}{n\sum_{i=1}^{n} x_i^2 - \left(\sum_{i=1}^{n} x_i\right)^2} = \frac{\sum_{i=1}^{n}(x_i - \bar{x})(y_i - \bar{y})}{\sum_{i=1}^{n}(x_i - \bar{x})^2} \tag{5-4}$$

$$\hat{a} = \frac{1}{n}\sum_{i=1}^{n} y_i - \frac{\hat{b}}{n}\sum_{i=1}^{n} x_i = \bar{y} - \hat{b}\bar{x} \tag{5-5}$$

将 $\hat{a}$，$\hat{b}$ 代入回归模型得到回归直线方程

$$\hat{y} = \hat{a} + \hat{b}x \tag{5-6}$$

将 $\hat{a}$ 带入回归方程中，有

$$\hat{y} = \hat{a} + \hat{b}x = \bar{y} - \hat{b}\bar{x} + \hat{b}x = \bar{y} + \hat{b}(x - \bar{x}) \tag{5-7}$$
$$\hat{y} - \bar{y} = \hat{b}(x - \bar{x})$$

由式(5-7)知 $(\bar{x}, \bar{y})$ 在回归直线上，点 $(\bar{x}, \bar{y})$ 是 n 个散点 (x_i, y_i) 的几何中心位置，即回归直线必经过散点图的几何中心 $(\bar{x}, \bar{y})$。

在实际计算 $\hat{a}$，$\hat{b}$ 时，常令

$$S_{xx} = \sum_{i=1}^{n}(x_i - \bar{x})^2 = \sum_{i=1}^{n} x_i^2 - \frac{1}{n}\left(\sum_{i=1}^{n} x_i\right)^2 = \sum_{i=1}^{n} x_i^2 - n\bar{x}^2 \tag{5-8}$$

$$S_{xy} = \sum_{i=1}^{n}(x_i - \bar{x})(y_i - \bar{y}) = \sum_{i=1}^{n} x_i y_i - \frac{1}{n}\left(\sum_{i=1}^{n} x_i\right)\left(\sum_{i=1}^{n} y_i\right) \tag{5-9}$$

$$S_{yy} = \sum_{i=1}^{n}(y_i - \bar{y})^2 = \sum_{i=1}^{n} y_i^2 - \frac{1}{n}\left(\sum_{i=1}^{n} y_i\right)^2 = \sum_{i=1}^{n} y_i^2 - n\bar{y}^2 \tag{5-10}$$

则有

$$\hat{b} = \frac{S_{xy}}{S_{xx}} \text{ 或 } S_{xy} = \hat{b}S_{xx} \tag{5-11}$$

【例 5-2】求例 5-1 的 Y 关于 x 的线性回归方程。

解：已知 $n = 8$，为求线性回归方程，所需数据见表 5-2。

表 5-2　例 5-1 数据

x	y	x^2	y^2	xy
5	7	25	49	35
6	8.3	36	68.89	49.8
7	9.8	49	96.04	68.6
8	11	64	121	88
9	12.4	81	153.76	111.6
10	14	100	196	140
11	15.1	121	228.01	166.1
12	16	144	256	192
Σ	68	93.6	620	1168.7	851.1

$$S_{xx} = 620 - \frac{1}{8} \times 68^2 = 42$$

$$S_{xy} = 851.1 - \frac{1}{8} \times 68 \times 93.6 = 55.5$$

$$\hat{b} = \frac{55.5}{42} \approx 1.321429$$

$$\hat{a} = \frac{1}{8} \times 93.6 - 1.321429 \times \frac{1}{8} \times 68 \approx 0.467$$

回归直线方程：$\hat{y} = 0.467 + 1.321429x$

有时，我们会借助 Excel 的回归分析，快速得到回归直线方程 a、b 的估计值。扫描右侧二维码，查看 Excel 回归分析的操作步骤。

一元线性回归分析Excel的操作步骤

由一元线性回归模型，$E\{[Y-(a+bx)]^2\} = E(\varepsilon^2) = D(\varepsilon) + [E(\varepsilon)]^2 = \sigma^2$，这表示 σ^2 越小，用回归函数 $\mu(x) = a + bx$ 作为 Y 的近似，则均方误差就越小，利用回归函数去研究随机变量 Y 与 x 的关系就越有效。

为了估计 σ^2，引入残差、残差平方和的概念。

定义：$y_i - \hat{y}_i$ 称为 x_i 处的残差。

残差平方和公式如下：

$$Q_e = \sum_{i=1}^{n}(y_i - \hat{y}_i)^2 = \sum_{i=1}^{n}(y_i - \hat{a} - \hat{b}x_i)^2 \tag{5-12}$$

残差平方和是经验回归函数在 x_i 处的函数值 $\hat{\mu}(x) = \hat{a} + \hat{b}x$ 与 x_i 处的观测值 y_i 的偏差的平方和。

$$Q_e = \sum_{i=1}^{n}(y_i - \hat{y}_i)^2 = \sum_{i=1}^{n}[y_i - \overline{y} - \hat{b}(x_i - \overline{x})]^2$$

$$= \sum_{i=1}^{n}(y_i - \overline{y})^2 - 2\hat{b}\sum_{i=1}^{n}(x_i - \overline{x})(y_i - \overline{y}) + \hat{b}^2\sum_{i=1}^{n}(x_i - \overline{x})^2$$

$$= S_{yy} - 2\hat{b}S_{xy} + \hat{b}S_{xx}$$

$$= S_{yy} - \hat{b}S_{xy}$$

由式(5-4)、式(5-5)得

$$\hat{b} = \frac{\sum_{i=1}^{n}(x_i - \bar{x})(Y_i - \bar{Y})}{\sum_{i=1}^{n}(x_i - \bar{x})^2} \tag{5-13}$$

$$\hat{a} = \frac{1}{n}\sum_{i=1}^{n}Y_i - \frac{\hat{b}}{n}\sum_{i=1}^{n}x_i = \bar{Y} - \hat{b}\bar{x} \tag{5-14}$$

其中，$\bar{x} = \frac{1}{n}\sum_{i=1}^{n}x_i$，$\bar{Y} = \frac{1}{n}\sum_{i=1}^{n}Y_i$。

在 S_{yy}、S_{xy} 的表达式中将 y_i 改为 $Y_i(i=1,2,\cdots,n)$，并把它们分别记为 S_{YY}、S_{xY}。

$$S_{YY} = \sum_{i=1}^{n}(Y_i - \bar{Y})^2 \tag{5-15}$$

$$S_{xY} = \sum_{i=1}^{n}(x_i - \bar{x})(Y_i - \bar{Y}) \tag{5-16}$$

则残差平方和 Q_e 的相应统计量为

$$Q_e = S_{YY} - \hat{b}S_{xY} \tag{5-17}$$

残差平方和 Q_e 服从分布

$$\frac{Q_e}{\sigma^2} \sim \chi^2(n-2)$$

推导过程见本章末"疑难公式的推导与证明"。

利用 χ^2 分布的性质，从而有

$$E\left(\frac{Q_e}{\sigma^2}\right) = n-2, \quad E\left(\frac{Q_e}{n-2}\right) = \sigma^2$$

σ^2 的无偏估计量 $\hat{\sigma}^2$ 为

$$\hat{\sigma}^2 = \frac{Q_e}{n-2} = \frac{1}{n-2}(S_{YY} - \hat{b}S_{xY}) \tag{5-18}$$

【例 5-3】 求例 5-2 中方差的无偏估计值。

解：$S_{yy} = \sum_{i=1}^{n}y_i^2 - \frac{1}{n}\left(\sum_{i=1}^{n}y_i\right)^2 = 1168.7 - \frac{1}{8} \times 93.6^2 = 73.58$

$$S_{xy} = 851.1 - \frac{1}{8} \times 68 \times 93.6 = 55.5$$

$$\hat{b} = \frac{55.5}{42} \approx 1.321429$$

$$Q_e = S_{yy} - \hat{b}S_{xy} = 73.58 - 1.321429 \times 55.5 \approx 0.2407$$

$$\hat{\sigma}^2 = \frac{Q_e}{n-2} = \frac{0.2407}{8-2} \approx 0.04$$

利用 Excel 回归分析功能得到方差分析表，表中的残差 MS 值即为总体方差的无偏估计值 $\hat{\sigma}^2$。

5.1.3　线性假设的显著性检验

为检验 $y = a + bx + \varepsilon$ 是否合适，需要检验假设 H_0: $b = 0$, H_1: $b \neq 0$。

因为 $\hat{b} \sim N(b, \sigma^2/S_{xx})$，所以 $\dfrac{\hat{b}-b}{\sigma/\sqrt{S_{xx}}} \sim N(0,1)$；又因为 $\dfrac{Q_e}{\sigma^2} = \dfrac{(n-2)\hat{\sigma}^2}{\sigma^2} \sim \chi^2(n-2)$，且 $\hat{b}$ 与 Q_e 独立，所以由 t 分布定义知 $\dfrac{\hat{b}-b}{\hat{\sigma}}\sqrt{S_{xx}} \sim t(n-2)$。

故在 H_0 成立时，有 $\dfrac{\hat{b}}{\hat{\sigma}}\sqrt{S_{xx}} \sim t(n-2)$，所以对已给显著性水平 α，H_0 的拒绝域为

$$|t| = \frac{|\hat{b}|}{\hat{\sigma}}\sqrt{S_{xx}} \geq t_{\alpha/2}(n-2) \tag{5-19}$$

当 H_0 被拒绝时，即有 $b \neq 0$，认为回归效果显著，反之，认为回归效果不显著。

回归效果不显著的原因可能有如下几种：
① 除 x 及随机误差外还有其他不可忽略的因素影响 Y；
② $E(Y)$ 与 x 的关系不是线性的，还存在其他关系；
③ Y 与 x 不存在关系。
因此需要进一步分析原因。

【例 5-4】取 $\alpha = 0.05$，检验例 5-2 中的回归效果是否显著。

解：检验 H_0: $b = 0$, H_1: $b \neq 0$。

拒绝域为 $|t| = \dfrac{|\hat{b}|}{\hat{\sigma}}\sqrt{S_{xx}} \geq t_{\alpha/2}(n-2)$。

已知 $\hat{b} = 1.321429$，$S_{xx} = 42$，$\hat{\sigma}^2 = 0.04$，计算得 $|t| = \dfrac{1.321429}{\sqrt{0.04}} \times \sqrt{42} \approx 42.8$。

查表得 $t_{0.05/2}(n-2) = t_{0.025}(6) = 2.447$。

因为 $42.8 > 2.447$，所以在显著性水平为 0.05 的条件下拒绝 H_0，认为回归效果显著。

5.1.4　参数的区间估计

(1) 系数 b 的置信区间

因为当 H_0 成立时，$t = \dfrac{\hat{b}}{\hat{\sigma}}\sqrt{S_{xx}} \sim t(n-2)$。

故 b 的置信水平为 $1-\alpha$ 的置信区间为

$$\left(\hat{b} \pm t_{\alpha/2}(n-2) \times \frac{\hat{\sigma}}{\sqrt{S_{xx}}}\right) \tag{5-20}$$

【例 5-5】 取 $\alpha = 0.05$，计算例 5-2 的 b 的置信水平为 $1-\alpha$ 的置信区间。

解：已知 $\hat{b} = 1.321429$，$t_{0.05/2}(n-2) = 2.447$，$S_{xx} = 42$，$\hat{\sigma}^2 = 0.04$，故 b 的置信水平为 0.95 的置信区间为 $\left(1.321429 \pm 2.447 \times \frac{\sqrt{0.04}}{\sqrt{42}}\right) \approx (1.246, 1.397)$。

(2) 回归函数 $\mu(x) = a + bx$ 函数值的点估计及置信区间

设 x_0 是自变量 x 的某一指定值。用经验回归函数 $\hat{y} = \hat{\mu}(x) = \hat{a} + \hat{b}x$ 在 x_0 处的函数值 $\hat{y}_0 = \hat{\mu}(x_0) = \hat{a} + \hat{b}x_0$ 作为 $\mu(x_0) = a + bx_0$ 的点估计，即 $\hat{\mu}(x) = \hat{a} + \hat{b}x$。

考虑相应的统计量 $\hat{Y} = \hat{a} + \hat{b}x_0$，因为 $\hat{Y} = \hat{a} + \hat{b}x_0$，所以估计量是无偏的。

下面讨论 $\hat{\mu}(x_0) = \hat{a} + \hat{b}x_0$ 的置信区间。

因 $\dfrac{\hat{Y}_0 - (a+bx_0)}{\sigma\sqrt{\dfrac{1}{n} + \dfrac{(x_0-\overline{x})^2}{S_{xx}}}} \sim N(0,1)$，$\dfrac{(n-2)\hat{\sigma}^2}{\sigma^2} = \dfrac{Q_e}{\sigma^2} \sim \chi^2(n-2)$，$Q_e$，$\hat{Y}_0$ 相互独立，则由 t 分布定义知

$$\frac{\hat{Y}_0 - (a+bx_0)}{\hat{\sigma}\sqrt{\dfrac{1}{n} + \dfrac{(x_0-\overline{x})^2}{S_{xx}}}} \sim t(n-2)$$

从而得到 $\mu(x_0) = a + bx_0$ 的置信水平为 $1-\alpha$ 的置信区间为

$$\left(\hat{a} + \hat{b}x_0 \pm t_{\alpha/2}(n-2)\hat{\sigma}\sqrt{\frac{1}{n} + \frac{(x_0-\overline{x})^2}{S_{xx}}}\right) \tag{5-21}$$

或

$$\left(\hat{Y}_0 \pm t_{\alpha/2}(n-2)\hat{\sigma}\sqrt{\frac{1}{n} + \frac{(x_0-\overline{x})^2}{S_{xx}}}\right) \tag{5-22}$$

这一置信区间的长度是 x_0 的函数，它随 $|x_0 - \overline{x}|$ 的增加而增加，当 $x_0 = \overline{x}$ 时最短。

(3) Y 的观测值的点预测和预测区间

设 Y_0 是在 $x = x_0$ 处对 Y 的观察结果，$Y_0 = a + bx_0 + \varepsilon_0$，$\varepsilon_0 \sim N(0, \sigma^2)$，将 x_0 处的经验回归函数值 $\hat{Y}_0 = \hat{a} + \hat{b}x_0$ 作为 $Y_0 = a + bx_0 + \varepsilon_0$ 的点预测，Y_0 是将要做一次独立试验的结果，它与已经得到的试验结果 $Y_1, Y_2, \cdots, Y_n$ 相互独立。$\hat{b}$ 是 $Y_1, Y_2, \cdots, Y_n$ 的线性组合，故 $\hat{Y}_0 = \overline{Y} + \hat{b}(x_0 - \overline{x})$ 是 $Y_1, Y_2, \cdots, Y_n$ 的线性组合，故 Y_0 与 $\hat{Y}_0$ 相互独立。

又因为 $\hat{Y}_0 - Y_0 \sim N\left(0, \left(1 + \dfrac{1}{n} + \dfrac{(x_0-\overline{x})^2}{S_{xx}}\right)\sigma^2\right)$，有

$$\frac{\hat{Y}_0 - Y_0}{\sigma\sqrt{1 + \dfrac{1}{n} + \dfrac{(x_0-\overline{x})^2}{S_{xx}}}} \sim N(0,1)$$

由 Y_0，$\hat{Y}_0$，Q_e 的相互独立性知

$$\frac{\dfrac{\hat{Y}_0 - Y_0}{\sigma\sqrt{1+\dfrac{1}{n}+\dfrac{(x_0-\overline{x})^2}{S_{xx}}}}}{\sqrt{\dfrac{(n-2)\hat{\sigma}^2}{\sigma^2}\Big/(n-2)}} \sim t(n-2)$$

即

$$\frac{\hat{Y}_0 - Y_0}{\hat{\sigma}\sqrt{1+\dfrac{1}{n}+\dfrac{(x_0-\overline{x})^2}{S_{xx}}}} \sim t(n-2)$$

给定置信水平为 $1-\alpha$，有

$$P\left\{\frac{|\hat{Y}_0 - Y_0|}{\hat{\sigma}\sqrt{1+\dfrac{1}{n}+\dfrac{(x_0-\overline{x})^2}{S_{xx}}}} \leqslant t_{\alpha/2}(n-2)\right\} = 1-\alpha$$

$$P\left\{\hat{Y}_0 - t_{\alpha/2}(n-2)\hat{\sigma}\sqrt{1+\dfrac{1}{n}+\dfrac{(x_0-\overline{x})^2}{S_{xx}}} < Y_0 < \hat{Y}_0 - t_{\alpha/2}(n-2)\hat{\sigma}\sqrt{1+\dfrac{1}{n}+\dfrac{(x_0-\overline{x})^2}{S_{xx}}}\right\} = 1-\alpha$$

预测区间：

$$\left(\hat{Y}_0 \pm t_{\alpha/2}(n-2)\hat{\sigma}\sqrt{1+\dfrac{1}{n}+\dfrac{(x_0-\overline{x})^2}{S_{xx}}}\right) \tag{5-23}$$

或

$$\left(\hat{a} + \overline{b}x_0 \pm t_{\alpha/2}(n-2)\hat{\sigma}\sqrt{1+\dfrac{1}{n}+\dfrac{(x_0-\overline{x})^2}{S_{xx}}}\right) \tag{5-24}$$

式(5-23)、式(5-24)称为 Y_0 的置信水平为 $1-\alpha$ 的预测区间。比较式(5-21)和式(5-24)，式(5-24)中多了一个 1，在相同的置信水平下，回归函数值 $\mu(x)$ 的置信区间要比 Y_0 的预测区间短，这是因为 $\mu(x_0) = a + bx_0$ 比 $Y_0 = a + bx_0 + \varepsilon_0$ 少了一个 ε_0。

【例 5-6】续例 5-1 的数据，①求回归函数 $\mu(x)$ 在 $x=13$ 处的值 $\mu(13)$ 的置信水平为 0.95 的置信区间；②求在 $x=13$ 处 Y 的新观测值 Y_0 的置信水平为 0.95 的预测区间；③求在 $x=x_0$ 处 Y 的新观测值 Y_0 的置信水平为 0.95 的预测区间。

解：①由例 5-2、例 5-3 已知 $\hat{b}=1.321429$，$\hat{a}=0.467$，$S_{xx}=42$，$\hat{\sigma}^2=0.04$，$\overline{x}=8.5$，查表得 $t_{0.05/2}(8-2)=2.447$，带入回归直线方程有

$$\hat{Y}_0 = \hat{Y}\big|_{x=13} = 0.467 + 1.321429 \times 13 \approx 17.65$$

$$t_{\alpha/2}(n-2)\hat{\sigma}\sqrt{\frac{1}{n}+\frac{(x_0-\bar{x})^2}{S_{xx}}}=2.447\times\sqrt{0.04}\times\sqrt{\frac{1}{8}+\frac{(13-8.5)^2}{42}}\approx 0.38$$

得到回归函数 $\mu(x)$ 在 $x=13$ 处的值 $\mu(13)$ 的置信水平为 0.95 的置信区间为 $(17.65-0.38, 17.65+0.38)$，即 $(17.27, 18.03)$。

② $t_{\alpha/2}(n-2)\hat{\sigma}\sqrt{1+\frac{1}{n}+\frac{(x_0-\bar{x})^2}{S_{xx}}}=2.447\times\sqrt{0.04}\times\sqrt{1+\frac{1}{8}+\frac{(13-8.5)^2}{42}}\approx 0.62$

在 $x=13$ 处，Y 的新观测值 Y_0 的置信水平为 0.95 的预测区间为 $(17.65-0.62, 17.65+0.62)$，即 $(17.03, 18.27)$。

③ 在 $x=x_0$ 处，Y 的新观测值 Y_0 的置信水平为 0.95 的预测区间为

$$\left(\hat{Y}_0\Big|_{x=x_0}\pm t_{0.025}(6)\hat{\sigma}\sqrt{1+\frac{1}{8}+\frac{(x_0-8.5)^2}{42}}\right)$$

取 x_0 为不同的值，得到各点处对应的 Y 的新观测值 Y_0 的置信水平为 0.95 的预测区间，见表 5-3。

表 5-3　Y_0 的预测区间

x_0	Y_0 的预测值	预测区间半径	Y_0 的预测区间下限	Y_0 的预测区间上限
13	17.65	0.62	17.03	18.27
14	18.97	0.66	18.31	19.63
15	20.29	0.71	19.58	21.00
16	21.61	0.77	20.84	22.38
17	22.93	0.83	22.10	23.76
18	24.25	0.89	23.36	25.14
19	25.57	0.95	24.62	26.52
20	26.90	1.01	25.89	27.91

根据表 5-3 的数据，绘制图 5-3。图 5-3 中以 (x_0, Y_0) 为坐标绘制散点图，并将 Y_0 的下限、上限分别用曲线连接起来，得到两条曲线 L_1、L_2，回归直线位于由 L_1、L_2 所围成的带形区域的中心线上。

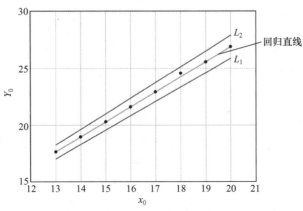

图 5-3　Y 的预测区间图

5.1.5 可化为一元线性回归问题的例子

在实际中常常会遇到更为复杂的回归问题，但在一定条件下，可以通过变量变换的方法，将问题转化为一元线性回归问题来处理。

(1) $Y = \alpha e^{\beta x} \cdot \varepsilon$，$\ln \varepsilon \sim N(0, \sigma^2)$

α, β, σ^2 是与 x 无关的未知参数。将 $Y = \alpha e^{\beta x} \cdot \varepsilon$ 两边取对数，得

$$\ln Y = \ln \alpha + \beta x + \ln \varepsilon$$

令 $\ln Y = Y'$，$\ln \alpha = a$，$\beta = b$，$x = x'$，$\ln \varepsilon = \varepsilon'$，于是原方程转化为 $Y' = a + bx' + \varepsilon'$，$\varepsilon' \sim N(0, \sigma^2)$。

(2) $Y = \alpha x^{\beta} \cdot \varepsilon$，$\ln \varepsilon \sim N(0, \sigma^2)$

α, β, σ^2 是与 x 无关的未知参数。将 $Y = \alpha x^{\beta} \cdot \varepsilon$ 两边取对数，得

$$\ln Y = \ln \alpha + \beta \ln x + \ln \varepsilon$$

令 $\ln Y = Y'$，$\ln \alpha = a$，$\beta = b$，$\ln x = x'$，$\ln \varepsilon = \varepsilon'$，于是原方程转化为 $Y' = a + bx' + \varepsilon'$，$\varepsilon' \sim N(0, \sigma^2)$。

(3) $Y = \alpha + \beta h(x) + \varepsilon$，$\varepsilon \sim N(0, \sigma^2)$

α, β, σ^2 是与 x 无关的未知参数。$h(x)$ 是 x 的已知函数。

令 $\alpha = a$，$\beta = b$，$h(x) = x'$，于是原方程转化为 $Y' = a + bx' + \varepsilon$，$\varepsilon \sim N(0, \sigma^2)$。

【例 5-7】为研究房源面积与房租之间的关系，研究人员从租房平台获取出租房源信息，具体数据见表 5-4。设房源面积为 x（单位：m^2），房租为 Y（单位：元），求 Y 关于 x 的回归方程。

表 5-4 房源面积与房租数据表

x/m^2	65	70	75	82	86	94	100	110	120	130
$Y/元$	1600	2000	2180	2450	2600	2780	2850	2910	2960	3000

解：作 x、Y 的散点图，得到图 5-4。

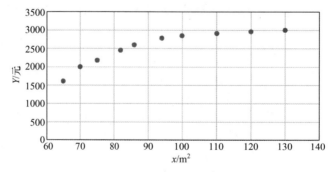

图 5-4 例 5-7 散点图

构建指数模型 $Y = \alpha e^{\beta x} \cdot \varepsilon$，$\ln \varepsilon \sim N(0, \sigma^2)$，方程左右两边取对数，得到

$$\ln Y = \ln \alpha + \beta x + \ln \varepsilon$$

令 $\ln Y = Y'$，$\ln \alpha = a$，$\beta = b$，$x = x'$，$\ln \varepsilon = \varepsilon'$，于是原方程转化为一元线性回归方程 $Y' = a + bx' + \varepsilon'$，$\varepsilon' \sim N(0, \sigma^2)$。

对原始数据做变量变换，得到表 5-5。

表 5-5 房源面积与房租变量变换后数据表

x/m^2	65	70	75	82	86	94	100	110	120	130
$\ln Y$	7.3778	7.6009	7.8038	7.8633	7.9302	7.9551	7.9759	7.9929	8.0064	7.3778

利用一元线性回归模型，得到 $\hat{a} = 7.060$，$\hat{b} = 0.008$，从而有

$$\hat{y}' = 7.060 + 0.008x$$

带回原变量，得一元非线性回归方程

$$\hat{y} = \mathrm{e}^{\hat{y}'} = \mathrm{e}^{7.060 + 0.008x} \approx 1164.445 \mathrm{e}^{0.008x}$$

一般情况，一元回归模型为 $Y = \mu(x; \theta_1, \theta_2, \cdots, \theta_\gamma) + \varepsilon$，$\varepsilon \sim N(0, \sigma^2)$，其中 $\theta_1, \theta_2, \cdots, \theta_\gamma, \sigma^2$ 是与 x 无关的未知参数。如果回归函数 $\mu(x; \theta_1, \theta_2, \cdots \theta_\gamma)$ 是参数 $\theta_1, \theta_2, \cdots, \theta_\gamma$ 的线性函数，则称为线性回归模型，否则称为非线性回归模型。如果非线性回归模型不能经过变量变换成线性，则称为本质的非线性回归模型，如 Holliday 模型、Logistic 模型。

5.2 多元线性回归分析

实际问题中的随机变量 Y 通常与多个普通变量 $x_1, x_2, \cdots, x_p$ ($p > 1$) 有关。对于自变量 $x_1, x_2, \cdots, x_p$ 的一组确定值，Y 具有一定的分布，若 Y 的数学期望存在，则它是 $x_1, x_2, \cdots, x_p$ 的函数，记为 $\mu(x_1, x_2, \cdots, x_p)$。

定义：$\mu(x_1, x_2, \cdots, x_p)$ 是 $x_1, x_2, \cdots, x_p$ 的线性函数，其多元线性回归模型为

$$Y = b_0 + b_1 x_1 + \cdots + b_p x_p + \varepsilon, \varepsilon \sim N(0, \sigma^2) \tag{5-25}$$

其中，$b_0, b_1, \cdots, b_p, \sigma^2$ 都是与 $x_1, x_2, \cdots, x_p$ 无关的未知参数。

设 $(x_{11}, x_{12}, \cdots, x_{1p}, y_1), \cdots, (x_{n1}, x_{n2}, \cdots, x_{np}, y_n)$ 是一个样本。多元线性回归模型式(5-25)可以表述为

$$\begin{cases} y_1 = b_0 + b_1 x_{11} + \cdots + b_j x_{1j} + \cdots + b_p x_{1p} + \varepsilon_1 \\ y_2 = b_0 + b_1 x_{21} + \cdots + b_j x_{2j} + \cdots + b_p x_{2p} + \varepsilon_2 \\ y_i = b_0 + b_1 x_{i1} + \cdots + b_j x_{ij} + \cdots + b_p x_{ip} + \varepsilon_i \\ \cdots \cdots \\ y_n = b_0 + b_1 x_{n1} + \cdots + b_j x_{nj} + \cdots + b_p x_{np} + \varepsilon_n \end{cases} \tag{5-26}$$

式(5-26)中 $b_0, b_1, \cdots, b_p$ 为所要求解的参数。下面我们用最大似然估计法估计参数

$b_0, b_1, \cdots, b_p$。取 $\hat{b}_0, \hat{b}_1, \cdots, \hat{b}_p$，使当 $b_0 = \hat{b}_0, b_1 = \hat{b}_1, \cdots, b_p = \hat{b}_p$ 时：

$$Q = \sum_{i=1}^{n} (y_i - b_0 - b_1 x_{i1} - \cdots - b_p x_{ip})^2 \tag{5-27}$$

达到最小值。

求 Q 分别关于 $b_0, b_1, \cdots, b_p$ 的偏导数，并令它们等于 0，得

$$\begin{aligned}\frac{\partial Q}{\partial b_0} &= -2\sum_{i=1}^{n}(y_i - b_0 - b_1 x_{i1} - \cdots - b_p x_{ip}) = 0 \\ &\cdots\cdots \\ \frac{\partial Q}{\partial b_j} &= -2\sum_{i=1}^{n}(y_i - b_0 - b_1 x_{i1} - \cdots - b_p x_{ip})x_{ij} = 0\end{aligned} \tag{5-28}$$

化简可得

$$\left.\begin{aligned} b_0 n + b_1 \sum_{i=1}^{n} x_{i1} + b_2 \sum_{i=1}^{n} x_{i2} + \cdots + b_p \sum_{i=1}^{n} x_{ip} &= \sum_{i=1}^{n} y_i \\ b_0 \sum_{i=1}^{n} x_{i1} + b_1 \sum_{i=1}^{n} x_{i1}^2 + b_2 \sum_{i=1}^{n} x_{i1} x_{i2} + \cdots + b_p \sum_{i=1}^{n} x_{i1} x_{ip} &= \sum_{i=1}^{n} x_{i1} y_i \\ &\cdots\cdots \\ b_0 \sum_{i=1}^{n} x_{ip} + b_1 \sum_{i=1}^{n} x_{ip} x_{i1} + b_2 \sum_{i=1}^{n} x_{ip} x_{i2} + \cdots + b_p \sum_{i=1}^{n} x_{ip}^2 &= \sum_{i=1}^{n} x_{ip} y_i \end{aligned}\right\} \tag{5-29}$$

式(5-29)为正规方程组。为了求解正规方程组，利用式(5-26)中 $b_0, b_1, \cdots, b_p$ 的系数构造一个矩阵 $\boldsymbol{X}$：

$$\boldsymbol{X} = \begin{pmatrix} 1 & x_{11} & x_{12} & \cdots & x_{1p} \\ 1 & x_{21} & x_{22} & \cdots & x_{2p} \\ \vdots & \vdots & \vdots & & \vdots \\ 1 & x_{n1} & x_{n2} & \cdots & x_{np} \end{pmatrix}$$

令

$$\boldsymbol{Y} = \begin{pmatrix} y_1 \\ y_2 \\ \vdots \\ y_n \end{pmatrix}, \quad \boldsymbol{B} = \begin{pmatrix} b_0 \\ b_1 \\ \vdots \\ b_p \end{pmatrix}$$

因为

$$\boldsymbol{X}^{\mathrm{T}} \boldsymbol{X} = \begin{pmatrix} 1 & 1 & \cdots & 1 \\ x_{11} & x_{21} & \cdots & x_{n1} \\ \vdots & \vdots & & \vdots \\ x_{1p} & x_{2p} & \cdots & x_{np} \end{pmatrix} \begin{pmatrix} 1 & x_{11} & x_{12} & \cdots & x_{1p} \\ 1 & x_{21} & x_{22} & \cdots & x_{2p} \\ \vdots & \vdots & \vdots & & \vdots \\ 1 & x_{n1} & x_{n2} & \cdots & x_{np} \end{pmatrix}$$

$$= \begin{pmatrix} n & \sum_{i=1}^{n} x_{i1} & \cdots & \sum_{i=1}^{n} x_{ip} \\ \sum_{i=1}^{n} x_{i1} & \sum_{i=1}^{n} x_{i1}^{2} & \cdots & \sum_{i=1}^{n} x_{i1}x_{ip} \\ \vdots & \vdots & & \vdots \\ \sum_{i=1}^{n} x_{ip} & \sum_{i=1}^{n} x_{ip}x_{i1} & \cdots & \sum_{i=1}^{n} x_{ip}^{2} \end{pmatrix} \qquad (5\text{-}30)$$

其中，

$\begin{pmatrix} n & \sum_{i=1}^{n} x_{i1} & \cdots & \sum_{i=1}^{n} x_{ip} \\ \sum_{i=1}^{n} x_{i1} & \sum_{i=1}^{n} x_{i1}^{2} & \cdots & \sum_{i=1}^{n} x_{i1}x_{ip} \\ \vdots & \vdots & & \vdots \\ \sum_{i=1}^{n} x_{ip} & \sum_{i=1}^{n} x_{ip}x_{i1} & \cdots & \sum_{i=1}^{n} x_{ip}^{2} \end{pmatrix}$ 是正规方程组中 $b_0, b_1, \cdots, b_p$ 的系数矩阵。

又因为

$$\boldsymbol{X}^{\mathrm{T}}\boldsymbol{Y} = \begin{pmatrix} 1 & 1 & \cdots & 1 \\ x_{11} & x_{21} & \cdots & x_{n1} \\ \vdots & \vdots & & \vdots \\ x_{1p} & x_{2p} & \cdots & x_{np} \end{pmatrix} \begin{pmatrix} y_1 \\ y_2 \\ \vdots \\ y_n \end{pmatrix} = \begin{pmatrix} \sum_{i=1}^{n} y_i \\ \sum_{i=1}^{n} x_{i1} y_i \\ \vdots \\ \sum_{i=1}^{n} x_{ip} y_i \end{pmatrix} \qquad (5\text{-}31)$$

其中，$\begin{pmatrix} \sum_{i=1}^{n} y_i \\ \sum_{i=1}^{n} x_{i1} y_i \\ \vdots \\ \sum_{i=1}^{n} x_{ip} y_i \end{pmatrix}$ 是正规方程组的常数项矩阵。

因此，正规方程组可写成矩阵形式：

$$\boldsymbol{X}^{\mathrm{T}}\boldsymbol{X}\boldsymbol{B} = \boldsymbol{X}^{\mathrm{T}}\boldsymbol{Y} \qquad (5\text{-}32)$$

设 $(\boldsymbol{X}^{\mathrm{T}}\boldsymbol{X})^{-1}$ 存在，在式(5-32)两边左乘 $(\boldsymbol{X}^{\mathrm{T}}\boldsymbol{X})^{-1}$，从而得

$$\hat{B} = \begin{pmatrix} \hat{b}_0 \\ \hat{b}_1 \\ \vdots \\ \hat{b}_p \end{pmatrix} = \left(X^T X\right)^{-1} X^T Y \tag{5-33}$$

式(5-33)就是$(b_0, b_1, \cdots, b_p)^T$的最大似然估计值。

取$\hat{b}_0 + \hat{b}_1 x_1 + \cdots + \hat{b}_p x_p$记为$\hat{y}$，作为$\mu(x_1, x_2, \cdots, x_p) = b_0 + b_1 x_1 + \cdots + b_p x_p$的估计，方程$\hat{y} = \hat{b}_0 + \hat{b}_1 x_1 + \hat{b}_2 x_2 + \cdots + \hat{b}_p x_p$称为$p$元经验线性回归方程，简称回归方程。

【例 5-8】 利用例 5-7 的数据，利用一元二次多项式模型求解房源面积与房租之间的关系。

解：建立模型$Y = b_0 + b_1 x + b_2 x^2 + \varepsilon$，$\varepsilon \sim N(0, \sigma^2)$。

令$x_1 = x$，$x_2 = x^2$，则$Y = b_0 + b_1 x_1 + b_2 x_2 + \varepsilon$，$\varepsilon \sim N(0, \sigma^2)$。设

$$X = \begin{pmatrix} 1 & 65 & 4225 \\ 1 & 70 & 4900 \\ 1 & 75 & 5625 \\ 1 & 82 & 6724 \\ 1 & 86 & 7396 \\ 1 & 94 & 8836 \\ 1 & 100 & 10000 \\ 1 & 110 & 12100 \\ 1 & 120 & 14400 \\ 1 & 130 & 16900 \end{pmatrix}, \quad Y = \begin{pmatrix} 1600 \\ 2000 \\ 2180 \\ 2450 \\ 2600 \\ 2780 \\ 2850 \\ 2910 \\ 2960 \\ 3000 \end{pmatrix}, \quad B = \begin{pmatrix} b_0 \\ b_1 \\ b_2 \end{pmatrix}$$

经计算

$$X^T X = \begin{pmatrix} 10 & 932 & 91106 \\ 932 & 91106 & 9313508 \\ 91106 & 9313508 & 990869138 \end{pmatrix}$$

由式(5-33)得正规方程组解为

$$\hat{B} = \begin{pmatrix} \hat{b}_0 \\ \hat{b}_1 \\ \vdots \\ \hat{b}_p \end{pmatrix} = \left(X^T X\right)^{-1} X^T Y = \begin{pmatrix} -3649.976 \\ 113.985 \\ -0.487 \end{pmatrix}$$

于是得到回归方程为$\hat{y} = -3649.976 + 113.985 x - 0.487 x^2$。

例 5-7 和例 5-8 分别利用两种模型分析同一组数据，自然会产生一个疑问：哪一种模型更好？通常，我们可以通过回归方程计算出Y的预测值，用预测值减去真实值得到残差，比较残差平方和Q_e，残差平方和较小的模型更好。我们利用例 5-7 的回归方程得到残差平方

和为437128,利用例5-8的回归方程得到残差平方和为32628。因此,我们有理由认为针对例5-7的数据,多项式模型优于指数模型。

在实际问题中,影响因变量的因素很多,而这些因素之间可能存在多重共线性。为得到可靠的回归模型,需要一种方法能有效地从众多因素中挑选出对因变量影响大的因素。如果采用多元线性回归分析,回归方程稳定性差,每个自变量的区间误差积累将影响总体误差,预测的可靠性差、精度低;另外,如果采用了影响小的自变量,遗漏了重要自变量,可能导致估计量产生偏倚和不一致性。

最优的回归方程应该包含所有有影响的自变量而不包括影响不显著的自变量。选择最优回归方程的方法如下。

① 从所有可能的自变量组合的回归方程中选择最优者。
② 从包含全部自变量的回归方程中逐次剔除影响不显著的自变量。
③ 从一个自变量开始,把自变量逐个引入方程。

5.3 Python 在回归分析中的应用

5.3.1 Python 在一元线性回归分析中的应用

【例5-9】利用例5-1的数据,做一元线性回归分析。

例5-9数据

代码:

```
import pandas as pd
import numpy as np
from statsmodels.formula.api import ols
from scipy.stats import f,t,chi2,norm
from statsmodels.stats.anova import anova_lm
import matplotlib.pyplot as plt
from statsmodels.sandbox.regression.predstd import wls_prediction_std
X = pd.read_csv("C://Users/Administrator/Desktop/applied mathmatical
    statistics/data/5-1.csv")
#调用数据 x
x = X.x
#调用数据 y
y = X.y
#作图的大小
fig = plt.figure(figsize = (8,6))
#画 x,y 的散点图
plt.scatter(x,y)
#回归拟合的基本模型
```

```
model = ols('y~x',X).fit()
#方差分析表
anovat = anova_lm(model)
```
print(anovat)
print(model.summary())
#求所有点预测值
print('所有点预测值：',model.predict().round(3))
```
        #要预测的点
        x0 = 13
        #根据线性模型求解给定点的预测值
        pre_y0 = model.params[0]+model.params[1]* x0
        #求回归函数 u(x)在 x = 13 处的预测均值置信区间
        #观测值的估计标准误
        s = np.sqrt(model.mse_resid)
        alpha = 0.05
        #预测区间误差限
        d1 = s*np.sqrt(1/len(X)+(x0 -np.mean(X.x))** 2/(len(X)*np.var(X.x)))*t.isf
             (alpha/2, len(x)-2)
        #预测区间下限
        c1 = pre_y0 - d1
        #预测区间上限
        c2 = pre_y0 + d1
print('u(x0)的预测区间(',c1.round(3),',',c2.round(3),')')
        #求在 x=13 处的 y0 的预测区间
        #预测区间误差限
        d2 = s*np.sqrt(1+1/len(X)+(x0-np.mean(X.x))**2/(len(X)*np.var(X.x)))*
             t.isfalpha/2,len(x)-2)
        #预测区间下限
        c3 = pre_y0 - d2
        #预测区间上限
        c4 = pre_y0 + d2
print('y(x0)的预测区间(',c3.round(3),',',c4.round(3),')')
```
输出：

	df	sum_sq	mean_sq	F	PR(>F)
x	1.0	73.339286	73.339286	1828.041543	1.095493e-08
Residual	6.0	0.240714	0.040119	NaN	NaN

OLS Regression Results

Dep. Variable:	y	R-squared:	0.997

Model:		OLS	Adj.R-squared:			0.996
Method:		Least Squares	F-statistic:			1828.
Date:		Tue,02 Jan 2024	Prob(F-statistic):			1.10e-08
Time:		15:34:34	Log-Likelihood:			2.6628
No. Observations:		8	AIC:			-1.326
Df Residuals:		6	BIC:			-1.167
Df Model:		1				
Covariance Type:		nonrobust				

	coef	Std err	t	P>|t|	[0.025	0.975]
Intercept	0.4679	0.272	1.720	0.136	-0.198	1.134
x	1.3214	0.031	42.756	0.000	1.246	1.397

Omnibus:	1.018	Durbin-Watson:		1.485
Prob(Omnibus):	0.601	Jarque-Bera(JB):		0.003
Skew:	-0.050	Prob(JB):		0.998
Kurtosis:	2.985	Cond.NO.		34.2

所有点预测值：[7.075 8.396 9.718 11.039 12.361 13.682 15.004 16.325]

u(x0)的预测区间(17.265 , 18.028)

y(x0)的预测区间(17.025 , 18.268)

x 和 Y 的散点图如图 5-5 所示。

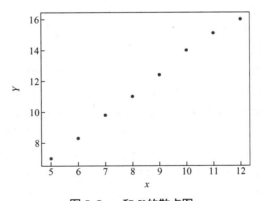

图 5-5 x 和 Y 的散点图

5.3.2 Python 在多元线性回归分析中的应用

【例 5-10】为了研究大学生综合素养培养满意度情况，某高校获取调查数据(扫描右侧二

例5-10数据

维码，获取原始数据），$x1$ 表示沟通表达能力满意度，$x2$ 表示方案策划能力满意度，$x3$ 表示团队协助能力满意度，$x4$ 表示文本解读能力满意度，$x5$ 表示信息获取与处理能力满意度，$x6$ 表示批判性思考能力满意度，y 表示综合素养培养满意度。现用多元线性回归模型拟合数据，探索自变量 $x1\sim x6$ 与 y 的线性关系。

代码：

```
import numpy as np
import pandas as pd
import statsmodels.api as sm
from statsmodels.formula.api import ols
file = r'C:\Users\Administrator\Desktop\applied mathmatical statistics\data\5-10satisfaction survey.xlsx'
data = pd.read_EXCEL(file)
data.columns = ['y', 'x1 ', 'x2', 'x3', 'x4', 'x5', 'x6']
#生成自变量
x = sm.add_constant(data.iloc[:,1:])
#生成因变量
y = data[ 'y']
#生成模型
model = sm.OLS(y, x)
#模型拟合
result = model.fit()
#模型描述
result.summary()
```

输出：

OLS Regression Results

Dep. Variable:	y	R-squared:	0.813
Model:	OLS	Adj. R-squared:	0.813
Method:	Least Squares	F-statistic:	1.115e+04
Date:	Tue, 02 Jan 2024	Prob (F-statistic):	0.00
Time:	17:37:38	Log-Likelihood:	-5298.4
No. Observations:	15362	AIC:	1.061e+04
Df Residuals:	15355	BIC:	1.066e+04
Df Model:	6		
Covariance Type:	nonrobust		

	coef	std err	t	P>|t|	[0.025	0.975]
const	0.1078	0.016	6.651	0.000	0.076	0.140

x1	0.3942	0.008	48.179	0.000	0.378	0.410
x2	0.1813	0.009	20.077	0.000	0.164	0.199
x3	0.1362	0.009	14.468	0.000	0.118	0.155
x4	0.0550	0.009	5.936	0.000	0.037	0.073
x5	0.0754	0.009	8.455	0.000	0.058	0.093
x6	0.1295	0.009	14.525	0.000	0.112	0.147

Omnibus:	4095.306	Durbin-Watson:	1.989
Prob(Omnibus):	0.000	Jarque-Bera (JB):	69312.259
Skew:	-0.836	Prob(JB):	0.00
Kurtosis:	13.271	Cond. No.	61.5

知识小结

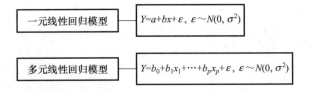

疑难公式的推导与证明

证明本章涉及的有关统计量的一些结果。

① $\bar{Y} \sim N(a + b\bar{x}, \sigma^2/n)$。

② $\hat{b} \sim N(b, \sigma^2/S_{xx})$。

③ $\hat{Y}_0 = \hat{a} + \hat{b}x_0 = \bar{Y} + \hat{b}(x_0 - \bar{x}) \sim N\left(a + bx_0, \left(\frac{1}{n} + \frac{(x_0 - \bar{x})^2}{S_{xx}}\right)\sigma^2\right)$。

④ $Q_e / \sigma^2 \sim \chi^2(n-2)$。

⑤ $\bar{Y}, \hat{b}, Q_e$ 相互独立。

⑥ 若 $Y_0 = a + bx_0 + \varepsilon_0$ 与 $Y_1, \cdots, Y_n$ 独立，则 $Y_0, \hat{Y}_0, Q_e$ 相互独立。

证明的工具是正交变换。首先注意到由于 $Y_1, Y_2, \cdots, Y_n$ 是相互独立的正态变量，故 $\bar{Y}, \hat{b}, \hat{Y}_0$ 都是正态变量。现在令

$$V_i = \varepsilon_i / \sigma = [Y_i - (a + \hat{b}x_i)]/\sigma \ (i = 1, 2, \cdots, n)$$

即知 $V_1, V_2, \cdots, V_n$ 相互独立。引入向量

$$V = (V_1, V_2, \cdots, V_n)^{\mathrm{T}}$$

再取一个 n 阶正交矩阵 $A = (a_{ij})$，它的前两行元素分别为

$$a_{1j} = 1/\sqrt{n} \ (j=1,2,\cdots,n)$$

$$a_{2j} = (x_j - \overline{x})/\sqrt{S_{xx}} \ (j=1,2,\cdots,n)$$

令

$$Z = AV$$

其中，$Z = (Z_1, Z_2, \cdots, Z_n)^T$，则 $Z_1, Z_2, \cdots, Z_n$ 相互独立，且 $Z_i \sim N(0,1) \ (i=1,2,\cdots,n)$。

且有

$$Z_1 = \sum_{j=1}^{n} a_{1j} V_j = \frac{1}{\sqrt{n}} \sum_{j=1}^{n} V_j = \sqrt{n}\overline{V} = \frac{\sqrt{n}}{\sigma}[\overline{Y} - (a + b\overline{x})]$$

即得

$$\overline{Y} \sim N(a + b\overline{x}, \sigma^2/n)$$

即证得①。

而

$$Z_2 = \sum_{j=1}^{n} a_{2j} V_j$$

$$= \frac{\sum_{j=1}^{n} V_j (x_j - \overline{x})}{\sqrt{S_{xx}}}$$

$$= \frac{\sum_{j=1}^{n} (Y_j - a - bx_j)(x_j - \overline{x})}{\sigma \sqrt{S_{xx}}}$$

$$= \frac{\sum_{j=1}^{n} Y_j (x_j - \overline{x}) - b \sum_{j=1}^{n} x_j (x_j - \overline{x})}{\sigma \sqrt{S_{xx}}}$$

$$= \frac{\sum_{j=1}^{n} (x_j - \overline{x})(Y_j - \overline{Y}) - b \sum_{j=1}^{n} (x_j - \overline{x})^2}{\sigma \sqrt{S_{xx}}}$$

$$= \frac{(\hat{b} - b)\sqrt{S_{xx}}}{\sigma}$$

即证得②。

又因为

$$Q_e = \sum_{j=1}^{n} [(Y_j - \overline{Y} - \hat{b}(x_j - \overline{x})]^2$$

$$= \sum_{j=1}^{n}[(Y_j - a - bx_j) - (\overline{Y} - a - b\overline{x}) - (\hat{b} - b)(x_j - \overline{x})]^2$$

$$= \sum_{j=1}^{n}\left(\sigma V_j - \sigma \overline{V} - \frac{\sigma Z_2(x_j - \overline{x})}{\sqrt{S_{xx}}}\right)^2$$

$$= \sigma^2\left[\sum_{j=1}^{n}(V_j - \overline{V})^2 + \frac{Z_2^2\sum_{j=1}^{n}(x_j - \overline{x})^2}{S_{xx}} - 2\frac{Z_2\sum_{j=1}^{n}(V_j - \overline{V})(x_j - \overline{x})}{\sqrt{S_{xx}}}\right]$$

$$= \sigma^2\left[V_j^2 - n\overline{V}^2 + Z_2^2 - 2Z_2\sum_{j=1}^{n}V_j(x_j - \overline{x})/\sqrt{S_{xx}}\right]$$

$\sum_{j=1}^{n}V_j^2 = \sum_{j=1}^{n}Z_j^2$,并注意到 $\sum_{j=1}^{n}V_j(x_j - \overline{x})/\sqrt{S_{xx}} = Z_2$,故有

$$Q_e = \sigma^2\left(\sum_{j=1}^{n}Z_j^2 - Z_1^2 + Z_2^2 - 2Z_2^2\right) = \sigma^2\sum_{j=1}^{n}Z_j^2$$

因此

$$\frac{Q_e}{\sigma^2} \sim \chi^2(n-2)$$

即证得④。

因 $Z_1, Z_2, \cdots, Z_n$ 相互独立,故 $Z_1, Z_2, (Z_3 \cdots, Z_n)$ 相互独立,而 $\overline{Y}, \hat{b}, Q_e$ 依次是 Z_1, Z_2, $(Z_3 \cdots, Z_n)$ 的函数,故 $\overline{Y}, \hat{b}, Q_e$ 独立,即证得⑤。

由②,$\hat{b} \sim N(b, \sigma^2/S_{xx})$,有

$$\hat{b}(x_0 - \overline{x}) \sim N\left(b(x_0 - \overline{x}), \frac{(x_0 - \overline{x})^2}{S_{xx}}\sigma^2\right)$$

$$\hat{Y}_0 = \hat{a} + \hat{b}x_0 = \overline{Y} + \hat{b}(x_0 - \overline{x})$$

由①、⑤,从而

$$\hat{Y}_0 = \hat{a} + \hat{b}x_0 = \overline{Y} + \hat{b}(x_0 - \overline{x}) \sim N\left(a + b\overline{x} + bx_0 - b\overline{x}, \frac{\sigma^2}{n} + \frac{(x_0 - \overline{x})^2\sigma^2}{S_{xx}}\right)$$

$$\hat{Y}_0 = \hat{a} + \hat{b}x_0 = \overline{Y} + \hat{b}(x_0 - \overline{x}) \sim N\left(a + bx_0, \left(\frac{1}{n} + \frac{(x_0 - \overline{x})^2}{S_{xx}}\right)\sigma^2\right)$$

即证得③。

因为 $Y_0 = a + bx_0 + \varepsilon_0$ 与 $Y_1, \cdots, Y_n$ 独立,若记 $V_0 = \varepsilon_0/\sigma$,则 $V_0 \sim N(0,1)$ 且 $V_0, V_1, \cdots, V_n$ 相互独立,从而由

$$\begin{pmatrix}Z_0 \\ Z\end{pmatrix} = \begin{pmatrix}1 & 0 \\ 0 & A\end{pmatrix}\begin{pmatrix}V_0 \\ V\end{pmatrix}$$

知各分量 $Z_0, Z_1, Z_2, \cdots, Z_n$ 相互独立。因 $Z_0 = V_0$，故 $V_0, Z_1, Z_2, (Z_3, \cdots, Z_n)$ 相互独立。而 $Y_0, \bar{Y}, \hat{b}, Q_e$ 依次是 $V_0, Z_1, Z_2, (Z_3, \cdots, Z_n)$ 的函数，因而 $Y_0, \bar{Y}, \hat{b}, Q_e$ 相互独立，从而 $Y_0, (\bar{Y}, \hat{b}), Q_e$ 相互独立，故 $Y_0, \hat{Y}_0$ (它是 $\bar{Y}$ 与 $\hat{b}$ 的函数)，Q_e 相互独立，即证得⑥。

课外读物

回归分析属于因果分析法的一种，因果分析法是根据事物变化发展的前因后果进行科学预测的方法。回归分析是一种根据事物发展变化情况，找到影响事物发展变化的主要因素、次要因素，研究自变量对因变量的影响情况，并通过建立模型对结果进行预测分析的方法。

根据自变量(解释变量)个数的不同，我们将回归分析分为一元回归分析和多元回归分析。回归分析通过拟合线或面乃至高维结构，使得数据点到线、面和高维结构的距离最小。根据使用场景的不同，我们通常使用不同的回归分析：如在预测问题中经常使用的线性回归模型，线性回归通过梯度下降方法修正自变量的系数，进而在因变量 Y 和一个或多个自变量 x 之间建立最佳拟合，进而使得模型对于未来能够有很强的预测能力；又如在分类问题中经常使用的逻辑回归模型，该模型是目前数据分析中应用非常广泛的一种算法，它通过使用 Sigmoid 函数，增加模型的非线性表述能力。

(1) 线性回归分析

线性回归分析是一种用于研究自变量和因变量之间因果关系的分析方法。当自变量只有一个时，线性回归分析称为一元线性回归分析；当自变量有多个时，线性回归分析称为多元线性回归分析。线性回归分析使用最小二乘法度量散点到回归线的距离，并寻找使得直线到所有散点的距离之和达到最小的解，以此为依据写出距离所有散点最近的回归线的方程。

线性回归分析善于处理多种变量之间的因果关系，在评价变量之间是否存在关系，以及变量之间的关系有多强烈这两方面具有特殊的优势。当然，它同样具有自己难以回避的缺点。一是它只能用于分析线性关系，也就是说每个由自变量和因变量所组成的散点图中的散点都应当围绕一条直线波动。对于非线性分布，如指数分布或二次分布，就应当将其转化为线性分布后再进行分析。而当非线性分布较为复杂、难以转化成理想的线性分布时，应当考虑使用神经网络或决策树等模型进行预测。二是它要求所有的自变量相互独立。在实际生活中，当自变量过多时，所有的自变量相互独立是一件很难的事情。这时就必须使用因子分析等方法消除自变量带来的相关影响。

(2) 逻辑回归分析

逻辑回归分析也称为 Logistic 回归分析，是一种广义的线性回归分析模型，属于机器学习中的监督学习。逻辑回归适用于因变量为分类变量的情况，用于解决二分类问题，也可以解决多分类问题，通过给定的 n 组数据(训练集)来训练模型，并在训练结束后对给定的一组或多组数据(测试集)进行分类。无论是二分类变量、无序变量还是有序变量，Logistic 回归分析都能拟合出相对应的方程，它能够比较不同自变量对因变量影响的强弱，也能比较不同自变量组合的差别。

Logistic 回归分析可以直接对分类可能性进行建模，无须事先假设数据分布，分析结果具有可解释性，不仅可以预测出类别，而且可以得到近似概率预测，能够很好地帮助数据分析师利用概率辅助决策。

第5章 回归分析

章节练习

一、选择题

1. 变量之间的关系可以分为(　　)。
   A．正相关关系和负相关关系 B．线性相关关系和非线性相关关系
   C．函数关系与相关关系 D．简单相关关系和复杂相关关系

2. 相关关系是指(　　)。
   A．变量间的非独立关系 B．变量之间的因果关系
   C．变量间的函数关系 D．变量间不确定性的依存关系

3. 进行相关分析时的两个变量(　　)。
   A．都是随机变量
   B．都不是随机变量
   C．一个是随机变量，一个不是随机变量
   D．随机的或非随机的都可以

4. 产量 X 台与单位产品成本 Y 元/台之间的回归方程为 $\hat{y}=634-1.2x$，这说明(　　)。
   A．产量每增加一台，单位产品成本增加 634 元
   B．产量每增加一台，单位产品成本减少 1.2 元
   C．产量每增加一台，单位产品成本平均增加 634 元
   D．产量每增加一台，单位产品成本平均减少 1.2 元

5. 在总体回归直线 $\mu(x)=a+bx$ 中，b 表示(　　)。
   A．当 x 增加一个单位时，$\mu(x)$ 增加 b 个单位
   B．当 x 增加一个单位时，$\mu(x)$ 平均增加 b 个单位
   C．当 $\mu(x)$ 增加一个单位时，x 增加 b 个单位
   D．当 $\mu(x)$ 增加一个单位时，x 平均增加 b 个单位

6. 已知一组观测值 (x_i, y_i) 作出散点图后确定具有线性相关关系，若对于回归方程 $\hat{y}=\hat{a}+\hat{b}x$，已知 $\bar{x}=52.4$，$\bar{y}=29.5$，利用最大似然估计法得到 $\hat{b}=0.53$，则线性回归方程为(　　)。
   A．$\hat{y}=1.728+0.53x$ B．$\hat{y}=0.53+1.728x$
   C．$\hat{y}=57.272+0.53x$ D．$\hat{y}=0.53+57.272x$

7. 已知一元线性回归模型为 $y=a+bx+\varepsilon$，$\varepsilon \sim N(0,\sigma^2)$，回归方程为 $\hat{y}=\hat{a}+\hat{b}x$，有 $\hat{y}_i=\hat{a}+\hat{b}x_i(i=1,2,\cdots,n)$，$y_i$ 表示回归真实值，$\hat{y}_i$ 表示回归估计值，$\hat{\sigma}$ 表示标准误差估计值，则下列说法正确的是(　　)。
   A．$\hat{\sigma}=0$ 时，$\sum_{i=1}^{n}(y_i-\hat{y}_i)=0$ B．$\hat{\sigma}=0$ 时，$\sum_{i=1}^{n}(y_i-\hat{y}_i)^2=0$
   C．$\hat{\sigma}=0$ 时，$\sum_{i=1}^{n}(y_i-\hat{y}_i)$ 为最小 D．$\hat{\sigma}=0$ 时，$\sum_{i=1}^{n}(y_i-\hat{y}_i)^2$ 为最小

8. 已知一元线性回归模型为 $y=a+bx+\varepsilon$，$\varepsilon \sim N(0,\sigma^2)$，回归方程为 $\hat{y}=\hat{a}+\hat{b}x$，有

$\hat{y}_i = \hat{a} + \hat{b}x_i (i=1,2,\cdots,n)$，$\hat{\sigma}$ 表示标准误差估计值，r 表示相关系数，则下列说法正确的是（　　）。

  A. $\hat{\sigma}=0$ 时，$r=1$ B. $\hat{\sigma}=0$ 时，$r=-1$

  C. $\hat{\sigma}=0$ 时，$r=0$ D. $\hat{\sigma}=0$ 时，$r=1$ 或 $r=-1$

9. 在多元线性回归模型中，若某个解释变量对其余解释变量的判定系数接近于 1，则表明模型中存在（　　）。

  A. 异方差性   B. 序列相关

  C. 多重共线性   D. 高拟合优度

10. 已知在多元线性回归模型中有 k 个自变量(即 k 个解释变量)，则样本容量 n 满足（　　）。

  A. $n=k$ B. $n<k$

  C. $n\geqslant 30$ 或 $n\geqslant 3(k+1)$ D. $n\geqslant 30$

二、填空题

1. 在比较两个模型的拟合效果时，甲、乙两个模型的可决系数值分别约为 0.97 和 0.89，则拟合效果好的模型是_____。

2. 线性回归模型 $y=a+bx+\varepsilon$（a,b 为模型的未知参数），ε 称为_____。

3. 已知线性回归模型为 $y=a+bx+\varepsilon$，$\varepsilon \sim N(0,\sigma^2)$，若一组观测值 $(x_1,y_1),\cdots,(x_n,y_n)$ 满足 ε_i 恒为 0，则可决系数值为_____。

4. 若施化肥量 x(单位:kg)与小麦产量 y(单位:kg)之间的线性回归方程为 $\hat{y}=310+3.5x$，当施化肥量为 50kg 时，预计小麦产量为_____ kg。

5. 在回归分析中，代表数据点和它在回归直线上相应位置的差异的是_____。

三、案例分析题

1. 在年收入对于年消费的效应研究中，采集的数据见表 5-6。

表 5-6　年收入与年消费数据表

年收入 x/万元	8	10	12	14	16	18	20
年消费 Y/万元	2.4	2.7	3.1	3.5	3.9	4.3	4.8

  ① 绘制散点图；

  ② 求 Y 关于 x 的线性回归方程 $\hat{y}=\hat{a}+\hat{b}x$；

  ③ 求 ε 的方差 σ^2 的无偏估计值；

  ④ 检验假设 H_0：$b=0$，H_1：$b\neq 0$；

  ⑤ 若回归效果显著，求 b 的置信水平为 0.95 的置信区间；

  ⑥ 求 $x=15$ 处，$\mu(x)$ 的置信水平为 0.95 的置信区间；

  ⑦ 求 $x=15$ 处，观测值 Y 的置信水平为 0.95 的预测区间。

2. 一个车间为了规定工时定额，需要确定加工零件所花费的时间，为此进行了 9 次试验，收集的数据见表 5-7。

表 5-7 加工零件所花费的时间统计表

零件个数 x/个	10	20	30	40	50	60	70	80	90
加工时间 Y/min	49	55	60	64	71	78	83	88	93

① 绘制散点图；
② 根据散点图走势写出 Y 关于 x 的回归模型；
③ 利用统计软件获得 Y 关于 x 的回归数据；
④ 求 Y 关于 x 的回归方程；
⑤ 求 σ^2 无偏估计值；
⑥ 判断模型拟合、回归效果情况；
⑦ 求 x 的系数的置信水平为 0.95 的置信区间；
⑧ 求 $x=100$ 时，Y 的预测值。

3. 每天锻炼时间 x(单位：min)与体能测试成绩 Y(单位：分)之间的关系，见表 5-8。

表 5-8 锻炼时间与体能测试成绩数据表

锻炼时间 x/min	10	15	20	25	30	35
体能测试成绩 Y/分	47	53	58	63	69	74

① 绘制散点图；
② 根据散点图写出 Y 关于 x 的回归模型；
③ 利用统计软件求 Y 关于 x 的回归数据；
④ 求 Y 关于 x 的回归方程，并阐述此模型拟合效果是否理想，回归效果是否显著，取 $\alpha=0.05$；
⑤ 求自变量系数的置信水平为 0.95 的置信区间；
⑥ 求每天锻炼时间为 50min，体能测试成绩大约是多少分。

4. 从《中国统计年鉴2022》获悉 2000 年至 2021 年国民总收入 y，具体数据见表 5-9。

表 5-9 2000 年至 2021 年国民总收入　　　　　　　　　　单位：亿元

年份 x/年	2000	2001	2002	2003	2004	2005	2006	2007	2008	2009	2010
国民总收入 y/亿元	99066.1	109276.2	120480.4	136576.3	161415.4	185998.9	219028.5	270704	321229.5	347934.9	410354.1
年份 x/年	2011	2012	2013	2014	2015	2016	2017	2018	2019	2020	2021
国民总收入 y/亿元	483392.8	537329	588141.2	644380.2	685571.2	742694.1	830945.7	915243.5	983751.2	1005451	1133239.8

① 作出 (x_i, y_i) 的散点图；
② 令 $z_i = \ln y_i$，作出 (x_i, z_i) 的散点图；

③ 以模型 $Y = ae^{bx}\varepsilon$，$\ln \varepsilon \sim N(0, \sigma^2)$ 拟合数据，其中 a, b, σ^2 与 x 无关，试求曲线回归方程 $\hat{Y} = \hat{a}e^{\hat{b}x}$。

5. 从 2022 年城乡建设统计年鉴获悉 2013 年至 2022 年的城市人口 x(单位：万人)和城市建筑用地面积 Y(单位：km^2)，具体数据见表 5-10。

表 5-10　2013 年至 2022 年城市人口和城市建筑用地面积数据表

年份/年	2013	2014	2015	2016	2017	2018	2019	2020	2021	2022
城市人口 x/万人	37697.10	38576.50	39437.80	40299.17	40975.70	42730.01	43503.66	44253.74	45747.87	47001.93
城市建筑用地面积 Y/km^2	47108.50	49982.74	51584.10	52761.30	55155.50	56075.90	58307.71	58355.29	59424.59	59451.69

① 作出关于自变量 x 和因变量 Y 的散点图；

② 以模型 $Y = b_0 + b_1 x_1 + b_2 x_2 + \varepsilon, \varepsilon \sim N(0, \sigma^2)$ 拟合数据，其中 b_0, b_1, b_2, σ^2 与 x 无关，试求回归方程 $\hat{Y} = \hat{b}_0 + \hat{b}_1 x_1 + \hat{b}_2 x_2$。

附表1
几种常见的概率分布表

附表 1 几种常见的概率分布表

分布	参数	分布律或概率密度	数学期望	方差
(0-1)分布	$0 < p < 1$	$P\{X=k\} = p^k(1-p)^{1-k}, k=0,1$	p	$p(1-p)$
二项分布	$n \geq 1$, $0 < p < 1$	$P\{X=k\} = C_n^k p^k (1-p)^{n-k}, k=0,1,\cdots,n$	np	$np(1-p)$
几何分布	$0 < p < 1$	$P\{X=k\} = (1-p)^{1-k} p, k=1,2,\cdots$	$\dfrac{1}{p}$	$\dfrac{1-p}{p^2}$
泊松分布	$\lambda > 0$	$P\{X=k\} = \dfrac{\lambda^k e^{-\lambda}}{k!}, k=0,1,2,\cdots$	λ	λ
均匀分布	$a < b$	$f(x) = \begin{cases} \dfrac{1}{b-a}, & a < x < b \\ 0, & \text{其他} \end{cases}$	$\dfrac{a+b}{2}$	$\dfrac{(b-a)^2}{12}$
正态分布	$\mu, \sigma > 0$	$f(x) = \dfrac{1}{\sqrt{2\pi}\sigma} e^{-(x-\mu)^2/(2\sigma^2)}$	μ	σ^2
指数分布(负指数分布)	$\theta > 0$	$f(x) = \begin{cases} \dfrac{1}{\theta} e^{-x/\theta}, & x > 0 \\ 0, & \text{其他} \end{cases}$	θ	θ^2
χ^2分布	$n \geq 1$	$f(x) = \begin{cases} \dfrac{1}{2^{n/2}\Gamma(n/2)} x^{n/2-1} e^{-x/2}, & x > 0 \\ 0, & \text{其他} \end{cases}$	n	$2n$
t分布	$n \geq 1$	$f(x) = \dfrac{\Gamma\left(\dfrac{n+1}{2}\right)}{\sqrt{n\pi}\,\Gamma(n/2)} \left(1+\dfrac{x^2}{n}\right)^{-(n+1)/2}$	$0, n > 1$	$\dfrac{n}{n-2}, n > 2$
F分布	n_1, n_2	$f(x) = \begin{cases} \dfrac{\Gamma[(n_1+n_2)/2]}{\Gamma(n_1/2)\Gamma(n_2/2)} \left(\dfrac{n_1}{n_2}\right)^{n_1/2} \cdot \\ x^{n_1/2-1}\left(1+\dfrac{n_1}{n_2}x\right)^{-(n_1+n_2)/2}, & x > 0 \\ 0, & \text{其他} \end{cases}$	$\dfrac{n_2}{n_2-2}$, $n_2 > 2$	$\dfrac{2n_2^2(n_1+n_2-2)}{n_1(n_2-2)^2(n_2-4)}$, $n_2 > 4$

附表2
标准正态分布表

表中列出 $\Phi(x) = \int_{-\infty}^{x} \dfrac{1}{\sqrt{2\pi}} e^{-\frac{t^2}{2}} dt$ 的值

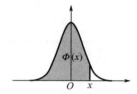

附表 2 标准正态分布表

x	0.00	0.01	0.02	0.03	0.04	0.05	0.06	0.07	0.08	0.09
0.0	0.5000	0.5040	0.5080	0.5120	0.5160	0.5199	0.5239	0.5279	0.5319	0.5359
0.1	0.5398	0.5438	0.5478	0.5517	0.5557	0.5596	0.5636	0.5675	0.5714	0.5753
0.2	0.5793	0.5832	0.5871	0.5910	0.5948	0.5987	0.6026	0.6064	0.6103	0.6141
0.3	0.6179	0.6217	0.6255	0.6293	0.6331	0.6368	0.6406	0.6443	0.6480	0.6517
0.4	0.6554	0.6591	0.6628	0.6664	0.6700	0.6736	0.6772	0.6808	0.6844	0.6879
0.5	0.6915	0.6950	0.6985	0.7019	0.7054	0.7088	0.7123	0.7157	0.7190	0.7224
0.6	0.7257	0.7291	0.7324	0.7357	0.7389	0.7422	0.7454	0.7486	0.7517	0.7549
0.7	0.7580	0.7611	0.7642	0.7673	0.7704	0.7734	0.7764	0.7794	0.7823	0.7852
0.8	0.7881	0.7910	0.7939	0.7967	0.7995	0.8023	0.8051	0.8078	0.8106	0.8133
0.9	0.8159	0.8186	0.8212	0.8238	0.8264	0.8289	0.8315	0.8340	0.8365	0.8389
1.0	0.8413	0.8438	0.8461	0.8485	0.8508	0.8531	0.8554	0.8577	0.8599	0.8621
1.1	0.8643	0.8665	0.8686	0.8708	0.8729	0.8749	0.8770	0.8790	0.8810	0.8830
1.2	0.8849	0.8869	0.8888	0.8907	0.8925	0.8944	0.8962	0.8980	0.8997	0.9015
1.3	0.9032	0.9049	0.9066	0.9082	0.9099	0.9115	0.9131	0.9147	0.9162	0.9177
1.4	0.9192	0.9207	0.9222	0.9236	0.9251	0.9265	0.9279	0.9292	0.9306	0.9319
1.5	0.9332	0.9345	0.9357	0.9370	0.9382	0.9394	0.9406	0.9418	0.9429	0.9441
1.6	0.9452	0.9463	0.9474	0.9484	0.9495	0.9505	0.9515	0.9525	0.9535	0.9545
1.7	0.9554	0.9564	0.9573	0.9582	0.9591	0.9599	0.9608	0.9616	0.9625	0.9633
1.8	0.9641	0.9649	0.9656	0.9664	0.9671	0.9678	0.9686	0.9693	0.9699	0.9706
1.9	0.9713	0.9719	0.9726	0.9732	0.9738	0.9744	0.9750	0.9756	0.9761	0.9767
2.0	0.9772	0.9778	0.9783	0.9788	0.9793	0.9798	0.9803	0.9808	0.9812	0.9817
2.1	0.9821	0.9826	0.9830	0.9834	0.9838	0.9842	0.9846	0.9850	0.9854	0.9857
2.2	0.9861	0.9864	0.9868	0.9871	0.9875	0.9878	0.9881	0.9884	0.9887	0.9890
2.3	0.9893	0.9896	0.9898	0.9901	0.9904	0.9906	0.9909	0.9911	0.9913	0.9916
2.4	0.9918	0.9920	0.9922	0.9925	0.9927	0.9929	0.9931	0.9932	0.9934	0.9936
2.5	0.9938	0.9940	0.9941	0.9943	0.9945	0.9946	0.9948	0.9949	0.9951	0.9952
2.6	0.9953	0.9955	0.9956	0.9957	0.9959	0.9960	0.9961	0.9962	0.9963	0.9964
2.7	0.9965	0.9966	0.9967	0.9968	0.9969	0.9970	0.9971	0.9972	0.9973	0.9974
2.8	0.9974	0.9975	0.9976	0.9977	0.9977	0.9978	0.9979	0.9979	0.9980	0.9981
2.9	0.9981	0.9982	0.9982	0.9983	0.9984	0.9984	0.9985	0.9985	0.9986	0.9986
3.0	0.9987	0.9987	0.9987	0.9988	0.9988	0.9989	0.9989	0.9989	0.9990	0.9990
3.1	0.9990	0.9991	0.9991	0.9991	0.9992	0.9992	0.9992	0.9992	0.9993	0.9993
3.2	0.9993	0.9993	0.9994	0.9994	0.9994	0.9994	0.9994	0.9995	0.9995	0.9995
3.3	0.9995	0.9995	0.9995	0.9996	0.9996	0.9996	0.9996	0.9996	0.9996	0.9997
3.4	0.9997	0.9997	0.9997	0.9997	0.9997	0.9997	0.9997	0.9997	0.9997	0.9998
3.5	0.9998	0.9998	0.9998	0.9998	0.9998	0.9998	0.9998	0.9998	0.9998	0.9998
3.6	0.9998	0.9998	0.9999	0.9999	0.9999	0.9999	0.9999	0.9999	0.9999	0.9999

附表3
卡方分布表

表中列出 $P\{\chi^2 > \chi_\alpha^2(n)\} = \alpha$ 中的 $\chi_\alpha^2(n)$

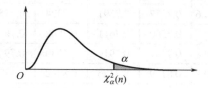

附表3　卡方分布表

n \ α	0.995	0.99	0.975	0.95	0.9	0.5	0.1	0.05	0.025	0.01	0.005
1	0.000	0.000	0.001	0.004	0.016	0.455	2.706	3.841	5.024	6.635	7.879
2	0.010	0.020	0.051	0.103	0.211	1.386	4.605	5.991	7.378	9.210	10.597
3	0.072	0.115	0.216	0.352	0.584	2.366	6.251	7.815	9.348	11.345	12.838
4	0.207	0.297	0.484	0.711	1.064	3.357	7.779	9.488	11.143	13.277	14.860
5	0.412	0.554	0.831	1.145	1.610	4.351	9.236	11.070	12.833	15.086	16.750
6	0.676	0.872	1.237	1.635	2.204	5.348	10.645	12.592	14.449	16.812	18.548
7	0.989	1.239	1.690	2.167	2.833	6.346	12.017	14.067	16.013	18.475	20.278
8	1.344	1.646	2.180	2.733	3.490	7.344	13.362	15.507	17.535	20.090	21.955
9	1.735	2.088	2.700	3.325	4.168	8.343	14.684	16.919	19.023	21.666	23.589
10	2.156	2.558	3.247	3.940	4.865	9.342	15.987	18.307	20.483	23.209	25.188
11	2.603	3.053	3.816	4.575	5.578	10.341	17.275	19.675	21.920	24.725	26.757
12	3.074	3.571	4.404	5.226	6.304	11.340	18.549	21.026	23.337	26.217	28.300
13	3.565	4.107	5.009	5.892	7.042	12.340	19.812	22.362	24.736	27.688	29.819
14	4.075	4.660	5.629	6.571	7.790	13.339	21.064	23.685	26.119	29.141	31.319
15	4.601	5.229	6.262	7.261	8.547	14.339	22.307	24.996	27.488	30.578	32.801
16	5.142	5.812	6.908	7.962	9.312	15.338	23.542	26.296	28.845	32.000	34.267
17	5.697	6.408	7.564	8.672	10.085	16.338	24.769	27.587	30.191	33.409	35.718
18	6.265	7.015	8.231	9.390	10.865	17.338	25.989	28.869	31.526	34.805	37.156
19	6.844	7.633	8.907	10.117	11.651	18.338	27.204	30.144	32.852	36.191	38.582
20	7.434	8.260	9.591	10.851	12.443	19.337	28.412	31.410	34.170	37.566	39.997
21	8.034	8.897	10.283	11.591	13.240	20.337	29.615	32.671	35.479	38.932	41.401
22	8.643	9.542	10.982	12.338	14.041	21.337	30.813	33.924	36.781	40.289	42.796
23	9.260	10.196	11.689	13.091	14.848	22.337	32.007	35.172	38.076	41.638	44.181
24	9.886	10.856	12.401	13.848	15.659	23.337	33.196	36.415	39.364	42.980	45.559
25	10.520	11.524	13.120	14.611	16.473	24.337	34.382	37.652	40.646	44.314	46.928
26	11.160	12.198	13.844	15.379	17.292	25.336	35.563	38.885	41.923	45.642	48.290
27	11.808	12.879	14.573	16.151	18.114	26.336	36.741	40.113	43.195	46.963	49.645
28	12.461	13.565	15.308	16.928	18.939	27.336	37.916	41.337	44.461	48.278	50.993
29	13.121	14.256	16.047	17.708	19.768	28.336	39.087	42.557	45.722	49.588	52.336
30	13.787	14.953	16.791	18.493	20.599	29.336	40.256	43.773	46.979	50.892	53.672
35	17.192	18.509	20.569	22.465	24.797	34.336	46.059	49.802	53.203	57.342	60.275
40	20.707	22.164	24.433	26.509	29.051	39.335	51.805	55.758	59.342	63.691	66.766
45	24.311	25.901	28.366	30.612	33.350	44.335	57.505	61.656	65.410	69.957	73.166
50	27.991	29.707	32.357	34.764	37.689	49.335	63.167	67.505	71.420	76.154	79.490
55	31.735	33.570	36.398	38.958	42.060	54.335	68.796	73.311	77.380	82.292	85.749
60	35.534	37.485	40.482	43.188	46.459	59.335	74.397	79.082	83.298	88.379	91.952

附表4
t 分布表

表中列出 $P\{t > t_\alpha(n)\} = \alpha$ 中 t 的 $t_\alpha(n)$

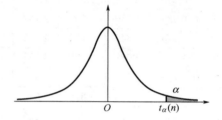

附表 4　t 分布表

n \ α	0.1	0.05	0.025	0.01	0.005	0.001	0.0005
1	3.078	6.314	12.706	31.821	63.657	318.309	636.619
2	1.886	2.920	4.303	6.965	9.925	22.327	31.599
3	1.638	2.353	3.182	4.541	5.841	10.215	12.924
4	1.533	2.132	2.776	3.747	4.604	7.173	8.610
5	1.476	2.015	2.571	3.365	4.032	5.893	6.869
6	1.440	1.943	2.447	3.143	3.707	5.208	5.959
7	1.415	1.895	2.365	2.998	3.499	4.785	5.408
8	1.397	1.860	2.306	2.896	3.355	4.501	5.041
9	1.383	1.833	2.262	2.821	3.250	4.297	4.781
10	1.372	1.812	2.228	2.764	3.169	4.144	4.587
11	1.363	1.796	2.201	2.718	3.106	4.025	4.437
12	1.356	1.782	2.179	2.681	3.055	3.930	4.318
13	1.350	1.771	2.160	2.650	3.012	3.852	4.221
14	1.345	1.761	2.145	2.624	2.977	3.787	4.140
15	1.341	1.753	2.131	2.602	2.947	3.733	4.073
16	1.337	1.746	2.120	2.583	2.921	3.686	4.015
17	1.333	1.740	2.110	2.567	2.898	3.646	3.965
18	1.330	1.734	2.101	2.552	2.878	3.610	3.922
19	1.328	1.729	2.093	2.539	2.861	3.579	3.883
20	1.325	1.725	2.086	2.528	2.845	3.552	3.850
21	1.323	1.721	2.080	2.518	2.831	3.527	3.819
22	1.321	1.717	2.074	2.508	2.819	3.505	3.792
23	1.319	1.714	2.069	2.500	2.807	3.485	3.768
24	1.318	1.711	2.064	2.492	2.797	3.467	3.745
25	1.316	1.708	2.060	2.485	2.787	3.450	3.725
26	1.315	1.706	2.056	2.479	2.779	3.435	3.707
27	1.314	1.703	2.052	2.473	2.771	3.421	3.690
28	1.313	1.701	2.048	2.467	2.763	3.408	3.674
29	1.311	1.699	2.045	2.462	2.756	3.396	3.659
30	1.310	1.697	2.042	2.457	2.750	3.385	3.646
35	1.306	1.690	2.030	2.438	2.724	3.340	3.591
40	1.303	1.684	2.021	2.423	2.704	3.307	3.551
45	1.301	1.679	2.014	2.412	2.690	3.281	3.520
50	1.299	1.676	2.009	2.403	2.678	3.261	3.496
55	1.297	1.673	2.004	2.396	2.668	3.245	3.476
60	1.296	1.671	2.000	2.390	2.660	3.232	3.460
65	1.295	1.669	1.997	2.385	2.654	3.220	3.447
70	1.294	1.667	1.994	2.381	2.648	3.211	3.435

附表5
F分布表

表中列出 $P\{F > F_\alpha(n_1, n_2)\} = \alpha$ 中的 $F_\alpha(n_1, n_2)$

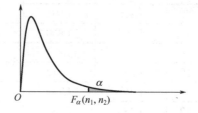

附表5　F分布表

($\alpha = 0.005$)

n_2 \ n_1	1	2	3	4	5	6	8	12	24	∞
1	16210.72	19999.50	21614.74	22499.58	23055.80	23437.11	23925.41	24426.37	24939.57	25464.46
2	198.50	199.00	199.17	199.25	199.30	199.33	199.37	199.42	199.46	199.50
3	55.55	49.80	47.47	46.19	45.39	44.84	44.13	43.39	42.62	41.83
4	31.33	26.28	24.26	23.15	22.46	21.97	21.35	20.70	20.03	19.32
5	22.78	18.31	16.53	15.56	14.94	14.51	13.96	13.38	12.78	12.14
6	18.63	14.54	12.92	12.03	11.46	11.07	10.57	10.03	9.47	8.88
7	16.24	12.40	10.88	10.05	9.52	9.16	8.68	8.18	7.64	7.08
8	14.69	11.04	9.60	8.81	8.30	7.95	7.50	7.01	6.50	5.95
9	13.61	10.11	8.72	7.96	7.47	7.13	6.69	6.23	5.73	5.19
10	12.83	9.43	8.08	7.34	6.87	6.54	6.12	5.66	5.17	4.64
11	12.23	8.91	7.60	6.88	6.42	6.10	5.68	5.24	4.76	4.23
12	11.75	8.51	7.23	6.52	6.07	5.76	5.35	4.91	4.43	3.90
13	11.37	8.19	6.93	6.23	5.79	5.48	5.08	4.64	4.17	3.65
14	11.06	7.92	6.68	6.00	5.56	5.26	4.86	4.43	3.96	3.44
15	10.80	7.70	6.48	5.80	5.37	5.07	4.67	4.25	3.79	3.26
16	10.58	7.51	6.30	5.64	5.21	4.91	4.52	4.10	3.64	3.11
17	10.38	7.35	6.16	5.50	5.07	4.78	4.39	3.97	3.51	2.98
18	10.22	7.21	6.03	5.37	4.96	4.66	4.28	3.86	3.40	2.87
19	10.07	7.09	5.92	5.27	4.85	4.56	4.18	3.76	3.31	2.78
20	9.94	6.99	5.82	5.17	4.76	4.47	4.09	3.68	3.22	2.69
21	9.83	6.89	5.73	5.09	4.68	4.39	4.01	3.60	3.15	2.61
22	9.73	6.81	5.65	5.02	4.61	4.32	3.94	3.54	3.08	2.55
23	9.63	6.73	5.58	4.95	4.54	4.26	3.88	3.47	3.02	2.48
24	9.55	6.66	5.52	4.89	4.49	4.20	3.83	3.42	2.97	2.43
25	9.48	6.60	5.46	4.84	4.43	4.15	3.78	3.37	2.92	2.38
26	9.41	6.54	5.41	4.79	4.38	4.10	3.73	3.33	2.87	2.33
27	9.34	6.49	5.36	4.74	4.34	4.06	3.69	3.28	2.83	2.29
28	9.28	6.44	5.32	4.70	4.30	4.02	3.65	3.25	2.79	2.25
29	9.23	6.40	5.28	4.66	4.26	3.98	3.61	3.21	2.76	2.21
30	9.18	6.35	5.24	4.62	4.23	3.95	3.58	3.18	2.73	2.18
40	8.83	6.07	4.98	4.37	3.99	3.71	3.35	2.95	2.50	1.93
50	22.78	18.31	16.53	15.56	14.94	14.51	13.96	13.38	12.78	12.14
60	8.49	5.79	4.73	4.14	3.76	3.49	3.13	2.74	2.29	1.69
70	8.40	5.72	4.66	4.08	3.70	3.43	3.08	2.68	2.23	1.62
120	8.18	5.54	4.50	3.92	3.55	3.28	2.93	2.54	2.09	1.43
∞	7.88	5.30	4.28	3.72	3.35	3.09	2.74	2.36	1.90	1.00

($\alpha = 0.01$) 续表

n_2 \ n_1	1	2	3	4	5	6	8	12	24	∞
1	4052.18	4999.50	5403.35	5624.58	5763.65	5858.99	5981.07	6106.32	6234.63	6365.86
2	98.50	99.00	99.17	99.25	99.30	99.33	99.37	99.42	99.46	99.50
3	34.12	30.82	29.46	28.71	28.24	27.91	27.49	27.05	26.60	26.13
4	21.20	18.00	16.69	15.98	15.52	15.21	14.80	14.37	13.93	13.46
5	16.26	13.27	12.06	11.39	10.97	10.67	10.29	9.89	9.47	9.02
6	13.75	10.92	9.78	9.15	8.75	8.47	8.10	7.72	7.31	6.88
7	12.25	9.55	8.45	7.85	7.46	7.19	6.84	6.47	6.07	5.65
8	11.26	8.65	7.59	7.01	6.63	6.37	6.03	5.67	5.28	4.86
9	10.56	8.02	6.99	6.42	6.06	5.80	5.47	5.11	4.73	4.31
10	10.04	7.56	6.55	5.99	5.64	5.39	5.06	4.71	4.33	3.91
11	9.65	7.21	6.22	5.67	5.32	5.07	4.74	4.40	4.02	3.60
12	9.33	6.93	5.95	5.41	5.06	4.82	4.50	4.16	3.78	3.36
13	9.07	6.70	5.74	5.21	4.86	4.62	4.30	3.96	3.59	3.17
14	8.86	6.51	5.56	5.04	4.69	4.46	4.14	3.80	3.43	3.00
15	8.68	6.36	5.42	4.89	4.56	4.32	4.00	3.67	3.29	2.87
16	8.53	6.23	5.29	4.77	4.44	4.20	3.89	3.55	3.18	2.75
17	8.40	6.11	5.18	4.67	4.34	4.10	3.79	3.46	3.08	2.65
18	8.29	6.01	5.09	4.58	4.25	4.01	3.71	3.37	3.00	2.57
19	8.18	5.93	5.01	4.50	4.17	3.94	3.63	3.30	2.92	2.49
20	8.10	5.85	4.94	4.43	4.10	3.87	3.56	3.23	2.86	2.42
21	8.02	5.78	4.87	4.37	4.04	3.81	3.51	3.17	2.80	2.36
22	7.95	5.72	4.82	4.31	3.99	3.76	3.45	3.12	2.75	2.31
23	7.88	5.66	4.76	4.26	3.94	3.71	3.41	3.07	2.70	2.26
24	7.82	5.61	4.72	4.22	3.90	3.67	3.36	3.03	2.66	2.21
25	7.77	5.57	4.68	4.18	3.85	3.63	3.32	2.99	2.62	2.17
26	7.72	5.53	4.64	4.14	3.82	3.59	3.29	2.96	2.58	2.13
27	7.68	5.49	4.60	4.11	3.78	3.56	3.26	2.93	2.55	2.10
28	7.64	5.45	4.57	4.07	3.75	3.53	3.23	2.90	2.52	2.06
29	7.60	5.42	4.54	4.04	3.73	3.50	3.20	2.87	2.49	2.03
30	7.56	5.39	4.51	4.02	3.70	3.47	3.17	2.84	2.47	2.01
40	7.31	5.18	4.31	3.83	3.51	3.29	2.99	2.66	2.29	1.80
50	7.17	5.06	4.20	3.72	3.41	3.19	2.89	2.56	2.18	1.68
60	7.08	4.98	4.13	3.65	3.34	3.12	2.82	2.50	2.12	1.60
70	7.01	4.92	4.07	3.60	3.29	3.07	2.78	2.45	2.07	1.54
120	6.85	4.79	3.95	3.48	3.17	2.96	2.66	2.34	1.95	1.38
∞	6.63	4.61	3.78	3.32	3.02	2.80	2.51	2.18	1.79	1.00

($\alpha = 0.025$) 续表

n_2 \ n_1	1	2	3	4	5	6	8	12	24	∞
1	647.79	799.50	864.16	899.58	921.85	937.11	956.66	976.71	997.25	1018.26
2	38.51	39.00	39.17	39.25	39.30	39.33	39.37	39.41	39.46	39.50
3	17.44	16.04	15.44	15.10	14.88	14.73	14.54	14.34	14.12	13.90
4	12.22	10.65	9.98	9.60	9.36	9.20	8.98	8.75	8.51	8.26
5	10.01	8.43	7.76	7.39	7.15	6.98	6.76	6.52	6.28	6.02
6	8.81	7.26	6.60	6.23	5.99	5.82	5.60	5.37	5.12	4.85
7	8.07	6.54	5.89	5.52	5.29	5.12	4.90	4.67	4.41	4.14
8	7.57	6.06	5.42	5.05	4.82	4.65	4.43	4.20	3.95	3.67
9	7.21	5.71	5.08	4.72	4.48	4.32	4.10	3.87	3.61	3.33
10	6.94	5.46	4.83	4.47	4.24	4.07	3.85	3.62	3.37	3.08
11	6.72	5.26	4.63	4.28	4.04	3.88	3.66	3.43	3.17	2.88
12	6.55	5.10	4.47	4.12	3.89	3.73	3.51	3.28	3.02	2.72
13	6.41	4.97	4.35	4.00	3.77	3.60	3.39	3.15	2.89	2.60
14	6.30	4.86	4.24	3.89	3.66	3.50	3.29	3.05	2.79	2.49
15	6.20	4.77	4.15	3.80	3.58	3.41	3.20	2.96	2.70	2.40
16	6.12	4.69	4.08	3.73	3.50	3.34	3.12	2.89	2.63	2.32
17	6.04	4.62	4.01	3.66	3.44	3.28	3.06	2.82	2.56	2.25
18	5.98	4.56	3.95	3.61	3.38	3.22	3.01	2.77	2.50	2.19
19	5.92	4.51	3.90	3.56	3.33	3.17	2.96	2.72	2.45	2.13
20	5.87	4.46	3.86	3.51	3.29	3.13	2.91	2.68	2.41	2.09
21	5.83	4.42	3.82	3.48	3.25	3.09	2.87	2.64	2.37	2.04
22	5.79	4.38	3.78	3.44	3.22	3.05	2.84	2.60	2.33	2.00
23	5.75	4.35	3.75	3.41	3.18	3.02	2.81	2.57	2.30	1.97
24	5.72	4.32	3.72	3.38	3.15	2.99	2.78	2.54	2.27	1.94
25	5.69	4.29	3.69	3.35	3.13	2.97	2.75	2.51	2.24	1.91
26	5.66	4.27	3.67	3.33	3.10	2.94	2.73	2.49	2.22	1.88
27	5.63	4.24	3.65	3.31	3.08	2.92	2.71	2.47	2.19	1.85
28	5.61	4.22	3.63	3.29	3.06	2.90	2.69	2.45	2.17	1.83
29	5.59	4.20	3.61	3.27	3.04	2.88	2.67	2.43	2.15	1.81
30	5.57	4.18	3.59	3.25	3.03	2.87	2.65	2.41	2.14	1.79
40	5.42	4.05	3.46	3.13	2.90	2.74	2.53	2.29	2.01	1.64
50	5.34	3.97	3.39	3.05	2.83	2.67	2.46	2.22	1.93	1.55
60	5.29	3.93	3.34	3.01	2.79	2.63	2.41	2.17	1.88	1.48
70	5.25	3.89	3.31	2.97	2.75	2.59	2.38	2.14	1.85	1.44
120	5.15	3.80	3.23	2.89	2.67	2.52	2.30	2.05	1.76	1.31
∞	5.02	3.69	3.12	2.79	2.57	2.41	2.19	1.94	1.64	1.00

($\alpha = 0.05$) 续表

n_2 \ n_1	1	2	3	4	5	6	8	12	24	∞
1	161.45	199.50	215.71	224.58	230.16	233.99	238.88	243.91	249.05	254.31
2	18.51	19.00	19.16	19.25	19.30	19.33	19.37	19.41	19.45	19.50
3	10.13	9.55	9.28	9.12	9.01	8.94	8.85	8.74	8.64	8.53
4	7.71	6.94	6.59	6.39	6.26	6.16	6.04	5.91	5.77	5.63
5	6.61	5.79	5.41	5.19	5.05	4.95	4.82	4.68	4.53	4.36
6	5.99	5.14	4.76	4.53	4.39	4.28	4.15	4.00	3.84	3.67
7	5.59	4.74	4.35	4.12	3.97	3.87	3.73	3.57	3.41	3.23
8	5.32	4.46	4.07	3.84	3.69	3.58	3.44	3.28	3.12	2.93
9	5.12	4.26	3.86	3.63	3.48	3.37	3.23	3.07	2.90	2.71
10	4.96	4.10	3.71	3.48	3.33	3.22	3.07	2.91	2.74	2.54
11	4.84	3.98	3.59	3.36	3.20	3.09	2.95	2.79	2.61	2.40
12	4.75	3.89	3.49	3.26	3.11	3.00	2.85	2.69	2.51	2.30
13	4.67	3.81	3.41	3.18	3.03	2.92	2.77	2.60	2.42	2.21
14	4.60	3.74	3.34	3.11	2.96	2.85	2.70	2.53	2.35	2.13
15	4.54	3.68	3.29	3.06	2.90	2.79	2.64	2.48	2.29	2.07
16	4.49	3.63	3.24	3.01	2.85	2.74	2.59	2.42	2.24	2.01
17	4.45	3.59	3.20	2.96	2.81	2.70	2.55	2.38	2.19	1.96
18	4.41	3.55	3.16	2.93	2.77	2.66	2.51	2.34	2.15	1.92
19	4.38	3.52	3.13	2.90	2.74	2.63	2.48	2.31	2.11	1.88
20	4.35	3.49	3.10	2.87	2.71	2.60	2.45	2.28	2.08	1.84
21	4.32	3.47	3.07	2.84	2.68	2.57	2.42	2.25	2.05	1.81
22	4.30	3.44	3.05	2.82	2.66	2.55	2.40	2.23	2.03	1.78
23	4.28	3.42	3.03	2.80	2.64	2.53	2.37	2.20	2.01	1.76
24	4.26	3.40	3.01	2.78	2.62	2.51	2.36	2.18	1.98	1.73
25	4.24	3.39	2.99	2.76	2.60	2.49	2.34	2.16	1.96	1.71
26	4.23	3.37	2.98	2.74	2.59	2.47	2.32	2.15	1.95	1.69
27	4.21	3.35	2.96	2.73	2.57	2.46	2.31	2.13	1.93	1.67
28	4.20	3.34	2.95	2.71	2.56	2.45	2.29	2.12	1.91	1.65
29	4.18	3.33	2.93	2.70	2.55	2.43	2.28	2.10	1.90	1.64
30	4.17	3.32	2.92	2.69	2.53	2.42	2.27	2.09	1.89	1.62
40	4.08	3.23	2.84	2.61	2.45	2.34	2.18	2.00	1.79	1.51
50	4.03	3.18	2.79	2.56	2.40	2.29	2.13	1.95	1.74	1.44
60	4.00	3.15	2.76	2.53	2.37	2.25	2.10	1.92	1.70	1.39
70	3.98	3.13	2.74	2.50	2.35	2.23	2.07	1.89	1.67	1.35
120	3.92	3.07	2.68	2.45	2.29	2.18	2.02	1.83	1.61	1.25
∞	3.84	3.00	2.60	2.37	2.21	2.10	1.94	1.75	1.52	1.00

($\alpha = 0.10$) 续表

n_2 \ n_1	1	2	3	4	5	6	8	12	24	∞
1	39.86	49.50	53.59	55.83	57.24	58.20	59.44	60.71	62.00	63.33
2	8.53	9.00	9.16	9.24	9.29	9.33	9.37	9.41	9.45	9.49
3	5.54	5.46	5.39	5.34	5.31	5.28	5.25	5.22	5.18	5.13
4	4.54	4.32	4.19	4.11	4.05	4.01	3.95	3.90	3.83	3.76
5	4.06	3.78	3.62	3.52	3.45	3.40	3.34	3.27	3.19	3.10
6	3.78	3.46	3.29	3.18	3.11	3.05	2.98	2.90	2.82	2.72
7	3.59	3.26	3.07	2.96	2.88	2.83	2.75	2.67	2.58	2.47
8	3.46	3.11	2.92	2.81	2.73	2.67	2.59	2.50	2.40	2.29
9	3.36	3.01	2.81	2.69	2.61	2.55	2.47	2.38	2.28	2.16
10	3.29	2.92	2.73	2.61	2.52	2.46	2.38	2.28	2.18	2.06
11	3.23	2.86	2.66	2.54	2.45	2.39	2.30	2.21	2.10	1.97
12	3.18	2.81	2.61	2.48	2.39	2.33	2.24	2.15	2.04	1.90
13	3.14	2.76	2.56	2.43	2.35	2.28	2.20	2.10	1.98	1.85
14	3.10	2.73	2.52	2.39	2.31	2.24	2.15	2.05	1.94	1.80
15	3.07	2.70	2.49	2.36	2.27	2.21	2.12	2.02	1.90	1.76
16	3.05	2.67	2.46	2.33	2.24	2.18	2.09	1.99	1.87	1.72
17	3.03	2.64	2.44	2.31	2.22	2.15	2.06	1.96	1.84	1.69
18	3.01	2.62	2.42	2.29	2.20	2.13	2.04	1.93	1.81	1.66
19	2.99	2.61	2.40	2.27	2.18	2.11	2.02	1.91	1.79	1.63
20	2.97	2.59	2.38	2.25	2.16	2.09	2.00	1.89	1.77	1.61
21	2.96	2.57	2.36	2.23	2.14	2.08	1.98	1.87	1.75	1.59
22	2.95	2.56	2.35	2.22	2.13	2.06	1.97	1.86	1.73	1.57
23	2.94	2.55	2.34	2.21	2.11	2.05	1.95	1.84	1.72	1.55
24	2.93	2.54	2.33	2.19	2.10	2.04	1.94	1.83	1.70	1.53
25	2.92	2.53	2.32	2.18	2.09	2.02	1.93	1.82	1.69	1.52
26	2.91	2.52	2.31	2.17	2.08	2.01	1.92	1.81	1.68	1.50
27	2.90	2.51	2.30	2.17	2.07	2.00	1.91	1.80	1.67	1.49
28	2.89	2.50	2.29	2.16	2.06	2.00	1.90	1.79	1.66	1.48
29	2.89	2.50	2.28	2.15	2.06	1.99	1.89	1.78	1.65	1.47
30	2.88	2.49	2.28	2.14	2.05	1.98	1.88	1.77	1.64	1.46
40	2.84	2.44	2.23	2.09	2.00	1.93	1.83	1.71	1.57	1.38
50	2.81	2.41	2.20	2.06	1.97	1.90	1.80	1.68	1.54	1.33
60	2.79	2.39	2.18	2.04	1.95	1.87	1.77	1.66	1.51	1.29
70	2.78	2.38	2.16	2.03	1.93	1.86	1.76	1.64	1.49	1.27
120	2.75	2.35	2.13	1.99	1.90	1.82	1.72	1.60	1.45	1.19
∞	2.71	2.30	2.08	1.94	1.85	1.77	1.67	1.55	1.38	1.00

习 题 讲 解

第1章 习题讲解

一、选择题

1. D   2. C   3. B   4. A   5. D

二、填空题

1. 113.5
2. 74.52，0.4244
3. 0.5
4. 5，10
5. 2，1
6. 0
7. z_α
8. $t(2)$
9. 10，8
10. 0.4

三、证明题

1. 证明：$X_1 + X_2 \sim N(2, 2\sigma^2)$，得 $\dfrac{X_1 + X_2 - 2}{\sqrt{2}\sigma} \sim N(0,1)$。

$X_3 - X_4 \sim N(0, 2\sigma^2)$，得 $\dfrac{X_3 - X_4}{\sqrt{2}\sigma} \sim N(0,1)$，得 $\left(\dfrac{X_3 - X_4}{\sqrt{2}\sigma}\right)^2 \sim \chi^2(1)$。

由 t 分布定义 $\dfrac{\dfrac{X_1 + X_2 - 2}{\sqrt{2}\sigma}}{\sqrt{\dfrac{\left(\dfrac{X_3 - X_4}{\sqrt{2}\sigma}\right)^2}{1}}} \sim t(1)$，得 $\dfrac{X_1 + X_2 - 2}{|X_3 - X_4|} \sim t(1)$。

2. 证明：

设样本 X_1，X_2 来自总体 $N(\mu, \sigma^2)$，有

$$X_1 + X_2 \sim N(2\mu, 2\sigma^2), \quad \dfrac{X_1 + X_2 - 2\mu}{\sqrt{2}\sigma} \sim N(0,1), \quad \left(\dfrac{X_1 + X_2 - 2\mu}{\sqrt{2}\sigma}\right)^2 \sim \chi^2(1)$$

$$X_1 - X_2 \sim N(0, 2\sigma^2), \quad \dfrac{X_1 - X_2}{\sqrt{2}\sigma} \sim N(0,1), \quad \left(\dfrac{X_1 - X_2}{\sqrt{2}\sigma}\right)^2 \sim \chi^2(1)$$

由 F 分布定义，得 $\dfrac{(X_1+X_2-2\mu)^2}{(X_1-X_2)^2}\sim F(1,1)$。

四、计算题

1. 解：

$X_1+X_2+X_3\sim N(0,3)$，则 $\dfrac{X_1+X_2+X_3}{\sqrt{3}}\sim N(0,1)$，$\left(\dfrac{X_1+X_2+X_3}{\sqrt{3}}\right)^2\sim\chi^2(1)$。

$X_4+X_5+X_6\sim N(0,3)$，则 $\dfrac{X_4+X_5+X_6}{\sqrt{3}}\sim N(0,1)$，$\left(\dfrac{X_4+X_5+X_6}{\sqrt{3}}\right)^2\sim\chi^2(1)$。

因为 $X_1,X_2,\cdots,X_6$ 为来自总体 X 的简单随机样本，利用 χ^2 分布可加性，有

$$\left(\dfrac{X_1+X_2+X_3}{\sqrt{3}}\right)^2+\left(\dfrac{X_4+X_5+X_6}{\sqrt{3}}\right)^2=\dfrac{1}{3}[(X_1+X_2+X_3)^2+(X_4+X_5+X_6)^2]\sim\chi^2(2)$$

所以，$C=\dfrac{1}{3}$，使得 CY 服从 χ^2 分布。

2. 解：

已知样本 X_1,X_2,X_3,X_4 来自总体 $N(0,1)$，有

$$X_1\sim N(0,1),\quad Y=X_1^2+X_2^2+X_3^2+X_4^2\sim\chi^2(4)$$

由 t 分布定义，得 $\dfrac{X_1}{\sqrt{\dfrac{X_1^2+X_2^2+X_3^2+X_4^2}{4}}}\sim t(4)$。

即 $\dfrac{2X_1}{\sqrt{Y}}\sim t(4)$，故 $C=2$，使得 $\dfrac{CX_1}{\sqrt{Y}}\sim t(4)$。

3. 解：

① $\qquad P\{X_1=i_1,X_2=i_2,\cdots,X_n=i_n\}$

$$\stackrel{独立}{=\!=\!=}\prod_{k=1}^{n}P\{X_k=i_k\}=\prod_{k=1}^{n}P^{i_k}(1-P)^{1-i_k}$$

$$=P^{\sum_{k=1}^{n}i_k}(1-P)^{n-\sum_{k=1}^{n}i_k}\quad(i_k=0\text{或}1,k=1,\cdots,n)$$

② 设总体 X（不管服从什么分布，只要均值和方差存在）的均值为 μ，方差为 σ^2，$X_1,X_2,\cdots,X_n$ 是来自总体 X 的一个样本，$\bar{X}$ 是样本均值，S^2 是样本方差，则有

$$E(\bar{X})=\mu,\quad D(\bar{X})=\dfrac{\sigma^2}{n},\quad E(S^2)=\sigma^2$$

因 $X\sim b(1,p)$，故 $E(\bar{X})=E(X)=p$，$D(\bar{X})=\dfrac{D(X)}{n}=\dfrac{p(1-p)}{n}$。

$$E(S^2)=D(X)=p(1-p)$$

4. 解：

$$F_3(x)=\begin{cases} 0, & x<1 \\ \dfrac{1}{3}, & 1\leqslant x<2 \\ \dfrac{2}{3}, & 2\leqslant x<3 \\ 1, & x\geqslant 3 \end{cases}$$

五、作图题

解：

第一步：数据排序 127,141,153,156,160,162,166,169,180,199，得

$$MIN=127，MAX=199$$

第二步：计算 Q_1,Q_2,Q_3。

$$np=10\times 0.25=2.5,\quad Q_1=x_{([2.5]+1)}=x_{(3)}=153$$

$$np=10\times 0.5=5,\quad Q_2=\frac{1}{2}[x_{(5)}+x_{(6)}]=161$$

$$np=10\times 0.75=7.5,\quad Q_3=x_{([7.5]+1)}=x_{(8)}=169$$

第三步：$IQR=Q_3-Q_1=16$，$Q_1-1.5IQR=129$，$Q_3+1.5IQR=193$，判断出 127,199 是异常值。

第四步：画箱线图，得图 1。

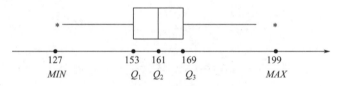

图 1　第 1 章习题　箱线图

第 2 章　习题讲解

一、选择题

1. C 　　2. D 　　3. B 　　4. B 　　5. C

二、填空题

1. 17.6
2. 1065
3. 3161.7
4. 485
5. 0.7

三、计算题

1. 解：

因为总体 X 在 $[0,\theta]$ 上服从均匀分布，$\theta(\theta>0)$ 未知，$\mu_1=E(X)=\dfrac{\theta}{2}$，根据矩估计法，令 $\dfrac{\hat{\theta}}{2}=A_1=\bar{X}$，所以 $\hat{\theta}=2\bar{X}$ 为所求 θ 的矩估计量。

2. 解：

① $E(X)=\displaystyle\int_0^1 x\cdot\sqrt{\theta}x^{\sqrt{\theta}-1}dx=\dfrac{\sqrt{\theta}}{\sqrt{\theta}+1}$，令 $E(X)=\bar{X}$，得 θ 的矩估计量为 $\left(\dfrac{\bar{X}}{1-\bar{X}}\right)^2$。

② $L(\theta)=\displaystyle\prod_{i=1}^n f(x_i)=\theta^{\frac{n}{2}}(x_1x_2\cdots x_n)^{\sqrt{\theta}-1}$，$\ln L(\theta)=\dfrac{n}{2}\ln(\theta)+(\sqrt{\theta}-1)\displaystyle\sum_{i=1}^n\ln x_i$。

令 $\dfrac{d\ln L(\theta)}{d\theta}=\dfrac{n}{2}\cdot\dfrac{1}{\theta}+\dfrac{1}{2\sqrt{\theta}}\displaystyle\sum_{i=1}^n\ln x_i=0$，得 θ 的最大似然估计量为 $\left(n\Big/\displaystyle\sum_{i=1}^n\ln X_i\right)^2$。

3. 解：

① $E(X)=2\times 2\theta(1-\theta)+3\times(1-\theta)^2+4\times\theta^2=3\theta^2-2\theta+3$

$\bar{X}=\dfrac{4+3+4}{3}$，令 $E(X)=\bar{X}$，得 θ 的矩估计值为 $\hat{\theta}=\dfrac{1+\sqrt{3}}{3}$。

② $L=P\{x_1=4\}\cdot P\{x_2=3\}\cdot P\{x_3=4\}=\theta^2\cdot(1-\theta)^2\cdot\theta^2=\theta^4(1-\theta)^2$

$\ln L=4\ln\theta+2\ln(1-\theta)$，令 $\dfrac{d\ln L}{d\theta}=\dfrac{4}{\theta}-\dfrac{2}{1-\theta}=0$，得 θ 的最大似然估计值为 $\hat{\theta}=\dfrac{2}{3}$。

4. 解：

① 似然函数为 $L(\theta)=\displaystyle\prod_{i=1}^n\{e^{-(x_i-\theta)}I_{\{x_i>\theta\}}\}=\exp\left\{-\displaystyle\sum_{i=1}^n x_i+n\theta\right\}I_{\{x_{(1)}>\theta\}}$

显然 $L(\theta)$ 在示性函数为 1 的条件下是 θ 的严增函数，因此 θ 的最大似然估计为 $\hat{\theta}_1=x_{(1)}$。

因为 $p(x_i;\theta)$ 的分布函数为 $F(x)=\displaystyle\int_\theta^x e^{-(t-\theta)}dt=-e^{-(x-\theta)}+1$

第 k 个次序统计量的密度函数为

$$P_k(\alpha)=\dfrac{n!}{(k-1)!(n-k)!}F(x)^{k-1}\cdot(1-F(x))^{n-k}\cdot p(x)$$

令 $k=1$，则 $x_{(1)}$ 的密度函数为

$$P_1(x)=\dfrac{n!}{(n-1)!}(1+e^{-(x-\theta)}-1)^{n-k}\cdot e^{-(x-\theta)}=ne^{-n(x-\theta)},\quad x>\theta$$

从而 $E(\hat{\theta}_1)=\displaystyle\int_\theta^{+\infty}xne^{-n(x-\theta)}dx=\int_0^{+\infty}(t+\theta)ne^{-nt}dt=\dfrac{1}{n}+\theta$

故 $\hat{\theta}_1$ 不是 θ 的无偏估计，但 $\hat{\theta}_1$ 是 θ 的渐进无偏估计。由于 $E(\hat{\theta}_1)\to\theta(n\to+\infty)$ 且

$$E(\hat{\theta}_1^2)=\int_\theta^{+\infty}x^2ne^{-n(x-\theta)}dx=\int_0^{+\infty}(t^2+2\theta t+\theta^2)ne^{-nt}dt=\dfrac{2}{n^2}+\dfrac{2}{n}\theta+\theta^2$$

$$D(\hat{\theta}_1) = \frac{2}{n^2} + \frac{2\theta}{n} + \theta^2 - \left(\frac{1}{n} + \theta\right)^2 = \frac{1}{n^2} \to 0$$

说明 $\hat{\theta}_1$ 是 θ 的相合估计。

② 由于 $E(X) = \int_{\theta}^{+\infty} x e^{-(x-\theta)} dx = \theta + 1$，这给出 $\theta = EX - 1$，所以 θ 的矩估计为 $\hat{\theta}_2 = \bar{x} - 1$。

$E(X^2) = \int_{\theta}^{+\infty} x^2 e^{-(x-\theta)} dx = \theta^2 + 2\theta + 2$，所以 $D(X) = 1$，从而有

$$E(\hat{\theta}_2) = E(\bar{x}) - 1 = \theta, \quad D(\hat{\theta}_2) = \frac{1}{n} D(X) = \frac{1}{n} \to 0 \ (n \to +\infty)$$

说明 $\hat{\theta}_2$ 既是 θ 的无偏估计，也是相合估计。

5. 解：

因为 $X \sim N(\mu, 40^2)$，有 $\sigma = 40$，又因为 $1 - \alpha = 0.95$，有 $\alpha = 0.05$。

已知 $\bar{x} = 1000$，$n = 100$，由置信区间公式 $\left(\bar{x} \pm \frac{\sigma}{\sqrt{n}} \cdot z_{\alpha/2}\right)$。

得 $1000 \pm \frac{40}{10} \times 1.96 = 1000 \pm 7.84$

故总体均值 μ 的置信水平为 0.95 的置信区间为 (992.16, 1007.84)。

6. 解：

① 已知 σ，μ 的置信水平为 $1-\alpha$ 的置信区间为

$$\left(\bar{X} - \frac{\sigma}{\sqrt{n}} z_{\alpha/2}, \bar{X} + \frac{\sigma}{\sqrt{n}} z_{\alpha/2}\right)$$

已知 $\sigma = 10$，$n = 12$，$\bar{x} = 502.92$，$\alpha = 0.1$，查表得 $z_{\alpha/2} = z_{0.05} = 1.645$。

得总体均值 μ 的置信水平为 0.9 的置信区间为 (498.17, 507.67)。

② σ 未知，μ 的置信水平为 $1-\alpha$ 的置信区间为

$$\left(\bar{X} - \frac{S}{\sqrt{n}} t_{\frac{\alpha}{2}}(n-1), \bar{X} + \frac{S}{\sqrt{n}} t_{\frac{\alpha}{2}}(n-1)\right)$$

计算 $s = 12.5$，$\alpha = 0.05$，$t_{0.025}(11) = 2.201$。

得总体均值 μ 的置信水平为 0.9 的置信区间为 (494.98, 510.86)。

③ σ^2 的置信水平为 $1-\alpha$ 的置信区间为

$$\left(\frac{(n-1)S^2}{\chi^2_{\alpha/2}(n-1)}, \frac{(n-1)S^2}{\chi^2_{1-\alpha/2}(n-1)}\right)$$

计算 $s^2 = 156.27$，$\alpha = 0.05$，$\chi^2_{0.025}(11) = 21.920$，$\chi^2_{0.975}(11) = 3.816$。

得总体方差 σ^2 的置信区间为 (78.42, 450.46)。

④ σ 的置信水平为 $1-\alpha$ 的置信区间为

$$\left(\sqrt{\frac{(n-1)S^2}{\chi^2_{\alpha/2}(n-1)}}, \sqrt{\frac{(n-1)S^2}{\chi^2_{1-\alpha/2}(n-1)}}\right)$$

故总体标准差 σ 的置信区间为 $(8.86,21.22)$。

7. 解：

由题意 σ^2 的置信水平为 $1-\alpha$ 的置信区间公式为

$$\left(\frac{(n-1)S^2}{\chi^2_{\alpha/2}(n-1)},\frac{(n-1)S^2}{\chi^2_{1-\alpha/2}(n-1)}\right)$$

已知 $n=12$，$s^2=0.7$，得 $(n-1)S^2=7.7$。

查表得 $\chi^2_{0.025}(11)=21.920$，$\chi^2_{0.975}(11)=3.816$。

故 σ^2 的置信水平为 0.95 的置信区间为 $(0.35,2.02)$。

8. 解：

① 已知 $\sigma_1^2=0.6$，$\sigma_2^2=0.5$，$\mu_1-\mu_2$ 的一个置信水平为 $1-\alpha$ 的置信区间为

$$\left(\bar{X}-\bar{Y}\pm z_{\alpha/2}\sqrt{\frac{\sigma_1^2}{n_1}+\frac{\sigma_2^2}{n_2}}\right)$$

由题意计算得到 $\bar{X}=11.7$，$n_1=6$，$\bar{Y}=8.6$，$n_2=5$，$\alpha=0.05$，$z_{\alpha/2}=1.96$，带入公式得到 $\mu_1-\mu_2$ 的置信水平为 95% 的置信区间为 $(2.22,3.98)$。

② 总体方差未知，但 $\sigma_1^2=\sigma_2^2$，$\mu_1-\mu_2$ 的一个置信水平为 $1-\alpha$ 的置信区间为

$$\left(\bar{X}-\bar{Y}\pm t_{\alpha/2}(n_1+n_2-2)S_w\sqrt{\frac{1}{n_1}+\frac{1}{n_2}}\right)，其中，S_w=\sqrt{\frac{(n_1-1)S_1^2+(n_2-1)S_2^2}{n_1+n_2-2}}$$

已知 $\bar{X}=11.7$，$s_1=0.7616$，$n_1=6$，$\bar{Y}=8.6$，$s_2=0.7211$，$n_2=5$，$\alpha=0.05$，$t_{0.025}(9)=2.262$，得 $\mu_1-\mu_2$ 的置信水平为 0.95 的置信区间为 $(2.08,4.12)$。

9. 解：

由题意，虽然 σ_1^2,σ_2^2 未知，但 n_1 和 n_2 均大于 50，则 $\mu_1-\mu_2$ 的置信水平为 $1-\alpha$ 的置信区间为

$$\left(\bar{X}-\bar{Y}\pm z_{\alpha/2}\sqrt{\frac{S_1^2}{n_1}+\frac{S_2^2}{n_2}}\right)$$

已知 $\bar{X}=4500$，$n_1=100$，$s_1^2=530^2$；$\bar{Y}=5140$，$n_2=100$，$s_2^2=835^2$，$\alpha=0.02$，$z_{\alpha/2}=2.326$，得 $\mu_1-\mu_2$ 的置信水平为 98% 的置信区间为 $(-870.042,-409.924)$。

10. 解：

由题意，$\dfrac{\sigma_1^2}{\sigma_2^2}$ 的置信水平为 $1-\alpha$ 的置信区间为

$$\left(\frac{S_1^2}{S_2^2}\frac{1}{F_{\alpha/2}(n_1-1,n_2-1)},\frac{S_1^2}{S_2^2}\frac{1}{F_{1-\alpha/2}(n_1-1,n_2-1)}\right)$$

已知 $n_1=21$，$n_2=16$，计算得 $s_1^2=1.2143$，$s_2^2=1.3167$，取 $\alpha=0.10$，利用 Excel 命令 FINV(0.05,20,15)，得 $F_{\alpha/2}(n_1-1,n_2-1)=F_{0.05}(20,15)=2.3275$，利用 Excel 命令 FINV(0.95,

20,15)，$F_{1-\alpha/2}(20,15) = F_{0.95}(20,15) = 0.4539$，于是得 $\dfrac{\sigma_1^2}{\sigma_2^2}$ 的置信水平为 0.9 的置信区间 (0.396,2.032)。

11. 解：

收视率 p 是服从(0-1)分布的参数，由题意计算得

$$\bar{x} = \frac{634}{1000} = 0.634，\quad 1-\alpha = 0.98，\quad z_{\alpha/2} = z_{0.01} = 2.326，\quad a = n + z_{\alpha/2}^2 \approx 1005.410，$$

$$b = -(2n\bar{X} + z_{\alpha/2}^2) \approx -1273.410，\quad c = n\bar{X}^2 = n\bar{x}^2 = 401.956。$$

$$p_1 = \frac{-b - \sqrt{b^2 - 4ac}}{2a} \approx 0.598，\quad p_2 = \frac{-b + \sqrt{b^2 - 4ac}}{2a} \approx 0.669$$

p 的置信水平为 0.98 的置信区间(0.598,0.669)。

第 3 章 习题讲解

一、选择题

1. C   2. A   3. B   4. A   5. D

二、填空题

1. 原假设或零假设，备择假设
2. 第一类，弃真错误，"以真为假"，第二类，取伪错误，"以假为真"
3. χ^2，F
4. 最小，拒绝，接受
5. 0.4747(提示：$t \sim t(9-1)$，$t_0 = \dfrac{\bar{x} - \mu_0}{s/\sqrt{n}} = 0.75$，$P\{|t| \geq t_0\} = 0.4747$)

三、计算题

1. 解：

$$H_0: \mu = \mu_0 = 500，H_1: \mu \neq \mu_0$$

拒绝域为 $\left|\dfrac{\bar{x} - \mu_0}{\sigma/\sqrt{n}}\right| \geq z_{0.01/2} = 2.575$

$$Z = \frac{\bar{x} - \mu_0}{\sigma/\sqrt{n}} = \left(\frac{1}{9}(497+506+518+524+488+517+510+515+516) - 500\right) \Big/ (15/\sqrt{9}) = 2.02$$

由 $-2.575 < 2.02 < 2.575$ 判断样本点在接受区域之内，即在显著性水平为 0.01 下接受 H_0，认为包装机工作正常。

2. 解：

$H_0: \mu \leq \mu_0 = 40$ (即假设新方法没有提高燃烧率)。

$H_1: \mu > \mu_0$ (即假设新方法提高燃烧率)。

这是右边检验问题，拒绝域为 $z = \dfrac{\overline{x} - \mu_0}{\sigma/\sqrt{n}} \geq z_\alpha$，因为 $z = \dfrac{\overline{x} - \mu_0}{\sigma/\sqrt{n}} = 3.125$，取 $\alpha = 0.05$，有 $z_{0.05} = 1.645$，因 $3.125 > 1.645$，z 值落在拒绝域中，故在显著性水平为 $\alpha = 0.05$ 的条件下拒绝 H_0，认为这批推进器的燃烧率较以往有显著提高。

3. 解：

设总体均值为 μ，μ 未知，由题意需检验假设 H_0：$\mu \geq 3$，H_1：$\mu < 3$，因 σ^2 已知，故采用 Z 检验，拒绝域为 $Z = \dfrac{\overline{X} - \mu_0}{\sigma/\sqrt{n}} \leq -Z_\alpha$，取检验统计量为 $Z = \dfrac{\overline{X} - \mu_0}{\sigma/\sqrt{n}}$，由题意知 $n = 10$，$\overline{X} = 2.87$，$\sigma = 0.079$，取 $\alpha = 0.05$，有 $z_{0.05} = 1.645$，因 Z 的观测值为

$$z = \dfrac{2.87 - 3}{0.079/\sqrt{10}} \approx -5.2 < -1.645$$

Z 的观测值落在拒绝域内，故在显著性水平 $\alpha = 0.05$ 下拒绝原假设 H_0，认为这批元件不合格。

4. 解：

$$H_0: \mu_1 - \mu_2 > 0,\ H_1: \mu_1 - \mu_2 < 0$$

拒绝域为 $\dfrac{(\overline{x} - \overline{y})}{s_w \sqrt{\dfrac{1}{n_1} + \dfrac{1}{n_2}}} \leq -t_\alpha(n_1 + n_2 - 2)$

$n_1 = 10$，$\overline{x} = 76.23$，$s_1^2 = 3.325$，$n_2 = 10$，$\overline{y} = 79.33$，$s_2^2 = 2.398$，且

$$s_w^2 = \dfrac{(10-1)s_1^2 + (10-1)s_2^2}{10 + 10 - 2} \approx 2.8612。$$

计算出 $t = \dfrac{\overline{x} - \overline{y}}{s_w\sqrt{\dfrac{1}{10} + \dfrac{1}{10}}} \approx -4.098$，查表可知 $t_{0.05}(18) = 1.734$。

因 $-4.098 < 1.734$，故在显著性水平为 0.05 的条件下拒绝 H_0，认为建议的新操作方法较原方法提高了得率。

5. 解：

本题要求在显著性水平 $\alpha = 0.1$ 下检验假设 H_0：$\mu_1 - \mu_2 \leq 0, H_1$：$\mu_1 - \mu_2 > 0$。

采用 T 检验法，拒绝域为

$$t = \dfrac{\overline{x}_1 - \overline{x}_2}{s_w \sqrt{1/n_1 + 1/n_2}} \geq t_\alpha(n_1 + n_2 - 2)$$

由题意知 $n_1 = n_2 = 10$，$\overline{x}_1 = 8.7$，$\overline{x}_2 = 8$，$s_1^2 = 0.9$，$s_2^2 = 1.3$。

$$s_w = \sqrt{\dfrac{(n_1 - 1)s_1^2 + (n_2 - 1)s_2^2}{n_1 + n_2 - 2}} \approx 1.49,\quad t_\alpha(n_1 + n_2 - 2) = t_{0.1}(18) = 1.33$$

因 $t = \dfrac{8.7 - 8}{1.057\sqrt{1/10 + 1/10}} \approx 1.49 > 1.33$ 落在拒绝域内，故在显著性水平为 $\alpha = 0.1$ 的条件下拒绝 H_0，认为 A 专业对该门公共课的学评教分数大于 B 专业评教分。

6. 解：

已知两台机床加工的产品直径都服从正态分布，且总体方差未知但相等。在显著性水平 $\alpha = 0.05$ 下检验假设：

$$H_0: \mu_1 = \mu_2, \quad H_1: \mu_1 \neq \mu_2$$

拒绝域为

$$\left| \frac{(\bar{x} - \bar{y})}{s_w \sqrt{\frac{1}{n_1} + \frac{1}{n_2}}} \right| \geq t_{\alpha/2}(n_1 + n_2 - 2)$$

$$n_1 = 8, \quad \bar{x} = 19.925, \quad s_1^2 = 0.216$$

$$n_2 = 7, \quad \bar{y} = 20.000, \quad s_2^2 = 0.397$$

$$s_w^2 = \frac{(8-1)s_1^2 + (7-1)s_2^2}{8 + 7 - 2} \approx 0.2995$$

$$t = \frac{\bar{x} - \bar{y}}{s_w \sqrt{\frac{1}{8} + \frac{1}{7}}} \approx -0.265$$

取 $\alpha = 0.05$，查表得 $t_{0.025}(13) = 2.160$。

因 $|-0.265| < 2.160$，在显著性水平 0.05 下接受 H_0，认为甲、乙两台机床加工的产品直径无显著差异。

7. 解：

题中的数据属成对数据，本题要求在显著性水平 $\alpha = 0.05$ 下检验假设：

$$H_0: \mu_d \leq 0, \quad H_1: \mu_d > 0$$

因 σ 未知，采用 T 检验法，拒绝域为

$$t = \frac{\bar{d} - 0}{s_d / \sqrt{n}} \geq t_\alpha(n-1)$$

$n = 15$，$d_i = x_i - y_i (i = 1, 2, \cdots, 15)$，$\bar{d} = 1.6, s_d = 2.444$，$\alpha = 0.05$，$t_\alpha(n-1) = t_{0.05}(14) = 1.761$。

$$t = \frac{1.6 - 0}{2.444 / \sqrt{15}} \approx 2.536 > 1.761$$

所以在显著性水平为 $\alpha = 0.05$ 的条件下拒绝 H_0，认为右手的握力指数大于左手的握力指数。

8. 解：

由题意要检验假设 $H_0: \sigma^2 = 20$，$H_1: \sigma^2 \neq 20$。

拒绝域为

$$\chi^2 = \frac{(n-1)s^2}{\sigma_0^2} \leq \chi_{1-\alpha/2}^2(n-1) \text{ 或 } \chi^2 = \frac{(n-1)s^2}{\sigma_0^2} \geq \chi_{\alpha/2}^2(n-1)$$

计算样本数据得到 $s^2 = 64.86$，已知 $n = 9$，取 $\alpha = 0.05$，查表得 $\chi^2_{0.975}(8) = 2.18$，$\chi^2_{0.025}(8) = 17.535$，于是 $\dfrac{(n-1)s^2}{\sigma_0^2} = \dfrac{8 \times 64.86}{20} = 25.944 > 17.535$，故在显著性水平为 0.05 的条件下拒绝 H_0，认为该厂生产的铜丝的折断力的方差不等于 20。

9. 解：
需检验假设 H_0：$\sigma \geq \sigma_0 = 10$，$H_1$：$\sigma < \sigma_0$。
采用 χ^2 检验法，拒绝域为

$$\chi^2 = \dfrac{(n-1)s^2}{\sigma_0^2} \leq \chi^2_{1-\alpha}(n-1)$$

现在 $n = 10$，取 $\alpha = 0.01$，$\chi^2_{1-0.01}(9) = 2.088$，$s^2 = 4.77$。

$$\dfrac{(n-1)s^2}{\sigma_0^2} = \dfrac{9 \times 4.77}{10^2} = 0.4293 < 2.088$$

故在显著性水平为 0.01 的条件下拒绝 H_0，认为工艺改进后时间误差的波动性比原手表的波动性小。

10. 解：
本题要求在显著性水平为 $\alpha = 0.05$ 的条件下检验假设：
H_0：$\sigma \leq 0.05$，H_1：$\sigma > 0.05$
拒绝域为

$$\chi^2 = \dfrac{(n-1)s^2}{\sigma_0^2} \geq \chi^2_\alpha(n-1)$$

由题意知 $n = 9$，$s^2 = 0.06^2$，取 $\alpha = 0.05$，查表得 $\chi^2_\alpha(n-1) = \chi^2_{0.05}(8) = 15.507$，因 χ^2 的观测值 $\chi^2 = \dfrac{8 \times 0.06^2}{0.05^2} = 11.52 < 15.507$ 落在接受域内，故在显著性水平为 $\alpha = 0.05$ 的条件下接受 H_0，认为这批钢板的标准差不大于 0.05。

11. 解：
需检验假设 H_0：$\sigma_1^2 = \sigma_2^2$，H_1：$\sigma_1^2 \neq \sigma_2^2$。
拒绝域为

$$F = \dfrac{s_1^2}{s_2^2} \leq F_{1-\alpha/2}(n_1-1,\ n_2-1) \text{ 或 } F = \dfrac{s_1^2}{s_2^2} \geq F_{\alpha/2}(n_1-1,\ n_2-1)$$

计算统计量 $F = \dfrac{s_1^2}{s_2^2} = \dfrac{0.345}{0.357} \approx 0.9664$。

已知 $n_1 = 6$，$n_2 = 9$，取 $\alpha = 0.05$，查表得 $F_{0.025}(5,\ 8) = 4.82$。

$F_{0.975}(5,8) = \dfrac{1}{F_{0.025}(8,5)} = \dfrac{1}{6.76} \approx 0.148$，因为 $0.148 < F < 4.82$，所以在显著性水平为 0.05 的条件下接受 H_0，认为两台车床加工同一零件直径的总体方差相等。

12. 解:

需检验假设 H_0: $\sigma_A^2 = \sigma_B^2$, H_1: $\sigma_A^2 \neq \sigma_B^2$。

拒绝域为

$$F = \frac{s_A^2}{s_B^2} \leqslant F_{1-\alpha/2}(n_1-1,\ n_2-1) \text{ 或 } F = \frac{s_A^2}{s_B^2} \geqslant F_{\alpha/2}(n_1-1,\ n_2-1)$$

现 $s_A^2 = 0.034$, $s_B^2 = 0.031$ 得 $\dfrac{s_A^2}{s_B^2} \approx 1.0968$。

取 $\alpha = 0.01$, $n_1 = 10$, $n_2 = 13$, 利用 Excel 计算得

$$F_{0.005}(9,12) = 5.2, \quad F_{0.995}(9,12) = 0.16$$

因 $0.16 < 1.0968 < 5.2$, 在显著性水平为 0.01 的条件下接受 H_0, 认为两总体方差相等, 两种小麦株高一样整齐。

13. 解:

① 检验假设 H_0: $\sigma_1^2 = \sigma_2^2$, H_1: $\sigma_1^2 \neq \sigma_2^2$。

拒绝域为

$$F = \frac{s_1^2}{s_2^2} \leqslant F_{1-\alpha/2}(n_1-1,\ n_2-1) \text{ 或 } F = \frac{s_1^2}{s_2^2} \geqslant F_{\alpha/2}(n_1-1,\ n_2-1)$$

由已知 $n_1 = 8$, $\bar{x}_1 = 2.31$, $s_1^2 = 0.2^2$, $n_2 = 10$, $\bar{x}_2 = 2.05$, $s_2^2 = 0.18^2$。

得统计量 $\dfrac{s_1^2}{s_2^2} \approx 1.2346$, 利用 Excel 计算得 $F_{0.025}(7,9) = 4.20$, $F_{0.975}(7,9) = 0.207$。

因 $0.207 < 1.2346 < 4.2$, 在显著性水平为 0.05 的条件下接受 H_0, 说明两组数据方差相等。

② 检验假设 H_0: $\mu_1 = \mu_2$, H_1: $\mu_1 \neq \mu_2$。

拒绝域为

$$|t| = \frac{|\bar{X}_1 - \bar{X}_2|}{s_w \sqrt{1/n_1 + 1/n_2}} \geqslant t_{\alpha/2}(n_1 + n_2 - 2)$$

由已知得 $s_w^2 = \dfrac{(n_1-1)s_1^2 + (n_2-1)s_2^2}{n_1 + n_2 - 2} \approx 0.035725$, $s_w \approx 0.1890$。

统计量 $t = \dfrac{\bar{x}_1 - \bar{x}_2}{s_w\sqrt{\dfrac{1}{n_1} + \dfrac{1}{n_2}}} = \dfrac{0.26}{0.189 \times 0.474} \approx 2.9022$。

又查表得 $t_{0.025}(16) = 2.12$, 因 $|t| \geqslant 2.12$, 故拒绝 H_0。

③ 拒绝 H_0, 说明两种谷物每单位产量之间存在显著差异。

$$cv_A = \frac{\sigma_A}{\mu_A} \approx 0.0866, \quad cv_B = \frac{\sigma_B}{\mu_B} \approx 0.0878$$

说明 A 种谷物每单位产量离散程度较低。

14. 解：

先检验方差齐性，假设 H_0：$\sigma_x^2 = \sigma_y^2$，H_1：$\sigma_x^2 \neq \sigma_y^2$。

$$\frac{s_x^2}{s_y^2} = \frac{2.67}{1.21} \approx 2.21$$

已知 $n_1 = 10$，$n_2 = 10$，取 $\alpha = 0.05$，$F_{0.025}(9,9) = 4.03$，$F_{0.975}(9,9) = 0.248$。

因为 $0.248 < 2.21 < 4.03$，所以在显著性水平为 0.05 的条件下接受 H_0，认为 H_0：$\sigma_x^2 = \sigma_y^2$。

再检验 $\mu_x = \mu_y$，假设 H_0：$\mu_x = \mu_y$，H_1：$\mu_x \neq \mu_y$。

计算统计量 $t = \dfrac{\overline{X} - \overline{Y}}{s_w \sqrt{\dfrac{1}{n_1} + \dfrac{1}{n_2}}} = \dfrac{3.097 - 3.179}{\sqrt{\dfrac{9 \times (2.67 + 1.21)}{10 + 10 - 2}} \times \sqrt{\dfrac{1}{10} + \dfrac{1}{10}}} \approx -0.132$

已知 $n_1 = 10$，$n_2 = 10$，取 $\alpha = 0.05$，$t_{0.025}(18) = 2.101$。

因为 $|-0.132| < 2.101$，所以在显著性水平为 0.05 的条件下接受 H_0，认为两系统检索资料时间无明显差别。

15. 解：

假设 H_0：X 的分布律为

X	1	2	3	4
p_i	0.20	0.15	0.40	0.25

利用 χ^2 检验法，得到表 1。

表 1 第 3 章 15 题卡方检验统计表

A_i	f_i	p_i	np_i	f_i^2 / np_i
A_1	132	0.20	120	145.20
A_2	100	0.15	90	111.11
A_3	200	0.40	240	166.67
A_4	168	0.25	150	188.16
				∑=611.14

$\chi^2 = 611.14 - 600 = 11.14$，由题意 $k = 4$，$r = 0$，查表得 $\chi^2_{0.05}(k-r-1) = \chi^2_{0.05}(3) = 7.815$。

因为 $7.815 < 11.14$，所以在显著性水平为 0.05 的条件下拒绝 H_0，认为各鱼类数量的比例较 10 年前有显著改变。

16. 解：

本题是在显著性水平 $\alpha = 0.05$ 下，检验假设 H_0：元件寿命 X 服从指数分布，其概率密度为

$$f(t) = \begin{cases} 0.005 e^{-0.005t}, t \geq 0 \\ 0, t < 0 \end{cases}$$

在 H_0 为真的假设下，X 可能取值的范围为 $\Omega = [0, \infty)$。将 Ω 分成互不相交的 4 个部分：A_1, A_2, A_3, A_4，以 A_i 记事件 $\{X \in A_i\}$，$i = 1,2,3,4$。若 H_0 为真，X 的分布函数为

$$F(t) = \begin{cases} 1 - e^{-0.005t}, & t \geq 0 \\ 0, & t < 0 \end{cases}$$

得知 $p_i = P(A_i) = P\{a_i < X \leq a_{i+1}\} = F(a_{i+1}) - F(a_i) \ (i=1,2,3,4)$

$$p_1 = P(A_1) = F(100) - F(0) = 1 - e^{-0.5} \approx 0.3935$$

$$p_2 = P(A_2) = F(200) - F(100) = e^{-0.5} - e^{-1} \approx 0.2387$$

$$p_3 = P(A_3) = F(300) - F(200) = e^{-1} - e^{-1.5} \approx 0.1447$$

$$p_4 = 1 - \sum_{i=1}^{3} p_i \approx 0.2231$$

利用 χ^2 检验法，得到表2。

表2 第3章16题卡方检验统计表

A_i	f_i	p_i	np_i	f_i^2 / np_i
A_1: $0 < t \leq 100$	43	0.3935	39.35	46.98856
A_2: $100 < t \leq 200$	29	0.2387	23.87	35.23251
A_3: $200 < t \leq 300$	17	0.1447	14.47	19.97236
A_4: $300 < t \leq 400$	11	0.2231	22.31	5.423577
				∑=107.617

今 $\chi^2 = 107.617 - 100 = 7.617$。由 $\alpha = 0.05$，$k = 4$，$r = 0$，知

$$\chi_\alpha^2 (k - r - 1) = \chi_{0.05}^2 (3) = 7.815 > 7.617 = \chi^2$$

故在显著性水平为 $\alpha = 0.05$ 的条件下，接受假设 H_0，认为这批元件寿命服从指数分布，其概率密度为

$$f(t) = \begin{cases} 0.005e^{-0.005t}, & t \geq 0 \\ 0, & t < 0 \end{cases}$$

第4章　习题讲解

一、选择题

1. C　2. D　3. ABCD　4. AC　5. CD

二、填空题

1. $S_T = S_E + S_A + S_B + S_{A \times B}$

2. $S_T = S_E + S_A + S_B$

3. 因素 A 的效应平方和

三、案例分析题

1. 解：

H_0：$\mu_1 = \mu_2 = \mu_3 = \mu_4$，$H_1$：$\mu_1, \mu_2, \mu_3, \mu_4$ 不全相等。

利用方差分析法，得到表3。

表3 第4章案例分析题第1题 方差分析表

方差来源	平方和	自由度	均方	F比	p值	临界值
组间	403.35	3	134.45	3.77	0.032	3.24
组内	571.2	16	35.7			
总和	974.55	19				

利用临界值法，因$3.77>3.24$，故在显著性水平为0.05的条件下拒绝H_0；利用p检验法，因$p_A=0.032<0.05$，故在显著性水平为0.05的条件下拒绝H_0，两种方法均说明地点对松毛虫密度有显著的影响。

2. 解：

$s=3$，$n_1=n_2=n_3=5$，$n=15$，$S_E=S_T-S_A=0.000192$。

利用方差分析法，得到表4。

表4 第4章案例分析题第2题 方差分析表

方差来源	平方和	自由度	均方	F比
因素	0.00105333	2	0.000526665	32.9165625
误差	0.000192	12	0.000016	
总和	0.00124533	14		

查表$F_{0.05}(2,12)=3.88$，因$F=32.92>3.88$，故在显著性水平为0.05的条件下拒绝H_0，即各机器对薄板厚度有显著的影响。

3. 解：

H_{01}：$\alpha_1=\alpha_2=\alpha_3=0$，$H_{11}$：$\alpha_1,\alpha_2,\alpha_3$不全为零。

H_{02}：$\beta_1=\beta_2=\beta_3=\beta_4=0$，$H_{12}$：$\beta_1,\beta_2,\beta_3,\beta_4$不全为零。

H_{03}：$\gamma_{11}=\gamma_{12}=\cdots=\gamma_{34}=0$，$H_{13}$：$\gamma_{11},\gamma_{12},\cdots,\gamma_{34}$不全为零。

利用方差分析法，得到表5。

表5 第4章案例分析题第3题 方差分析表

方差来源	平方和	自由度	均方	F比	p值	临界值
因素A	0.498	2	0.2490	138.333	6.18E-09	3.89
因素B	0.085	3	0.0283	15.722	0.000209	3.49
交互效应	0.189	6	0.0315	17.500	3.24E-05	3.00
误差	0.022	12	0.0018			
总和	0.794	23				

因$138.333>3.89$，$p_A=6.18\times10^{-9}<0.05$，故在显著性水平为0.05的条件下拒绝$H_{01}$，说明因素$A$涂料图层对金属管防腐有显著的影响。因$15.722>3.49$，$p_B=0.000209<0.05$，故在显著性水平0.05下拒绝$H_{02}$，说明因素$B$土壤对金属管防腐有显著的影响。因$17.5>3$，$p_{A\times B}=3.24\times10^{-5}<0.05$，故在显著性水平为0.05的条件下拒绝$H_{03}$，说明因素$A$和因素$B$

的交互效应对金属管防腐有显著的影响。

4. 解：

H_{01}：$\alpha_1 = \alpha_2 = 0$，H_{11}：α_1, α_2 不全为零。

H_{02}：$\beta_1 = \beta_2 = \beta_3 = 0$，$H_{12}$：$\beta_1, \beta_2, \beta_3$ 不全为零。

H_{03}：$\gamma_{11} = \gamma_{12} = \cdots = \gamma_{23} = 0$，$H_{13}$：$\gamma_{11}, \gamma_{12}, \cdots, \gamma_{23}$ 不全为零。

利用方差分析法，得到表 6。

表 6　第 4 章案例分析题第 4 题　方差分析表

方差来源	平方和	自由度	均方	F 比	p 值	临界值
时间因素	184.08	1	184.08	88.50	8.23E-05	5.99
温度因素	166.17	2	83.09	39.95	0.000342	5.14
交互效应	36.17	2	18.09	8.70	0.016945	5.14
误差	12.50	6	2.08			
总和	398.92	11				

因 $88.50 > 5.99$，$p_A = 8.23 \times 10^{-5} < 0.05$，在显著性水平为 0.05 的条件下拒绝 H_{01}，说明时间对产品强度有显著的影响。

因 $39.95 > 5.14$，$p_B = 0.000342 < 0.05$，在显著性水平为 0.05 的条件下拒绝 H_{02}，说明温度对产品强度有显著的影响。

因 $8.7 > 5.14$，$p_{A \times B} = 0.016945 < 0.05$，在显著性水平为 0.05 的条件下拒绝 H_{03}，说明时间和温度的交互效应对产品强度有显著的影响。

5. 解：

① 由题意，检验假设

H_{01}：$\alpha_1 = \alpha_2 = \alpha_3 = 0$，$H_{11}$：$\alpha_1, \alpha_2, \alpha_3$ 不全为 0。

H_{02}：$\beta_1 = \beta_2 = 0$，H_{12}：β_1, β_2 不全为 0。

H_{03}：$\gamma_{11} = \gamma_{12} = \gamma_{21} = \gamma_{22} = \gamma_{31} = \gamma_{32} = 0$，$H_{13}$：$\gamma_{11}, \gamma_{12}, \gamma_{21}, \gamma_{22}, \gamma_{31}, \gamma_{32}$ 不全为 0。

② 利用方差分析法，得到表 7。

表 7　第 4 章案例分析题第 5 题　方差分析表

方差来源	平方和	自由度	均方	F 比	p 值	临界值
温度水平	33.17	2	16.585	11.70	0.008	5.143
浓度水平	18.75	1	18.75	13.23	0.011	5.987
交互效应	0.5	2	0.25	0.176	0.842	5.143
误差	8.5	6	1.417			
总和	60.92	11				

$S_T = 60.92$，$S_A = 33.17$，$S_B = 18.75$，$S_{A \times B} = 0.5$，$S_E = 8.5$

③ 临界值法：

因 $11.7 > 5.143$，故在显著性水平为 $\alpha = 0.05$ 的条件下拒绝 H_{01}，说明温度对得率有显著的影响。

因 $13.23 > 5.987$，故在显著性水平为 $\alpha = 0.05$ 的条件下拒绝 H_{02}，说明浓度对得率有显著的影响。

因 $0.176 < 5.143$，故在显著性水平为 $\alpha = 0.05$ 的条件下接受 H_{03}，说明温度和浓度的交互效应对得率没有显著的影响。

p 检验法：

因 $p_A = 0.008 < 0.05$，故拒绝 H_{01}，说明温度对得率有高度显著的影响。

因 $p_B = 0.011 < 0.05$，故拒绝 H_{02}，说明浓度对得率有显著的影响。

因 $p_{A \times B} = 0.842 > 0.05$，故接受 H_{03}，说明温度和浓度的交互作用对得率没有显著的影响。

6. 解：

H_{01}：$\alpha_1 = \alpha_2 = \alpha_3 = \alpha_4 = 0$，$H_{11}$：$\alpha_1, \alpha_2, \alpha_3, \alpha_4$ 不全为 0。

H_{02}：$\beta_1 = \beta_2 = \beta_3 = \beta_4 = \beta_5 = 0$，$H_{12}$：$\beta_1, \beta_2, \beta_3, \beta_4, \beta_5$ 不全为 0。

利用方差分析法，得到表 8。

表 8　第 4 章案例分析题第 6 题　方差分析表

方差来源	平方和	自由度	均方	F 比	p 值	临界值
时间	1182.95	$r-1=3$	394.3167	10.72241	0.001033	3.490295
地点	1947.5	$s-1=4$	486.875	13.23929	0.000234	3.259167
误差	441.3	$(r-1)(s-1)=12$	36.775			
总和	3571.75	$rs-1=19$				

由于 $10.72241 > 3.490295$，在显著性水平为 0.05 的条件下拒绝 H_{01}，认为不同时间下颗粒状物含量的均值有显著差异，表明时间对颗粒状物的含量有显著性影响。同法可以判断出不同地点下颗粒状物含量的均值也有显著差异，表明地点对颗粒状物的含量有显著性影响。

第 5 章　习题讲解

一、选择题

1. C　2. D　3. A　4. D　5. B　6. A　7. B　8. D　9. C　10. C

二、填空题

1. 甲(提示：本章二维码提供的案例分析有可决系数相关定义和公式)

2. 随机误差

3. 1

4. 485

5. 残差平方和

三、案例分析题

1. 解：

① 散点图如图 2 所示。

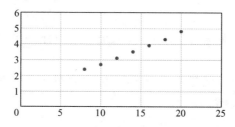

图 2　第 5 章习题　案例分析题第 1 题　散点图

② 由给定的数据经计算，得到

$$n = 7, \sum x_i = 98, \sum y_i = 24.7, \sum x_i^2 = 1484, \sum y_i^2 = 91.65, \sum x_i y_i = 368.2。$$

$$S_{xx} = \sum x_i^2 - \frac{1}{n}(\sum x_i)^2 = 112$$

$$S_{yy} = \sum y_i^2 - \frac{1}{n}(\sum y_i)^2 = 4.494$$

$$S_{xy} = \sum x_i y_i - \frac{1}{n}(\sum x_i)(\sum y_i) = 22.4$$

$$\hat{b} = \frac{S_{xy}}{S_{xx}} \approx 0.2$$

$$\hat{a} = \frac{1}{n}\sum y_i - \frac{\hat{b}}{n}\sum x_i \approx 0.73$$

所以线性回归方程为 $\hat{y} = 0.73 + 0.2x$。

③ $\hat{\sigma}^2 = Q_e/(n-2) = \dfrac{S_{yy} - \hat{b} S_{xy}}{5} \approx 0.00286$。

④ H_0：$b = 0$，H_1：$b \neq 0$。

检验统计量为 $t = \dfrac{\hat{b}}{\sqrt{\hat{\sigma}^2}}\sqrt{S_{xx}}$

拒绝域为 $|t| \geq t_{\alpha/2}(n-2) = t_{\alpha/2}(5)$

因 t 的观测值为 $t = 39.598 > t_{0.025}(5) = 2.571$，由此知回归效果显著。

⑤ 给定的置信水平为 $1 - \alpha = 0.95$，故 $\dfrac{\alpha}{2} = 0.025$，$t_{\alpha/2}(n-2) = t_{0.025}(5) = 2.571$。

即知

$$t_{\alpha/2}(n-2)\frac{\hat{\sigma}}{\sqrt{S_{xx}}} = t_{0.025}(5)\sqrt{\frac{\hat{\sigma}^2}{S_{xx}}} \approx 0.01298$$

得 b 的置信水平为 0.95 的置信区间为

$$\left(\hat{b} \pm t_{\alpha/2}(n-2)\sqrt{\hat{\sigma}^2/S_{xx}}\right) = (0.2 \pm 0.01298) = (0.187, 0.213)$$

⑥ $x = x_0 = 15$ 处对应的 Y 的估计值为 $\hat{y}_0 = 0.73 + 0.2 \times 15 = 3.73$。

置信水平为 $1 - \alpha = 0.95$，$\dfrac{\alpha}{2} = 0.025$，$t_{\alpha/2}(n-2) = t_{0.025}(5) = 2.571$。

故
$$t_{\alpha/2}(n-2)\hat{\sigma}\sqrt{\frac{1}{n}+(x_0-\overline{x})^2/S_{xx}} \approx 0.054$$

从而得 $\mu(x_0)$ 的一个置信水平为 0.95 的置信区间为 $(\hat{y}_0 \pm 0.054) = (3.676, 3.784)$。

⑦ 以上已求得 $\hat{y}_0 = \hat{a} + \hat{b}x_0 = 3.73$，$t_{\alpha/2}(n-2)$ 同上，可得
$$t_{\alpha/2}(n-2)\hat{\sigma}\sqrt{1+\frac{1}{n}+(x_0-\overline{x})^2/S_{xx}} \approx 0.147$$

于是得 $x = x_0 = 15$ 处，观测值 Y 的一个置信水平为 0.95 的预测区间为
$$(\hat{y}_0 \pm 0.147) = (3.583, 3.877)$$

2. 解：

① 散点图如图 3 所示。

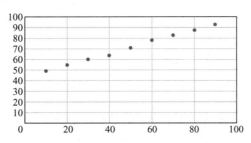

图 3　第 5 章习题　案例分析题第 2 题　散点图

② Y 关于 x 的回归模型为 $Y = a + bx + \varepsilon$，$\varepsilon \sim N(0, \sigma^2)$。

③ 参见本章第一节二维码"一元线性回归"操作步骤，获得 Y 关于 x 的相关数据，具体回归数据结果见表 9～表 11。

表 9　第 5 章案例分析题第 2 题　模型摘要

R	R^2	标准化 R^2	标准误差	观测值
0.9986	0.9973	0.9969	0.8568	9

表 10　第 5 章案例分析题第 2 题　方差分析表

模型	平方和	自由度	均方	F 比	显著性
回归	1	1870.41667	1870.4167	2547.81	3.13677E-10
残差	7	5.1388889	0.734127		
总和	8	1875.5556			

表 11　第 5 章案例分析题第 2 题　系数表

模型	系数	标准误差	t	P 值	下限 95.0%	上限 95.0%
常量	43.306	0.6224	69.572	3.33269E-11	41.834	44.777
温度 x	0.558	0.0111	50.476	3.13677E-10	0.532	0.584

④ 由表 11 得 Y 关于 x 的回归方程 $\hat{Y} = 43.306 + 0.558x$。

⑤ 由表 10 得 σ^2 无偏估计值为 0.734127。

⑥ 判断模型拟合、回归效果情况：由表 9，因为 $R^2 = 0.9973$ 大于 0.85，说明此方程整体拟合理想；由表 10，因为 F 对应的显著性概率值为 3.13677×10^{-10}，小于显著性水平 0.05，说明整体回归效果显著；由表 11，因为系数表中的常量和温度 x 的显著性概率值均小于 0.05，说明常数项、自变量对回归效果均显著。

⑦ 由表 11，x 的系数的置信水平为 0.95 的置信区间为(0.532，0.584)。

⑧ 当 $x = 100$ 时，Y 的预测值为 99min。

3. 解：

① 散点图如图 4 所示。

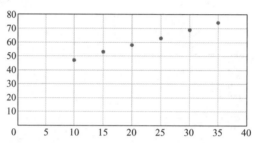

图 4　第 5 章习题 案例分析题第 3 题 散点图

② 回归模型为 $Y = a + bx + \varepsilon$，$\varepsilon \sim N(0, \sigma^2)$。

③ 回归数据结果见表 12～表 14。

表 12　第 5 章案例分析题第 3 题 模型摘要

R	R^2	标准化 R^2	标准误差	观测值
0.9996	0.9992	0.9990	0.3237	6

表 13　第 5 章案例分析题第 3 题 方差分析表

模型	平方和	自由度	均方	F 比	显著性
回归	1	504.9147	504.914	4819.636	2.579E-07
残差	4	0.419	0.105		
总和	5	505.333			

表 14　第 5 章案例分析题第 3 题 系数表

模型	系数	标准误差	t	P 值	下限 95.0%	上限 95.0%
常量	36.495	0.372	97.999	6.501E-08	35.461	37.529
x	1.074	0.015	69.424	2.579E-07	1.031	1.117

④ 回归方程为 $\hat{Y} = 36.495 + 1.074x$，因为 $R^2 = 0.9992 > 0.85$，说明此方程拟合理想；因 F 对应的显著性概率值 2.579E-07 小于 0.05，说明整体回归效果显著；因系数表中的显著性概率值分别为 6.501E-08、2.579E-07，均小于 0.05，说明常数项、自变量对回归效果均显著。

⑤ 自变量系数的置信水平为 0.95 的置信区间为(1.031，1.117)。

⑥ 每天锻炼身体时间为 50 分钟，体能测试成绩大约是 90 分。

4. 解：

① 散点图如图 5 所示。

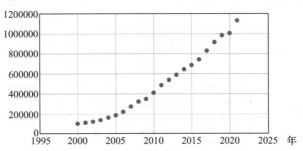

图 5　第 5 章习题 案例分析题第 4 题 (x_i, y_i) 散点图

② 令 $z_i = \ln y_i$，得表 15。

表 15　第 5 章案例分析题第 5 题 国民总收入表

年份/年	2000	2001	2002	2003	2004	2005	2006	2007	2008	2009	2010
国民总收入 $\ln y$	11.50354	11.60163	11.69924	11.82464	11.99174	12.1335	12.29696	12.50878	12.67991	12.75977	12.92478
年份/年	2011	2012	2013	2014	2015	2016	2017	2018	2019	2020	2021
国民总收入 $\ln y$	13.08858	13.19437	13.28472	13.37604	13.43801	13.51804	13.63032	13.72695	13.79913	13.82095	13.94059

由此作 (x_i, z_i) 的散点图如图 6 所示。

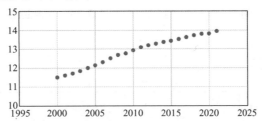

图 6　第 5 章习题 案例分析题第 4 题 (x_i, z_i) 散点图

③ 将 $Y = ae^{bx}\varepsilon$ 取对数，得

$$\ln Y = \ln a + bx + \ln \varepsilon$$

令 $Z = \ln Y$，则回归模型为

$$Z = \ln a + bx + \ln \varepsilon$$

其中，$\ln \varepsilon \sim N(0, \sigma^2)$。

利用 Excel 进行回归分析，数据结果见表 16～表 18。

表 16　第 5 章案例分析题第 4 题 模型摘要

R	R^2	标准化 R^2	标准误差	观测值
0.99	0.98	0.98	0.11	22

表 17　第 5 章案例分析题第 4 题　方差分析表

模型	平方和	自由度	均方	F 比	显著性
回归	1	13.04	13.04	993.42	1.59E-18
残差	20	0.26	0.01		
总和	21	13.31			

表 18　第 5 章案例分析题第 4 题　系数表

模型	系数	标准误差	t	p 值
常量	−231.1566426613	7.74	−29.86	4.6E-18
x	0.1213	0.00	31.52	1.59E-18

其中，$\hat{b}=0.1213$，$\ln\hat{a}=-231.1566426613$。

得曲线回归方程为 $\hat{y}=e^{-231.1566426613+0.1213x}$，拟合曲线如图 7 所示。

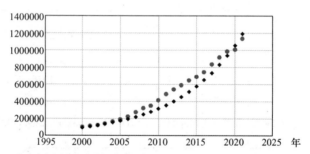

注：圆形点图为原始数据散点图，菱形点图由曲线回归方程所得。

图 7　第 5 章习题　案例分析题第 4 题　拟合曲线

5. 解：

① 散点图如图 8 所示。

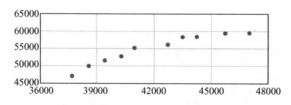

图 8　第 5 章习题　案例分析题第 5 题　散点图

② 令 $x_1=x$，$x_2=x^2$，则题中假设的模型可写成

$$Y=b_0+b_1x_1+b_2x_2+\varepsilon,\varepsilon\sim N(0,\sigma^2)$$

本题要求利用给定的数据来估计系数 b_0，b_1，b_2。

引入矩阵

$$X = \begin{pmatrix} 1 & 37697.10 & 1421071348.4100 \\ 1 & 38576.50 & 1488146352.2500 \\ 1 & 39437.80 & 1555340068.8400 \\ 1 & 40299.17 & 1624023102.6889 \\ 1 & 40975.70 & 1679007990.4900 \\ 1 & 42730.01 & 1825853754.6001 \\ 1 & 43503.66 & 1892568433.3956 \\ 1 & 44253.74 & 1958393503.9876 \\ 1 & 45747.87 & 2092867609.5369 \\ 1 & 47001.93 & 2209181423.7249 \end{pmatrix}, \quad Y = \begin{pmatrix} 47108.50 \\ 49982.74 \\ 51584.10 \\ 52761.30 \\ 55155.50 \\ 56075.90 \\ 58307.71 \\ 58355.29 \\ 59424.59 \\ 59451.69 \end{pmatrix}, \quad B = \begin{pmatrix} b_0 \\ b_1 \\ b_2 \end{pmatrix}$$

经计算得

$$X^T X = \begin{pmatrix} 10 & 420223.48 & 17746453587.924 \\ 420223.48 & 17746453587.924 & 753160913620179 \\ 17746453587.924 & 753160913620179 & 321210646616360000000 \end{pmatrix}$$

$$(X^T X)^{-1} = \begin{pmatrix} 5366.427 & -0.25 & 3.01 \times 10^{-6} \\ -0.25 & 1.21 \times 10^{-5} & -1.43 \times 10^{-10} \\ 3.01 \times 10^{-6} & -1.43 \times 10^{-10} & 1.69 \times 10^{-15} \end{pmatrix}$$

得正规方程组的解为

$$\hat{B} = \begin{pmatrix} \hat{b}_0 \\ \hat{b}_1 \\ \hat{b}_2 \end{pmatrix} = (X^T X)^{-1} X^T Y = \begin{pmatrix} -251008.41732 \\ 13.22264 \\ -0.00014 \end{pmatrix}$$

故回归方程为

$$\hat{y} = -251008.41732 + 13.22264 x_1 - 0.00014 x_2$$

即

$$\hat{y} = -251008.41732 + 13.22264 x - 0.00014 x^2$$

回归曲线如图 9 所示。

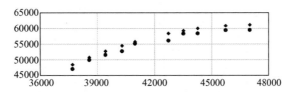

注：圆形点图为原始数据散点图，菱形点图由曲线回归方程所得。

图 9 第 5 章习题 案例分析题第 5 题 回归曲线

参 考 文 献

[1] 崔玉杰，2022. 基于 Python 的数理统计学[M]. 北京：北京邮电大学出版社.
[2] 韩明，2022. 概率论与数理统计[M]. 6 版. 上海：同济大学出版社.
[3] 盛骤，谢式千，潘承毅，2019. 概率论与数理统计[M]. 5 版. 北京：高等教育出版社.